Excel統計入門

難しいことはパソコンにまかせて
仕事で役立つデータ分析ができる本

Excel 2013/2010/2007対応

羽山 博&できるシリーズ編集部

インプレス

ご購入・ご利用の前に必ずお読みください

本書は、2015 年 1 月現在の情報をもとに「Microsoft Excel 2013」「Microsoft® Office Excel 2010」「Microsoft® Office Excel 2007」の操作について解説しています。下段に記載の「本書の前提」と異なる環境の場合、または本書発行後に「Microsoft Excel 2013」「Microsoft® Office Excel 2010」「Microsoft® Office Excel 2007」の機能や操作方法、画面などが変更された場合、本書の掲載内容通りに操作できない可能性があります。
本書発行後の情報については、弊社のホームページ（https://book.impress.co.jp/）などで可能な限りお知らせいたしますが、すべての情報の即時掲載ならびに、確実な解決をお約束することはできかねます。なお本書の運用により生じる、直接的、または間接的な損害について、著者ならびに弊社では一切の責任を負いかねます。あらかじめご理解、ご了承ください。

本書で紹介している内容のご質問につきましては、巻末をご参照の上、お問い合わせフォームかメールにてお問い合わせください。電話や FAX などでのご質問には対応しておりません。本書の発行後に発生した利用手順やサービスの変更に関しては、ご質問にお答えしかねる場合があります。また、該当書籍の奥付に記載されている初版発行日から 3 年が経過した場合、もしくは該当書籍で紹介している製品やサービスについて提供会社によるサポートが終了した場合は、ご質問にお答えしかねる場合があることをご了承ください。

練習用ファイルについて

本書で使用する練習用ファイルは、弊社Webサイトからダウンロードできます。
練習用ファイルと書籍を併用することで、より理解が深まります。

▼練習用ファイルのダウンロードページ
https://book.impress.co.jp/books/1114101032

●用語の使い方

本文中では、「Microsoft Excel 2013」のことを「Excel 2013」、「Microsoft Office Excel 2010」のことを「Excel 2010」「Microsoft® Office Excel 2007」のことを「Excel 2007」または「Excel」と記述しています。また、本文中で使用している用語は、基本的に実際の画面に表示される名称に則っています。

●本書の前提

本書では、「Windows 8.1」と「Office Professional Plus 2013」がインストールされているパソコンで、インターネットに常時接続されている環境を前提に画面を再現しています。

「できる」「できるシリーズ」は、株式会社インプレスの登録商標です。
Excelは、米国Microsoft Corporationの米国およびその他の国における登録商標または商標です。
そのほか、本書に記載されている会社名、製品名、サービス名は、一般に各開発メーカーおよびサービス提供元の登録商標または商標です。
なお、本文中には™および®マークは明記していません。

Copyright © 2015 Rogue International and Impress Corporation.All rights reserved.
本書の内容はすべて、著作権法によって保護されています。著者および発行者の許可を得ず、転載、複写、複製等の利用はできません。

まえがき

多少大げさかもしれませんが、私たちの文化がここまで進化したのは、人類が過去の経験を分析し、未来を予測する能力に恵まれていたからと言っても間違いではないでしょう。統計学はその能力を大きく拡大させるのに役立つ知識です。コンピューターが一般的でない時代には、多くの計算を必要とする統計学の手法は一部の人にしか使いこなせませんでしたが、今の私たちにはExcelなどの便利な道具があります。考え方さえ理解すれば、簡単に分析や予測ができるようになったのです。

「統計」と一口に言っても、人によってイメージが違っているかもしれません。誤解を恐れずざっくりと分けると、少量のデータから全体を推し量る方法と、大量のデータの中から隠れた特徴を見つけ出す方法があります。この本では、どちらかというと前者の方法を説明します。一般に基礎的な統計学として位置付けられる領域で、一部のデータから平均や分散などを求め、全体の性質を推測する方法です。後者にあたるものとしては、多変量解析と呼ばれる方法があります。最近注目を集めているデータマイニングなどもその応用例と考えていいでしょう。この本ではそういった内容を直接には取り扱いませんが、それらの手法を理解するための基礎知識はしっかりと身に付けられます。

したがって、本書の対象となる読者像は、統計学に初めて接する人です。「ビジネスに活用したいんだけど、数学が苦手だから統計学はちょっと……」と敬遠していた人がいるかもしれませんが、心配は無用です。数式は登場しますが、基本的に小中学校で学んだ四則演算だけでほとんどの計算ができます。しかも、実際の計算はExcelが代わりにやってくれます。そういう面倒な部分はコンピューターに任せることができるのです。

重要なのは、統計学の考え方を理解することです。

そのため、この本では、これまでの「できるシリーズ」の体裁にはなかった、会話やレシピなどの要素を紙面に盛り込み、着目すべき点や考え方、手法の適用場面、意外な落とし穴などを強調しています。この本を読んで、統計学をより身近に感じるとともに、ビジネスなどでの利用に手応えを感じていただけるようになれば幸いです。

最後になりましたが、この本を世に出す機会をくださった株式会社インプレスできる編集部の藤井編集長、大塚副編集長、企画・編集のすべてにわたって大変お世話になった編集担当の井上薫さん、すてきなイラストを描いてくださった野津あきさん、そのほかご尽力くださった皆さまに感謝の意を表します。

2015年1月　羽山 博

本書の読み方

この本は、Excelを操作しながら統計学の基礎を学べるように構成されています。先輩と後輩の会話を糸口として、テーマに沿った問題解決の手法や操作方法、関連知識が身に付きます。

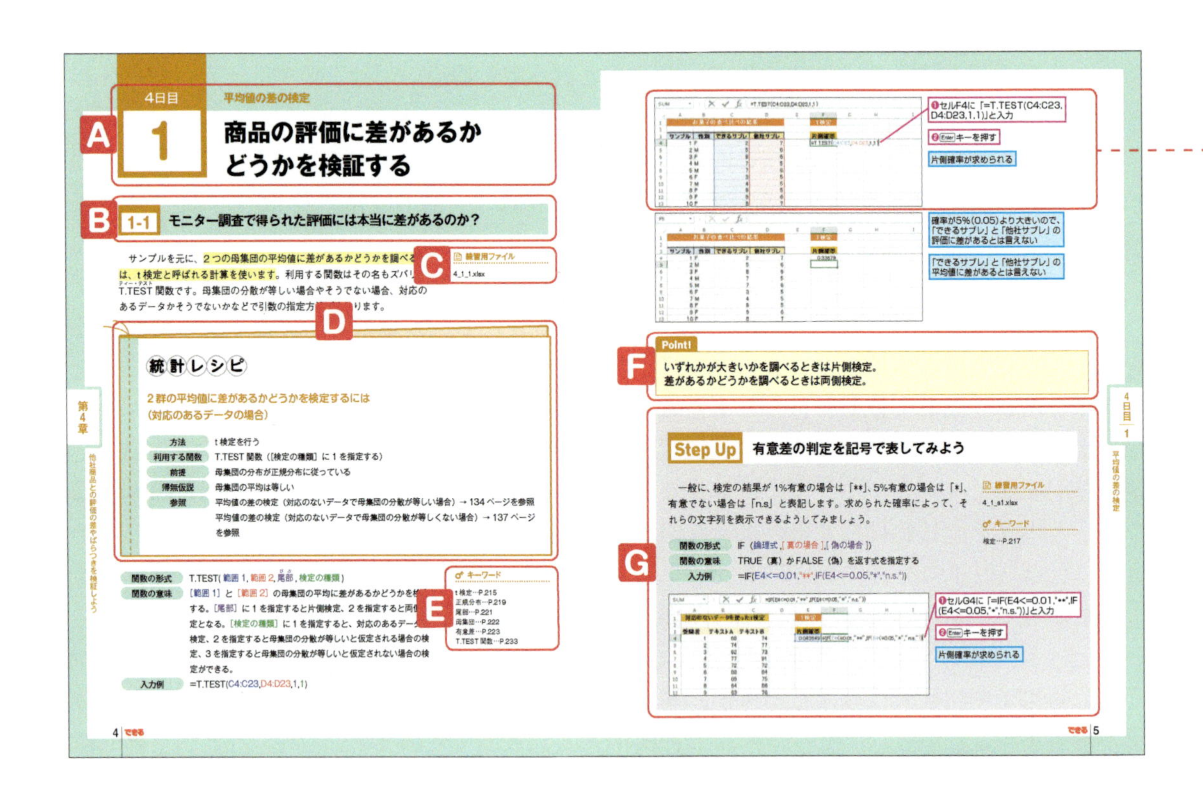

A 大項目
各章では実際の仕事で直面しそうな課題や問題をテーマごとに解説します。大項目を見ればテーマの課題やレッスンの目的などがひと目で分かります。

B 中項目
大項目をさらに分類して、中項目で区切っています。おおまかな流れがタイトルから理解できます。

C 練習用ファイル
読み進めるだけでも知識が得られますが、実際に操作すればより確実に手法が身に付きます。練習用ファイルがある項目にはファイル名を明記しています。

D 統計レシピ
操作を始める前に「方法」や「利用する関数」など確認できます。統計レシピを参照すれば、問題解決のために必要なことや関連する項目がすぐに分かります。

E キーワード
そのページで覚えておきたい用語の一覧です。用語集や関数INDEXの該当ページを掲載しているので、用語の意味をすぐに調べられます。

F Point
項目を理解するために必要な要点を簡潔に解説しています。

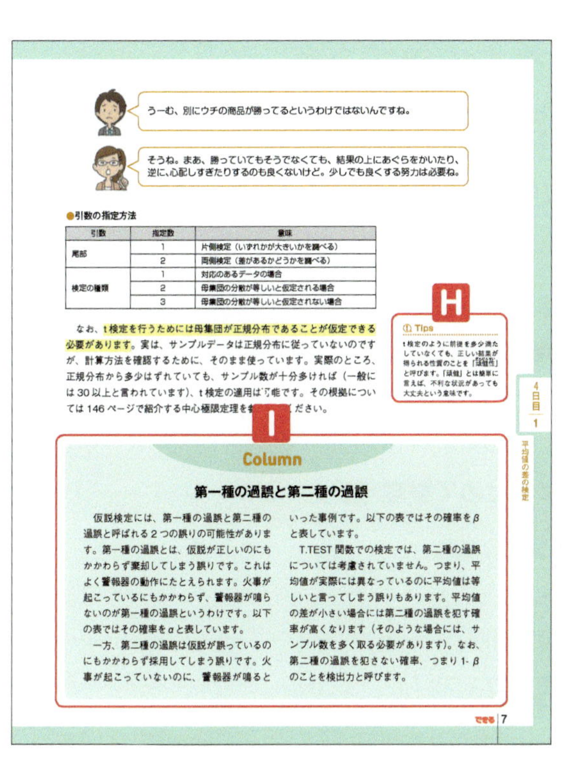

うーむ、別にウチの商品が勝ってるというわけではないんですね。

そうね。まあ、勝っていてもそうでなくても、結果の上にあぐらをかいたり、逆に、心配しすぎたりするのも良くないけど。少しでも良くする努力は必要ね。

●引数の指定方法

引数	指定数	意味
尾部	1	片側検定（いずれかが大きいかを調べる）
	2	両側検定（差があるかどうかを調べる）
検定の種類	1	対応のあるデータの場合
	2	母集団の分散が等しいと仮定される場合
	3	母集団の分散が等しいと仮定されない場合

なお、**t検定を行うためには母集団が正規分布であることが仮定できる必要があります**。実は、サンプルデータは正規分布に従っていないのですが、計算方法を確認するために、そのまま使っています。実際のところ、正規分布から多少はずれていても、サンプル数が十分多ければ（一般には30以上と言われています）、t検定の適用は可能です。その根拠については146ページで紹介する中心極限定理を[illegible]ください。

H

Tips

t検定のように前提を多少満たしていなくても、正しい結果が得られる性質のことを「頑健性」と呼びます。「頑健」とは簡単に言えば、不利な状況があっても大丈夫という意味です。

4日目 1

平均値の差の検定

I

Column

第一種の過誤と第二種の過誤

仮説検定には、第一種の過誤と第二種の過誤と呼ばれる2つの誤りの可能性があります。第一種の過誤とは、仮説が正しいのにもかかわらず棄却してしまう誤りです。これはよく警報器の動作にたとえられます。火事が起こっているにもかかわらず、警報器が鳴らないのが第一種の過誤というわけです。以下の表ではその確率をαと表しています。

一方、第二種の過誤は仮説が誤っているのにもかかわらず採用してしまう誤りです。火事が起こっていないのに、警報器が鳴るといった事例です。以下の表ではその確率をβと表しています。

T.TEST関数での検定では、第二種の過誤については考慮されていません。つまり、平均値が実際には異なっているのに平均値は等しいと言ってしまう誤りもあります。平均値の差が小さい場合には第二種の過誤を犯す確率が高くなります（そのような場合には、サンプル数を多く取る必要があります）。なお、第二種の過誤を犯さない確率、つまり1-βのことを検出力と呼びます。

できる 7

G Step Up

項目の内容を応用した、ワンランク上の使いこなしワザを解説しています。ワザによっては、練習用ファイルも用意しています。

H Tips

項目に関連したさまざまな機能や一歩進んだ使いこなしのヒントなどを解説しています。

I Column

読むとためになるプラスαの知識や情報を紹介しています。後でじっくり読めば統計やデータ分析に関する理解が深まります。

※ここに掲載している紙面はイメージです。
実際のページとは異なります。

手順 必要な手順を、画面と操作を掲載して解説しています。

操作説明
「○○と入力」「○○をクリック」など、それぞれの手順での実際の操作です。番号順に操作してください。

解説
操作の前提や意味、操作結果に関して解説しています。

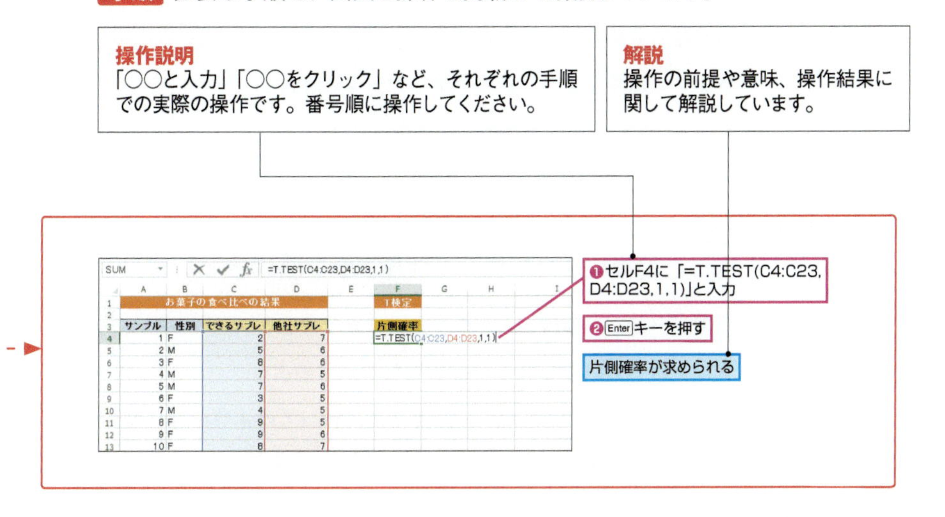

目次

登場人物の紹介

市川　学（いちかわまなぶ）

できる製菓株式会社の営業企画部勤務（入社２年目の24歳）。一浪して地元のＳ大学法学部になんとか潜り込み、平凡な成績で卒業。仕事に関してはまだまだ新人の域を出ないが、意外に努力家。趣味のギターはなかなか上達しない。

綱島　久美（つなしまくみ）

株式会社カイ・プラニングのチーフプランナー（27歳）。学の高校時代の先輩。生徒会長で、成績優秀、スポーツ万能。名門Ｔ大学経済学部に現役合格し、主席で卒業。数々の大きなプロジェクトを成功に導いている。趣味はバイク。

藤井　経堂（ふじいきょうどう）

できる製菓株式会社の営業企画部部長（40歳）。高校卒業後の入社以来、常に営業の最前線に立っていたが、アイデアあふれる働きぶりが評価され、営業企画部の部長に抜擢された。常に前向きで部下思い。趣味は釣りと囲碁。

練習用ファイルについて

本書は、事例を中心に分かりやすく説明しているので、読み進めるだけでもひと通りの知識が得られますが、練習用ファイルと書籍を併用すると手法や考え方の理解が深まります。Excelの操作が必要な項目には練習用ファイルを用意しています。以下のホームページからダウンロードして、操作してみてください。

▼練習用ファイルのダウンロードサイト
https://book.impress.co.jp/books/1114101032

プロローグ

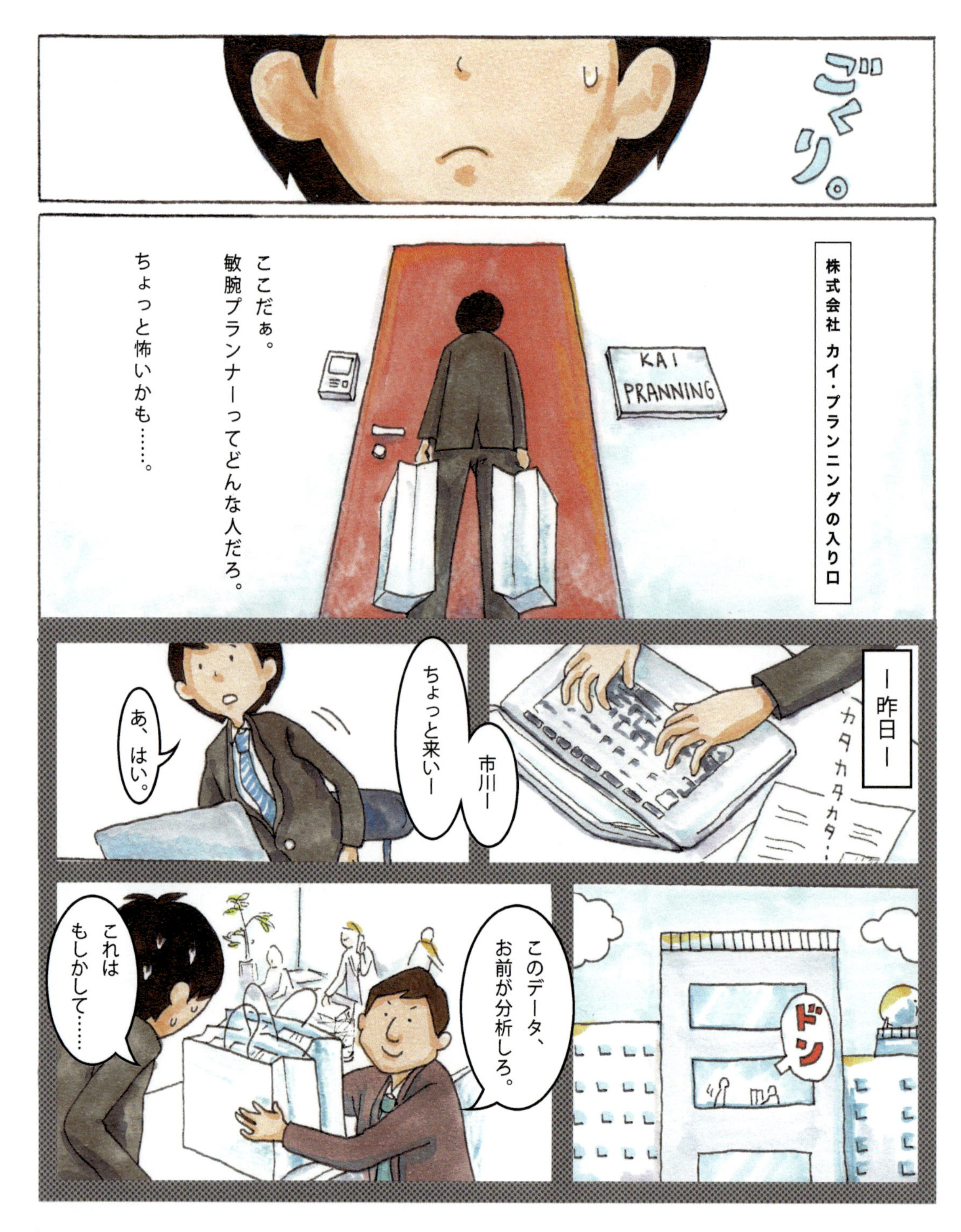
ごくり。
株式会社 カイ・プランニングの入り口
KAI PRANNING
ここだぁ。
敏腕プランナーってどんな人だろ。
ちょっと怖いかも……。
ー昨日ー
カタカタカタ…
市川ー
ちょっと来いー
あ、はい。
ドン
このデータ、お前が分析しろ。
これはもしかして……

そうだ。販促のための調査資料一式だ。前任者が異動してしまったからな。
やっぱり……でも、これをボク一人で、ですか。
情報の宝庫だぞ。おいしいところを任せてやろう…と言いたいところだが、一人じゃ荷が重いだろう。
カイ・プラニングさんは知ってるな。1週間勉強させてもらってこい。
あの、調査とか企画を手伝ってくれている頭脳集団ですね…。
ずずず
ふふふふふふ…
ーそして今日ー
ガチャッ
市川さんですね、どうぞこちらへ
失礼しま…
あれ、久美先輩！

分析以前の問題って？ 第1章に続く→

第1章

調査結果から顧客の特徴を把握しよう

久美先輩との再会に驚いたマナブ君。いよいよ久美先輩からデータ分析の方法をレクチャーしてもらうことになりました。プロローグで久美先輩が指摘したマナブ君の問題とはいったい何なのでしょうか。その問題を明らかにした後、集団がどのような特徴を持つのかを大まかにつかむ方法として、度数分布表の作り方やヒストグラムの作り方を学びます。

1日目

第1章を始める前に
収集したデータをどう扱う？

久美先輩、今日からよろしくお願いします！

よろしくね、マナブ君。藤井部長に頼まれたからには、頑張って教えるわよ！ どうやら、マナブ君はデータ分析以前の問題があるようね！

えっ！「データ分析以前の問題」って、いったい何なんですか？

分析以前にデータの整理方法を知らないってことよ！ 収集したアンケートをどういう形式で入力すればいいか分かっていないんじゃない？

確かにそうかも。Excelを使えばいいんだろうな、とは分かるんですけど……。でも、何でいきなりそこまで分かるんですか。

だって、アンケートの束を持ち歩いているじゃない。ってことは、入力の段階でつまずいているってことでしょ。

データの入力に決まった方法があるんですか。

あるわよ。みんな何となくやっているけど、原則をちゃんと理解しているのとしていないのとでは大違い。後でデータを加工したり、集計したりするときに効率が全然違ってくるわよ。

そうなんですね！ 頑張りますっ！

こんなことが できるようになります

スマートフォンアプリのダウンロード数に関するアンケートの束を持っているマナブ君。Excelを起動したものの、そこで行き詰まっているようです。この章では、調査票から集計表やグラフを作成して、「どの年代がスマートフォンのアプリを最もインストールしているか？」「男女でダウンロード数に違いがあるのか？」といった特徴を大まかにつかめるようにします。

統計レシピ

- 調査票のデータをExcelのワークシートに入力するには
- 伝票形式のデータをExcelのワークシートに入力するには
- 度数分布表を作成するには
- ヒストグラムを作成するには
- グラフから余計な系列を除外するには
- 棒グラフの間隔を詰めるには
- 元のデータからさまざまなグラフを簡単に作成するには
- ピボットグラフから度数分布表とヒストグラムを作成するには
- ピボットグラフで複数の系列を比較するには

1 データの入力方法を知って集計や分析のしやすい表を作る

1-1 アンケートをデータ化する「鉄板のルール」とは

データを分析するためには、表にデータを入力する必要があります。しかし、どのようにデータを入力すればいいのか、きちんと説明されることはあまりなかったと思います。データ分析の方法がよく分からないという人は、Excel の関数や統計の分析手法以前に「データの入力方法」という出発点があやふやだったのかもしれません。

出発点をおろそかにせず、きちんと確認しておくことは大切なことです。そこから始めましょう。

原則は極めて簡単です。1 件のデータを 1 行に入力する、これだけです。

練習用ファイル

1_1_1.xlsx

Tips

本書で使用する練習用ファイルは、弊社 Web サイトからダウンロードできます。練習用ファイルと書籍を併用すれば、より理解が深められます。

▼練習用ファイルのダウンロードページ

https://book.impress.co.jp/books/1114101032

統計レシピ

調査票のデータを Excel のワークシートに入力するには

方法	1 件のデータを 1 行に入力する
留意点	通常は、1 枚の調査票が 1 件分のデータにあたる。項目数が多い場合は複数枚の調査票が 1 件分のデータになることもある

ただし、「1 件のデータ」が何を指すのかがきちんと理解できていないと表の作成ができません。例えば、図 1-1 のような調査票を使ってスマートフォンアプリの利用に関するアンケートを取った例を見てみましょう。

Tips

本書で取り扱っているデータは架空のデータです。また、分析方法を理解しやすくするため、一部を単純化して示しています。

図1-1 マナブ君が100人に聞いたアンケートの内容

この調査では、1人分のデータが1件のデータになる

スマートフォンアプリに関するアンケート

No. 036

性別：男性・女性

年齢：45 歳

アプリのダウンロード数 15 個

この場合、調査票1枚が1件のデータにあたります。つまり**1人分の調査結果が1件のデータ**です。1件のデータに「No.」「性別」「年齢」「アプリのダウンロード数」という項目があることも分かります。それらを1行ずつ入力すればいい、というわけです。「No.」は「サンプル」、「アプリのダウンロード数」は「DL数」という見出しに変えていますが、図1-2に示したものが実際に入力したデータです。

図1-2 1件のデータは1行に入力する

	A	B	C	D	E
1	スマホアプリ利用調査				
2					
3	サンプル	性別	年齢	DL数	
4	1	F	19	37	
5	2	M	44	27	
6	3	F	52	8	
7	4	M	49	21	
8	5	M	20	19	
9	6	F	77	0	
10	7	M	42	21	
	8	F		46	
96			[illegible]	[illegible]	
97	94	F	44	13	
98	95	F	76	4	
99	96	F	21	19	
100	97	M	34	53	
101	98	M	25	16	
102	99	F	45	21	
103	100	M	19	8	
104					

19歳の女性がスマートフォンのアプリを37個ダウンロードしたという結果は、このように入力する

調査票のデータを1行ずつ入力していく

サンプルとは全体から取り出した個々の人や物のことで、標本とも呼ばれます。また、全体のことを母集団と呼びます。この例なら、「スマートフォンを利用している人すべて」が母集団にあたります。ユーザー全体の数はあまりにも多いので、全員からアンケートを取ることは不可能です。そこで100人のサンプルを抽出して調査したというわけです。

サンプル…P.218
標本…P.221
母集団…P.222

性別の「F」は女性(Female)を表し、「M」は男性(Male)を表します。「女」とか「男」のように日本語で入力するのは面倒なので、半角英数字を使ったというわけです。女性を0、男性を1というようにコード化して表すこともあります。

年齢については説明するまでもありませんね。「DL数」はアプリを何個ダウンロードしたかということです。

なるほど！ 調査票の束を前にして途方に暮れていましたが、データの入力方法がよく分かりました。

こういう1件1件のデータのことをレコードと呼ぶこともあるわ。Excelではレコードって言葉はあまり使わないけど。

なお、国勢調査のように調査項目が多いアンケートの場合には、何枚かの用紙の内容が1件のデータになることもあります。つまり、用紙が何枚であっても、1件のデータとは「1つのサンプルから得られたデータ」と考えられます。

Point!

1つのサンプルから得られたデータが1件のデータ。1件のデータを1行に入力する。

Column

作業の流れと頭の中で起こっていること

私たちは、データを入力するという単純な作業の中でも「モデル化」という操作を行い、それを適用しています。この例なら「1枚の調査票(具体的なもの)」→「1件のデータ(抽象的なもの)」→「ワークシートの1行(具体的なもの)」という流れになります。簡単な作業ならこの操作が無意識のうちにできますが、複雑な作業になってくるとどう手を付けていいのか分からなくなることがあります。そういうときに、この流れを意識して紙に書いてみると、どのデータをどのように取り扱えばいいのかが見えてきます。

1-2 売上伝票は「明細」と「頭書き」に注目！

前項のような簡単な調査票の場合、1 枚の用紙の内容が 1 件分のデータにあたります。しかし、売上伝票のような複雑な帳票の場合、何が 1 件分のデータにあたるか分かりにくいことがあります。そのような例を見てみましょう。

統計レシピ

伝票形式のデータを Excel のワークシートに入力するには

方法 商品の売り上げをまとめた伝票では、明細の行数だけデータを入力する。伝票の共通部分は各行の先頭に入力する

図 1-3 の例は、簡略化するために商品コードや消費税などは省いてありますが、売上伝票はだいたいこのような形式になっています。**頭書きと明細に分かれている**ことに注目してください。

図1-3 売上伝票のイメージ

商品名	単価	数量	金額
マーカー黒	150	5	750
名前ペン	120	4	480
製図鉛筆	100	2	200
		合計	1,430

売上伝票のように、明細が何行かある帳票の場合、それぞれの**明細が1件のデータになります**。したがって、1枚の用紙に複数件のデータが含まれます。伝票番号や日付、得意先名のような頭書きは1回しか書かれませんが、すべての明細に共通する内容です。そこで、このような**共通部分は明細の最初に入力しておきます**。

なお、「金額」は項目に含めないこともあります。金額の値を保存しておかなくても「単価×数量」という計算で求められるからです。金額の合計は複数のデータを元に計算して求められるので、1件1件の明細データとは取り扱いが異なります（合計の部分は脚(あし)書(が)きとも呼ばれます）。

図1-4 売上伝票は頭書きを左に、明細を右に入力する

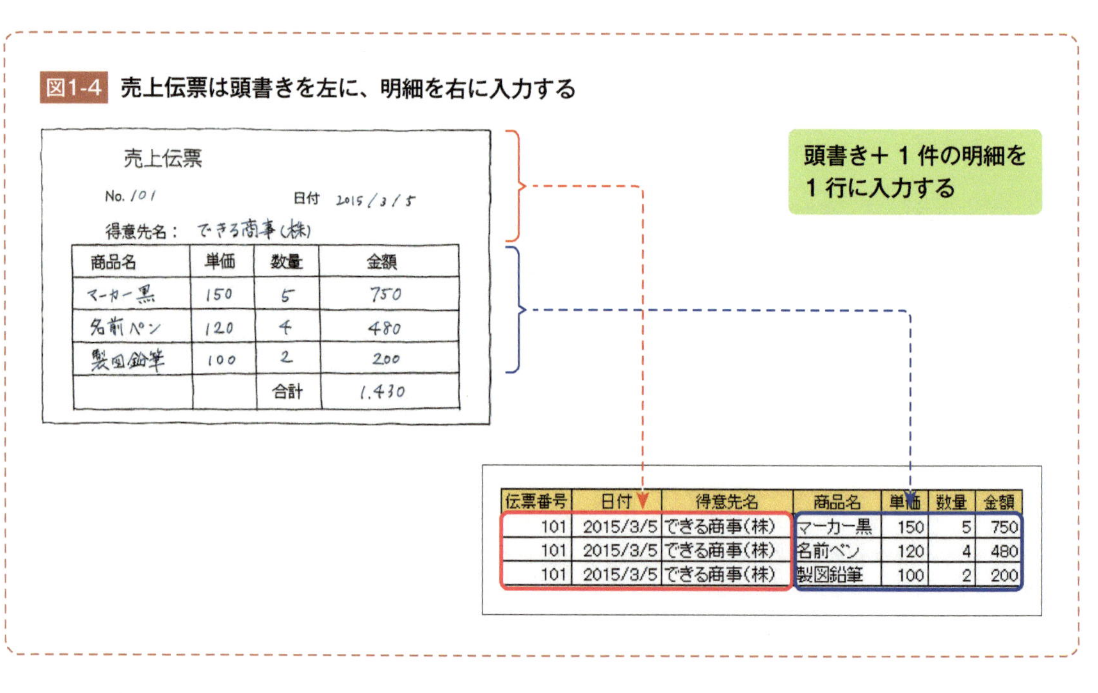

伝票番号	日付	得意先名	商品名	単価	数量	金額
101	2015/3/5	できる商事(株)	マーカー黒	150	5	750
101	2015/3/5	できる商事(株)	名前ペン	120	4	480
101	2015/3/5	できる商事(株)	製図鉛筆	100	2	200

売上伝票の場合は、データの入力方法が違うんですね。

そうね、共通のデータがあるかどうかでデータの入力方法が異なることを覚えておくといいわね。

さまざまな帳票に「1 件のデータ」が通常どのように記録されているかをまとめると、以下のようになります。

- 簡単な調査票：1 枚の用紙に 1 件のデータ
- 項目数の多い調査票：複数枚の用紙で 1 件のデータ
- 伝票：1 枚の用紙に複数件のデータ

Point!

複数のデータが1ページに記録されているときは、共通部分を各行の先頭に入力する！

Column

アンケート調査の落とし穴

アンケート調査の結果は根拠のはっきりしない主観的な主張と異なり、実際に得られたデータなので信頼できるものと思われています。しかし、調査の方法によっては実態を反映していない結果が得られることも多いので注意が必要です。本書のデータは架空のものなので、取りあえずそういった判断は保留にしてありますが、例えば、丸の内などのビジネス街で実施したアンケートと、吉祥寺などのファッション街で実施したアンケートでは、結果が違ってくる可能性が大です。住宅街だとさらに異なる結果になるかもしれません。そもそも、アンケートに答えてくれる人と答えてくれない人で違いがあるかもしれません。多数のデータを集めたいからといって、インターネットでアンケートを取ると、パソコンやインターネットの使い方に慣れた人の回答しか得られなかったり、興味のない人からは回答がもらえなかったりする可能性もあるのです。

こういった「サンプルの偏り（かたより）」をバイアスと呼びます。調査する場合にも、分析結果を読み解く場合にもバイアスには十分に注意する必要があります。目的があって特定のサンプルを集める場合もありますが、普通はランダムにサンプルを選ぶのが理想的です。

2 全体の傾向や特徴を表にまとめて整理する

2-1 意外に簡単！ データ集計と整理の極意

データが入力できたら、細かい分析をする前に全体像を見ておくといいわね。

数字ばかりで全体像ってあんまり見えないんですけど。

適当に区切ってみるといいわよ。アプリのダウンロード数が0 ～ 4個の人は何人、5 ～ 9個の人は何人って感じの、度数分布表を作ってみましょう。

度数？……って何ですか。

頻度（ひんど）のことね。要するに「何人いるか」とか「何回登場したか」といった値のこと。度数分布表を作れば全体的な傾向や特徴が分かるわよ。

各行に入力された１件１件のデータは生のデータなので、分析のためにはデータを並べ替えたり集計したりして整理しておく必要があります。ここでは、まず、度数分布表を作成してデータを集計します。さらに、その表のデータをグラフ化して全体像や特徴をひと目で分かるようにします。具体的な操作は後ほど見ることとして、ここではどのような流れでグラフを作成するかを確認しておきましょう。

なお、分布とは、どの値がどれぐらいの頻度で（あるいはどれぐらいの確率で）現れるかということです。

キーワード

度数…P.220
度数分布表…P.221

図1-5 集計したデータをグラフ化する流れ

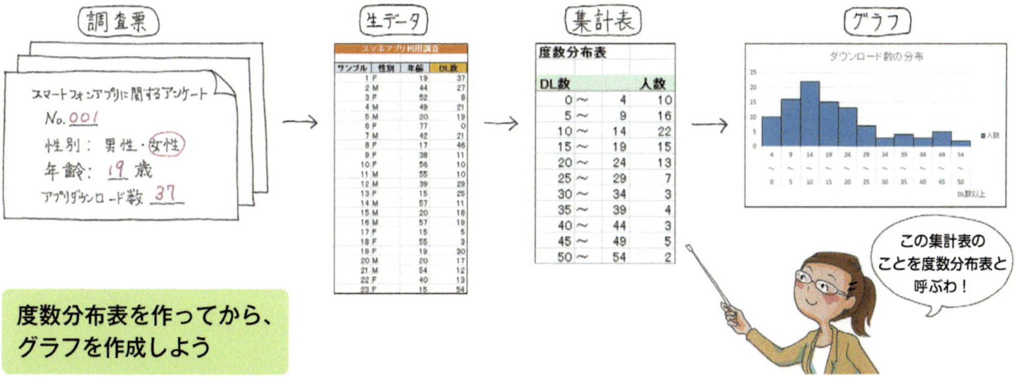

調査票 → 生データ → 集計表 → グラフ

スマートフォンアプリに関するアンケート
No. 001
性別：男性・女性
年齢：19 歳
アプリダウンロード数 37

度数分布表

DL数			人数
0	～	4	10
5	～	9	16
10	～	14	22
15	～	19	15
20	～	24	13
25	～	29	7
30	～	34	3
35	～	39	4
40	～	44	3
45	～	49	5
50	～	54	2

ダウンロード数の分布

度数分布表を作ってから、グラフを作成しよう

この集計表のことを度数分布表と呼ぶわ！

2-2 データを区切れば傾向が見える

スマホアプリの利用調査の例で、ダウンロード数の分布を知りたい場合は以下のような準備が必要です。

- ダウンロード数を5ずつに区切る（ただし、50以上は1つにまとめる）
- 区切りごとに人数を集計する

つまり、下のような表を作ります。F列とH列はダウンロード数を表し、それに対応するI列の値がアプリをダウンロードした人の数です。このように、**データをいくつかの区切りに分け、その中にあるデータの個数をまとめた表のことを度数分布表と呼びます**。なお、**それぞれの区間のことを階級と呼びます**。

●スマホアプリ利用調査の度数分布表

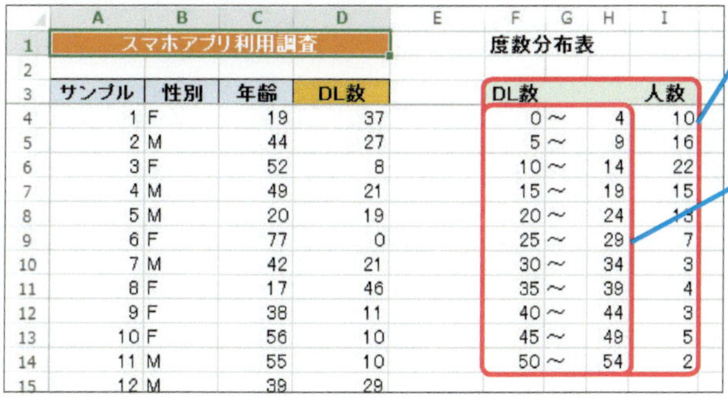

	A	B	C	D	E	F	G	H	I
1	スマホアプリ利用調査					度数分布表			
2									
3	サンプル	性別	年齢	DL数		DL数			人数
4	1	F	19	37		0	～	4	10
5	2	M	44	27		5	～	9	16
6	3	F	52	8		10	～	14	22
7	4	M	49	21		15	～	19	15
8	5	M	20	19		20	～	24	13
9	6	F	77	0		25	～	29	7
10	7	M	42	21		30	～	34	3
11	8	F	17	46		35	～	39	4
12	9	F	38	11		40	～	44	3
13	10	F	56	10		45	～	49	5
14	11	M	55	10		50	～	54	2
15	12	M	39	29					

◆度数分布表
データの個数をまとめた表のこと

◆階級
データを区切る区間のこと

キーワード

階級…P.216
スタージェスの公式…P.219
度数分布表…P.221

Tips

階級の分け方には決まったルールはありませんが、「スタージェスの公式」と呼ばれる式でおおよそ目安が得られます。スタージェスの公式は以下のようなものです。

$$1+\frac{\log_{10}n}{\log_{10}2}$$

（nはデータ数）

いずれかのセルに「=1+LOG10(COUNT(D4:D103))/LOG10(2)」と入力して、この公式で計算すると約7.6という結果が得られます。ただし、今回はもう少し細かく階級を分けています。

統計レシピ

度数分布表を作成するには

方法	データを一定の値ごとに区切り、それぞれの区間にあるデータの個数を集計する
利用する関数	COUNTIF（カウント・イフ）関数、COUNTIFS（カウント・イフ・エス）関数

セルＩ4にどんな数式を入力すればいいと思う？

「ダウンロード数が4以下」という条件で人数を数えるから、COUNTIF関数ですか？

取りあえず正解、かな。じゃあ入力してみて。ダウンロード数のデータはセルD4～D103に入力されているわよ。

ええと、範囲と条件を指定すればいいから……あれ、どうするんでしたっけ？

もうっ。「=COUNTIF(D4:D103,"<=4")」って言いたいんでしょ。それで答えは出るけど、まあ60点ってとこね。

久美先輩の評価では60点の回答ですが、答えは出るのでやってみましょう。**条件に一致したセルの数を数えるには、COUNTIF関数を使います。**

練習用ファイル

1_2_2.xlsx

キーワード

階級…P.216
COUNTIF 関数…P.225
COUNTIFS 関数…P.226

関数の形式	COUNTIF(範囲, 条件)
関数の意味	［範囲］のうち、［条件］に一致するデータの個数を数える。［条件］は文字列で指定する
入力例	=COUNTIF(D4:D103,"<=4")

	A	B	C	D	E	F	G	H	I
1	スマホアプリ利用調査					度数分布表			
2									
3	サンプル	性別	年齢	DL数		DL数			人数
4	1	F	19	37		0	～	4	=COUNTIF(D4:D103,"<=4")
5	2	M	44	27		5	～	9	
6	3	F	52	8		10	～	14	
7	4	M	49	21		15	～	19	

❶セルI4に「=COUNTIF(D4:D103,"<=4")」と入力

❷Enterキーを押す

	A	B	C	D	E	F	G	H	I
1	スマホアプリ利用調査					度数分布表			
2									
3	サンプル	性別	年齢	DL数		DL数			人数
4	1	F	19	37		0	～	4	10
5	2	M	44	27		5	～	9	
6	3	F	52	8		10	～	14	
7	4	M	49	21		15	～	19	
8	5	M	20	19		20	～	24	
9	6	F	77	0		25	～	29	
10	7	M	42	21		30	～	34	
11	8	F	17	46		35	～	39	

「ダウンロードしたアプリが4個以下」の人数が求められた

セルI5に入力する数式には「ダウンロード数が5以上、9以下」という複数の条件を指定する必要があります。このような場合、つまり、**複数の条件に一致したセルの数を数える場合には、COUNTIFS関数を使います。**

関数の形式 COUNTIFS(範囲1, 条件1, 範囲2, 条件2, ……)

関数の意味 [範囲]のうち、[条件]に一致するデータの個数を数える。[範囲]と[条件]はペアで指定する。複数の[範囲]と[条件]を指定した場合はそれらの条件をすべて満たした数値の個数が返される。

入力例 =COUNTIFS(D4:D103,">=5",D4:D103,"<=9")

	A	B	C	D	E	F	G	H	I
1	スマホアプリ利用調査					度数分布表			
2									
3	サンプル	性別	年齢	DL数		DL数			人数
4	1	F	19	37		0	～	4	10
5	2	M	44	27		5	～	9	=COUNTIFS(D4:D103,">=5",D4:D103,"<=9")
6	3	F	52	8		10	～	14	
7	4	M	49	21		15	～	19	

❸セルI5に「=COUNTIFS(D4:D103,">=5",D4:D103,"<=9")」と入力

❹Enterキーを押す

	A	B	C	D	E	F	G	H	I
1	スマホアプリ利用調査					度数分布表			
2									
3	サンプル	性別	年齢	DL数		DL数			人数
4	1	F	19	37		0	～	4	10
5	2	M	44	27		5	～	9	16
6	3	F	52	8		10	～	14	
7	4	M	49	21		15	～	19	
8	5	M	20	19		20	～	24	
9	6	F	77	0		25	～	29	
10	7	M	42	21		30	～	34	
11	8	F	17	46		35	～	39	

「ダウンロードしたアプリが5個以上、9個以下」の人数が求められた

セルI6～I7についても以下のような数式を入力すれば、すべての階級の人数が求められます。

セルI6には「=COUNTIFS(D4:D103,">=10",D4:D103,"<=14")」
セルI7には「=COUNTIFS(D4:D103,">=15",D4:D103,"<=19")」
セルI8には「=COUNTIFS(D4:D103,">=20",D4:D103,"<=24")」
:
（以下同様）

しかし、これらを１つ１つ入力するのはとても面倒です。データの分析と直接の関係はありませんが、効率よく表を作るのも大切なことです。入力を簡単にし、しかも変更があった場合にも対応できる100点満点の答えはStep Upに示してあります。Point!を確認してから、じっくり読み進めてください。

Point!

度数分布表とは、データをいくつかの階級に区切って、その階級に含まれるデータの個数を書いたもの。

Step Up　データの変更に対応する表を作ろう

多くの入門書では、COUNTIF関数やCOUNTIFS関数の説明として、条件に文字列を直接指定する例しか示されていません（前ページを参照）。しかし、それでは表を流用しようとした場合や、後で変更があった場合に対処するのが難しくなります。つまり、汎用性や保守性に欠けるというわけです。

汎用性や保守性を考慮するなら、数式の中に直接数値を指定するのではなく、ほかのセルに入力された値を使うようにしましょう。さらに、絶対参照と相対参照をうまく使い分けて、数式をコピーできるようにすれば表作成の効率もアップします。

前ページの数式をよく見ると、データの個数を数えたい範囲はすべてセルD4～D103であることが分かります。ということは、絶対参照にすれば数式がコピーできるということも分かるはずです。また、セルＩ4にだけCOUNTIF関数を使うと関数の入力とコピーが一気にできないので、セルＩ4でもCOUNTIFS関数を使うことにしましょう。以下のように入力できそうです。

入力例　=COUNTIFS($D$4:$D$103,">=0",$D$4:$D$103,"<=4")

ただし、これだけでは不十分です。下限と上限の値がすべて異なるからです。しかし、これらの値はＦ列とＨ列に入力されています。そこで、セルＩ4に以下の式を入力します。

入力例　=COUNTIFS($D$4:$D$103,">="&F4,$D$4:$D$103,"<="&H4)

「&」は文字列を連結するための演算子です。

練習用ファイル

1_2_s1.xlsx

キーワード

絶対参照…P.219
相対参照…P.220

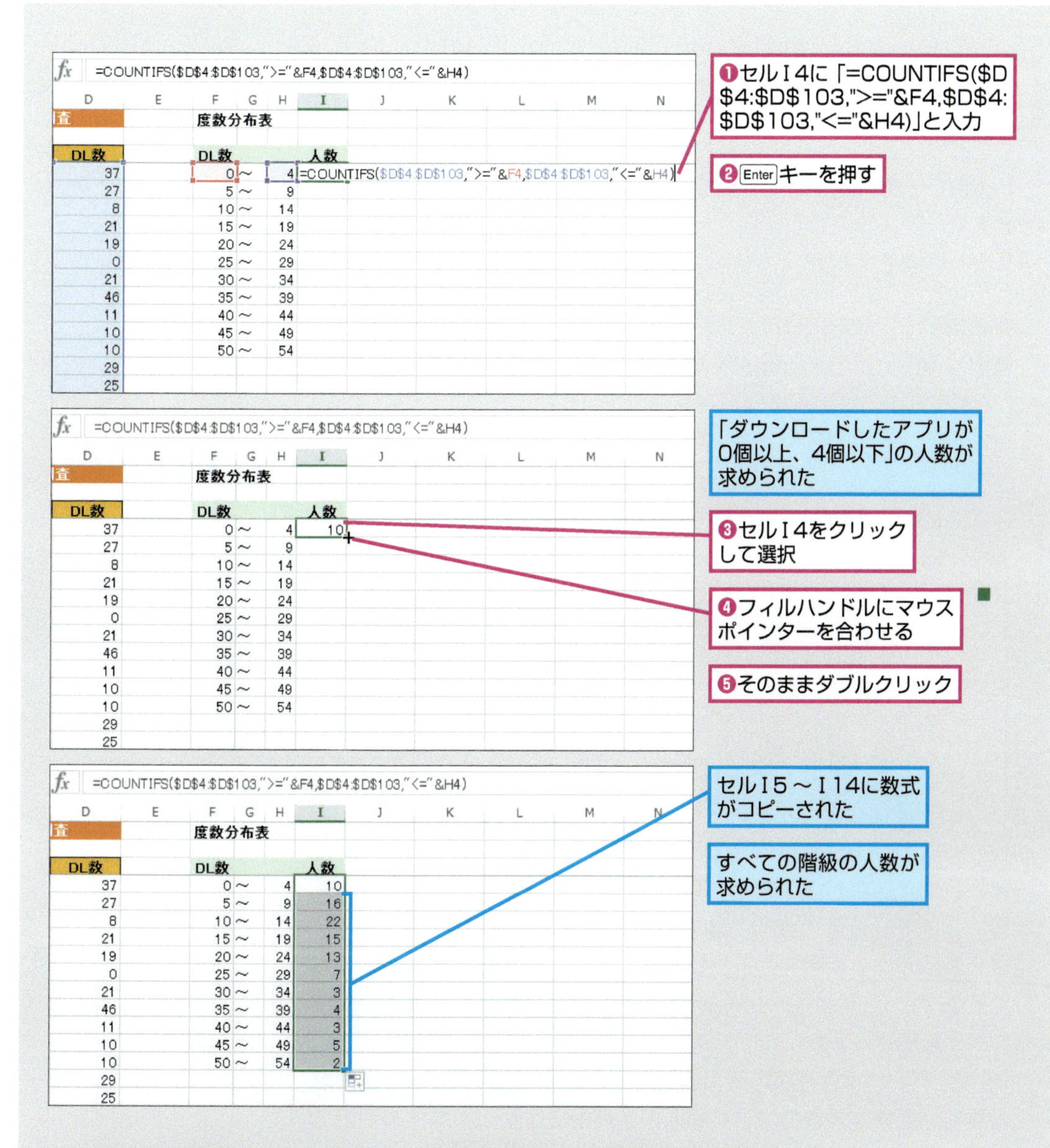

このように数式を入力しておくと、階級の区切りを変更したいときにもF列やH列に入力されている値を変えるだけで済みます。修正の手間が省けるだけでなく、修正時の間違いも防げます。

もう1つオマケですが、セルF4には「=MIN(D4:D103)」が入力されていて、セルH14には「=MAX(D4:D103)」が入力されています。セルF5に「=H4+1」と入力されていることにも注目です。計算して求められるものはできるだけ数式を使って求めるようにしましょう。

Step Up 一瞬にして度数分布表を作成するワザ！

Excel では度数分布表を作成するための FREQUENCY 関数が利用できます。実はこの関数を使うと配列数式を 1 つ入力するだけで度数分布表が作成できます。

練習用ファイル
1_2_s2.xlsx

関数の形式　FREQUENCY（フリーケンシー）(データ配列 , 区間配列)
関数の意味　［データ配列］の中で［区間配列］の各区間の個数を数え、配列として返す。
入力例　=FREQUENCY(D4:D103,H4:H13)
（配列数式として入力）

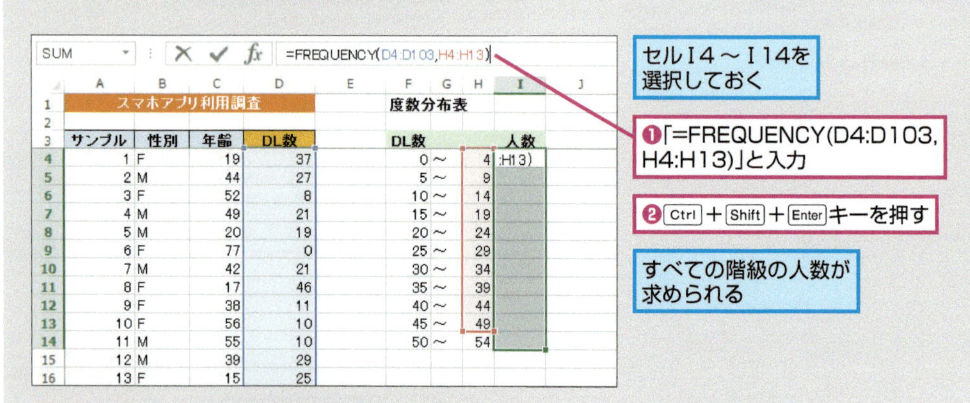

配列数式とは、1 つの数式で複数の結果を返す数式です。結果が複数個あるので、通常の数式とは入力の方法が少し異なります。まず、結果を表示したい範囲をあらかじめ選択しておき、続いて関数を入力し、最後に Ctrl ＋ Shift ＋ Enter キーを押せば、選択された範囲に結果がすべて表示されます。

［区間配列］には各階級の最大値を指定します。上の例では、区間配列の最初の要素は 4 なので、最初に返される値は 4 以下の値の個数です。続いて 9 以下の値の個数が、14 以下の値の個数が、という具合に結果が返されます。ただし、最後の要素は、［区間配列］のうち、最も大きな値を超える区間の個数となります。したがって、返される配列の個数は区間配列の個数よりも 1 つ多くなります。

キーワード

配列数式…P.221
FREQUENCY 関数…P.227

第1章 調査結果から顧客の特徴を把握しよう

1日目 3 集団の全体像と特徴を表すグラフを作成する

ヒストグラム

3-1 データの個数や分布がひと目で分かるグラフを作る

度数分布表ができたわね！ じゃあ、次はヒストグラムを作りましょう。

ヒストグラムですか？「グラフ」ではなくて、「グラム」？

そう、ヒストグラムよ！ 取りあえずどんなグラフか見てみましょう。

図1-6 ダウンロード数の分布を表すヒストグラム

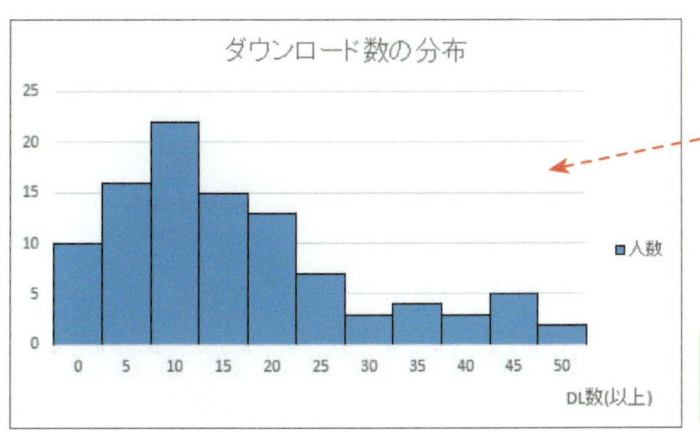

ヒストグラム

ヒストグラムと棒グラフはどう違うの？

図 1-6 のように、**各階級の個数を表すグラフのことをヒストグラムと呼びます**。ヒストグラムの特徴は、縦軸が度数であることと、棒と棒の間にスペースがない（くっついている）ということです。横軸が年齢やダウンロード数のような連続した階級の場合は棒と棒の間にスペースのないヒストグラムにしますが、カテゴリーを表す項目の場合は通常の棒グラフにし

キーワード

階級…P.216
度数…P.220
度数分布表…P.221
ヒストグラム…P.221

ます。例えば、横軸を性別として、縦軸を人数とする場合は棒と棒の間にスペースのある棒グラフにします。なお、ヒストグラムの「グラム」は「-gram」という接尾辞で「書かれたもの」という意味です。

Point!

ヒストグラムとは、人数や回数などの度数をグラフ化したもの。

3-2 まずは集合縦棒グラフを作る

度数分布表を作成して、データが集計できたので、次はヒストグラムを作りましょう。ヒストグラムを作るためには、棒グラフを作成し、書式の設定を変更して間隔を詰めます。

練習用ファイル

1_3_2.xlsx

統計レシピ

ヒストグラムを作成するには

方法	度数分布表を元に棒グラフを作り、系列の要素の間隔を0にする
準備	あらかじめ度数分布表を作っておく→26ページを参照

系列の要素の間隔を0にするための書式設定は37ページで確認することとして、ここでは最初のステップとして棒グラフを作りましょう。

特に何も指定せずにグラフを作ると、データ範囲がグラフ化されるので、セルF4などのデータが入力されているセルを選択しておいてから作業を始めます。

キーワード

系列…P.217

Tips

「データ範囲」とは、アクティブセル（現在編集できるセル）を含み、周囲を空白のセルで囲まれた範囲のことを指します。データ範囲はアクティブセル領域とも呼ばれます。

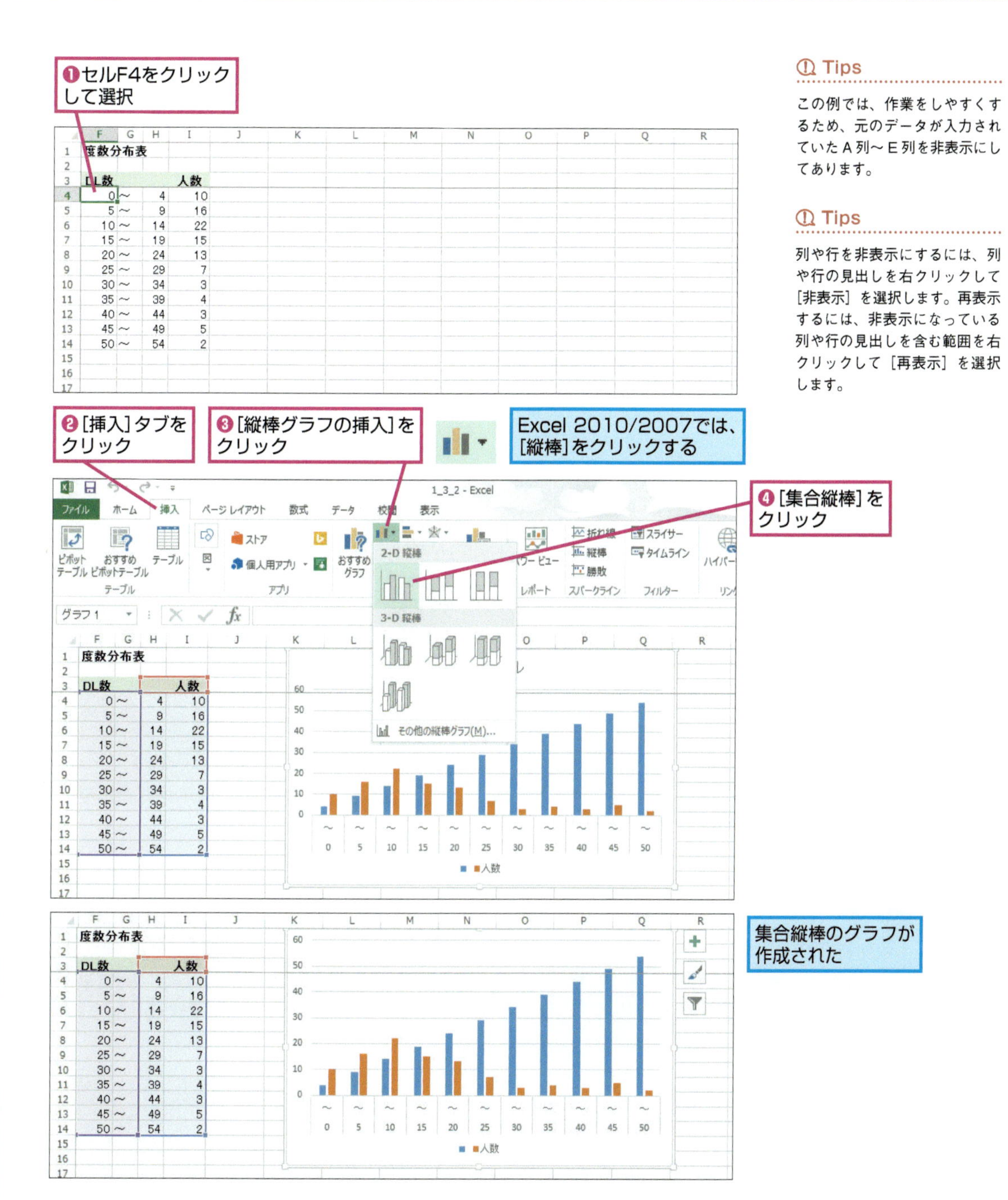

Tips

この例では、作業をしやすくするため、元のデータが入力されていたA列～E列を非表示にしてあります。

Tips

列や行を非表示にするには、列や行の見出しを右クリックして［非表示］を選択します。再表示するには、非表示になっている列や行の見出しを含む範囲を右クリックして［再表示］を選択します。

この段階では、余計な範囲がグラフ化されているので、まだ完成とは言えませんが、取りあえずは棒グラフが作成できました。次の項で余計な範囲を除外する方法を見ていきます。

3-3 ドラッグ操作でグラフから不要なデータを除外！

グラフ化されるデータの並びのことをデータ系列と呼びます。前項で作成したグラフには余計なデータ系列が含まれています。グラフ化するデータはＩ列だけでいいのに、Ｈ列のデータもグラフになっているというわけです。そこで、データ系列からＨ列を除外しましょう。

練習用ファイル

1_3_3.xlsx

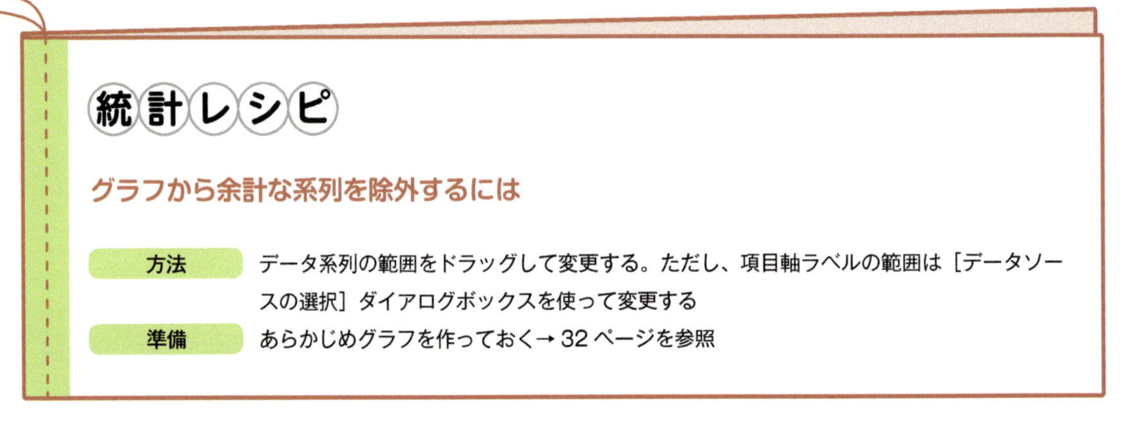

統計レシピ

グラフから余計な系列を除外するには

方法　データ系列の範囲をドラッグして変更する。ただし、項目軸ラベルの範囲は［データソースの選択］ダイアログボックスを使って変更する

準備　あらかじめグラフを作っておく→ 32 ページを参照

データ系列の範囲は、ドラッグ操作だけで簡単に変えられます。

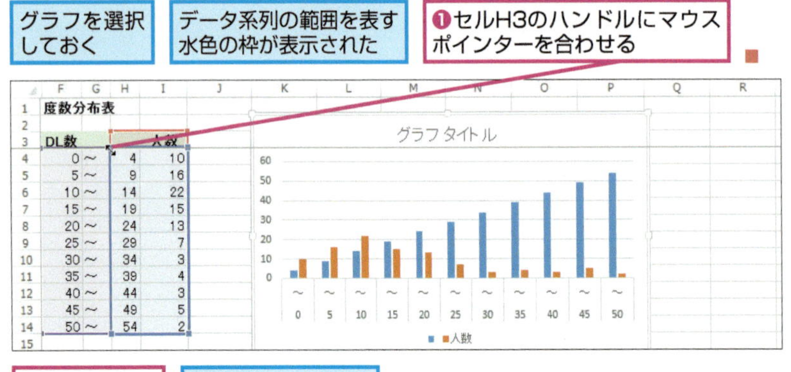

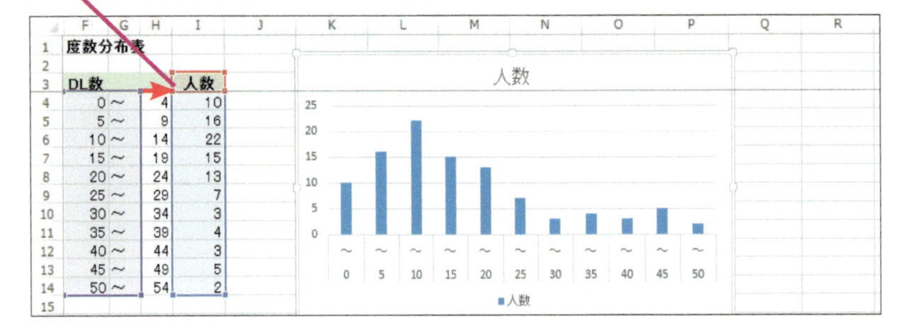

キーワード

系列…P.217

Tips

グラフにマウスポインターを合わせると、その位置にある要素の名前がポップアップ表示されます。「グラフエリア」と表示されたときにクリックするとグラフ全体を選択できます。

これでデータ系列は正しく指定できました。しかし、「～0」や「～5」と表示されている横(項目)軸ラベルの内容が少しおかしいようです。横(項目)軸ラベルの範囲はグラフを選択すると紫色の枠で表示されます。それを見ると、F列とG列が横（項目）軸ラベルとして扱われていることが分かります。しかし、G列を含める必要はありません。

そこで、横（項目）軸ラベルの範囲からG列を除外します。しかし、セルG4のハンドルをドラッグしてもG列を除外できません。この場合、[データソースの選択] ダイアログボックスで横（項目）軸ラベルの範囲を指定し直す必要があります。

Tips

[軸ラベル] ダイアログボックスの [軸ラベルの範囲] に入力されている内容を直接書き換えても範囲が変えられます。ただし、そのときに方向キー（← キーや → キー）を使うと、範囲指定の変更と見なされるので、余計な部分が範囲に追加されてしまいます。文字の修正には Back space キーや Delete キーを使ってください。

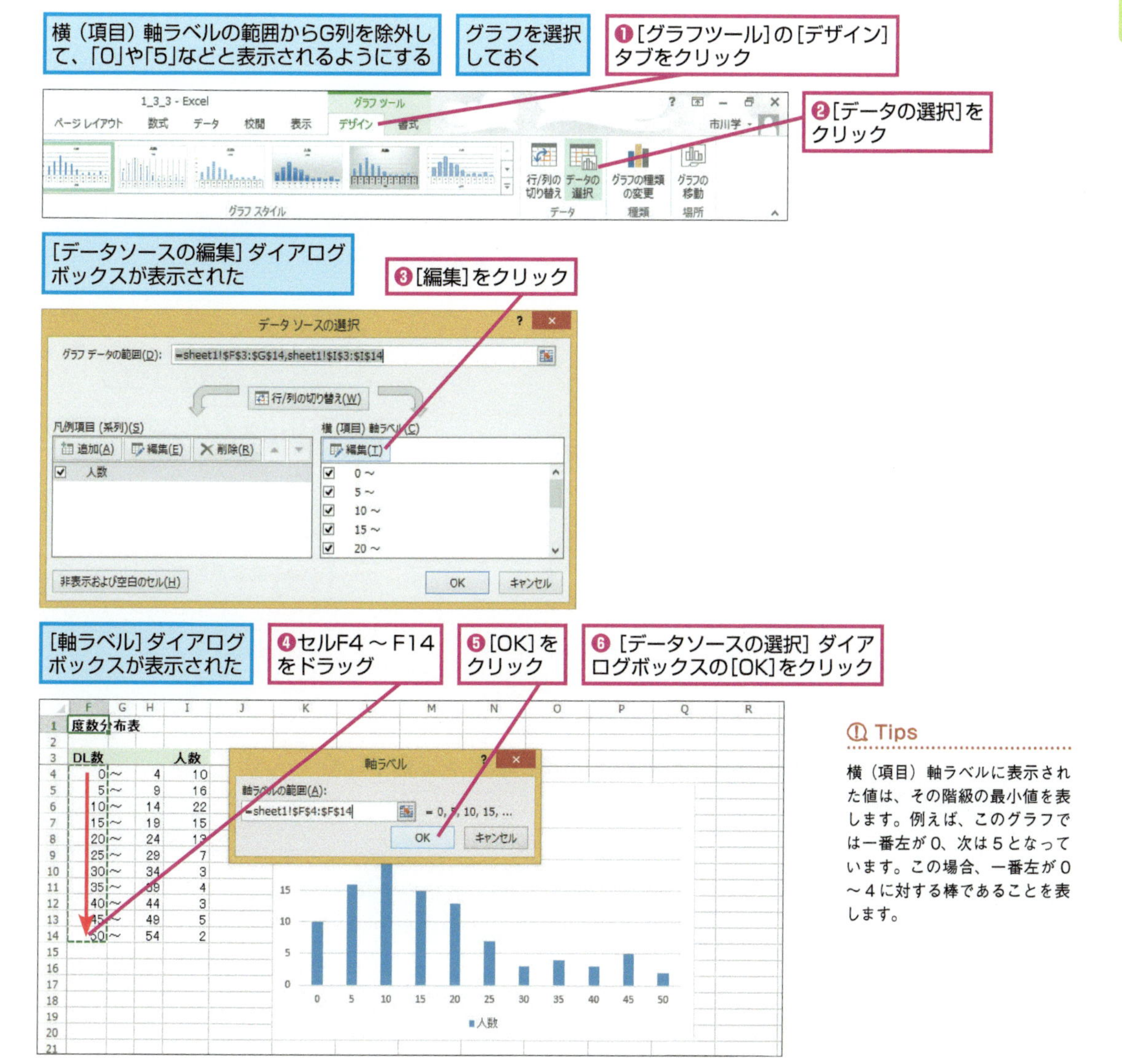

Tips

横（項目）軸ラベルに表示された値は、その階級の最小値を表します。例えば、このグラフでは一番左が0、次は5となっています。この場合、一番左が0～4に対する棒であることを表します。

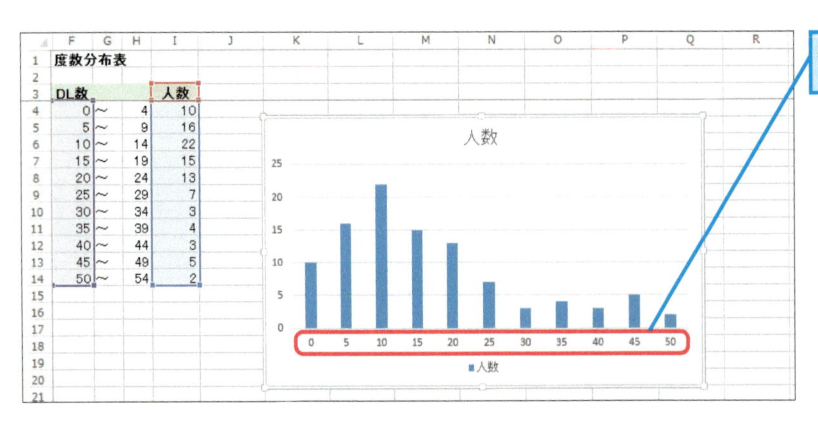

横(項目)軸ラベルにF列の内容だけが表示された

Step Up ボタン1つで系列が指定できる

Excel 2013では、グラフを選択すると［グラフフィルター］ボタンが表示されます。このボタンをクリックすると、ここで見た操作と同様の設定が簡単にできます。

練習用ファイル
1_3_s1.xlsx

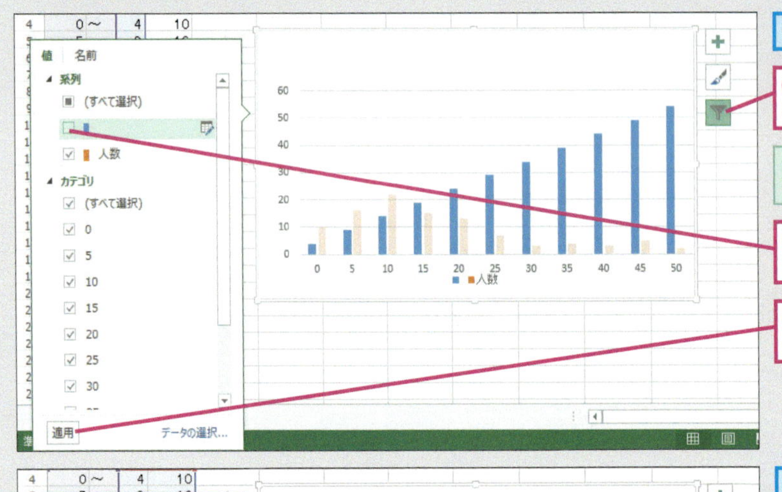

グラフを選択しておく

❶［グラフフィルター］をクリック

❷不要な系列をクリックしてチェックマークをはずす

❸［適用］をクリック

チェックマークをはずした系列が非表示になった

3-4 棒の間隔や色を変更してグラフを仕上げる

ヒストグラムでは、グラフの棒（データ系列の要素）の間隔を 0 にします。この設定ができれば、ほぼ完成です。

練習用ファイル

1_3_4.xlsx

棒グラフの間隔を詰めるには

方法 ［データ系列の書式設定］作業ウィンドウで［要素の間隔］に 0 を指定する

準備 あらかじめ棒グラフを作っておく→ 32 ページを参照

［データ系列の書式設定］作業ウィンドウを表示する

❶系列を右クリック

❷［データ系列の書式設定］をクリック

Excel 2010/2007では、［データ系列の書式設定］ダイアログボックスが表示される

❸［要素の間隔］に「0」と入力

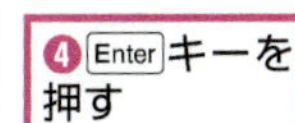

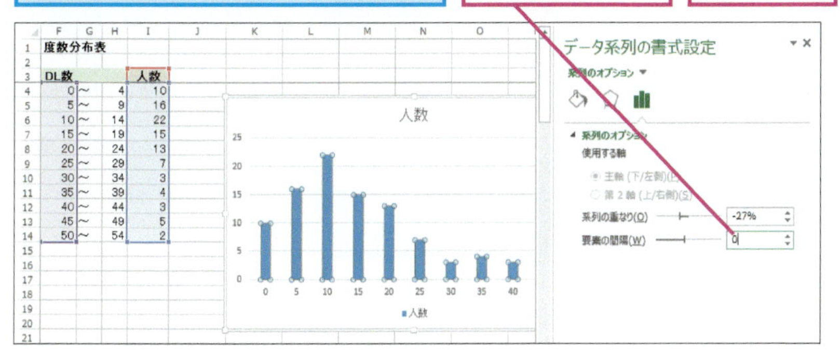

キーワード

系列…P.217
ヒストグラム…P.221

Tips

Excel 2010/2007 では、操作 3 で［データ系列の書式設定］ダイアログボックスの［系列のオプション］をクリックします。次に［要素の間隔］に「0」を入力し、［閉じる］ボタンをクリックしてください。

Tips

Excel 2013 では、［要素の間隔］のスライダーを左端までドラッグしても、間隔を 0% にできます。

Tips

複数の系列がある場合には、［系列の重なり］を変更すれば、系列と系列の間隔を変えることができます。

グラフの棒の間隔が詰められた

グラフの棒に黒い枠線を付ける

❺［塗りつぶしと線］をクリック

❻［枠線］をクリック

❼［線（単色）］をクリック

❽［輪郭の色］をクリックして［黒、テキスト1］を選択

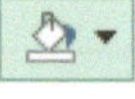

❾［閉じる］をクリック

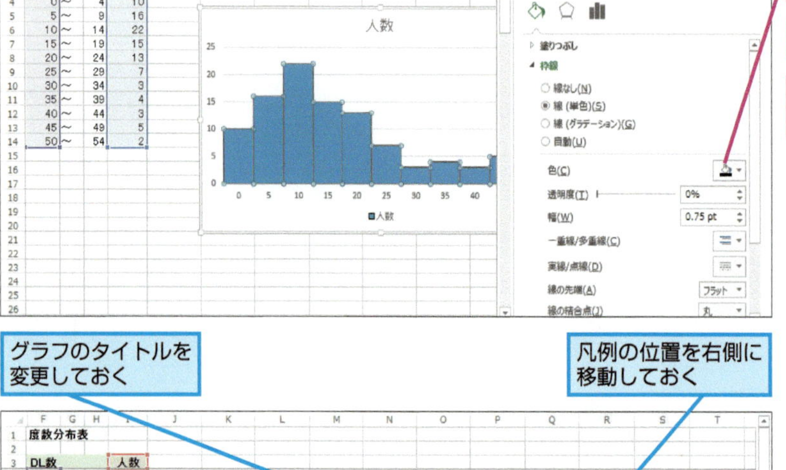

グラフのタイトルを変更しておく

凡例の位置を右側に移動しておく

軸ラベルの見出しを挿入し「DL数(以上)」と入力しておく

ヒストグラムが完成した

Tips

Excel 2010/2007では、［データ系列の書式設定］ダイアログボックスで［枠線の色］-［線（単色）］の順にクリックします。

Tips

Excel 2010/2007では、［色］をクリックしてから［黒、テキスト1］を選択します。

Tips

グラフのタイトルをクリックして選択し、文字の部分をクリックすればタイトルを変更できます。なお、タイトルを選択した状態で数式バーに「=」を入力し、いずれかのセルをクリックすると、そのセルの内容をグラフのタイトルに表示できます。

Tips

軸ラベルの見出しを挿入するには、［グラフツール］の［デザイン］タブにある［グラフ要素を追加］ボタンをクリックし、［軸ラベル］-［第1横軸］を選択します。

Tips

凡例の位置を変えるには、凡例を右クリックして［凡例の書式設定］を選択します。［凡例の書式設定］作業ウィンドウの［凡例のオプション］ボタンの一覧から［右］を選択します。

図1-7 ヒストグラムの完成

グラフ化するデータ　　凡例（データ系列の見出し）

度数分布表

DL数			人数
0	~	4	10
5	~	9	16
10	~	14	22
15	~	19	15
20	~	24	13
25	~	29	7
30	~	34	3
35	~	39	4
40	~	44	3
45	~	49	5
50	~	54	2

ダウンロード数の分布

■人数

DL数以上

横（項目）軸ラベル　　データ系列

完成したヒストグラムを見てみよう

グラフが完成すると、なんだか「やり遂げた感」がありますね。

そうね。数値がたくさん並んでいるデータを眺めていても特徴がよく分からないけれど、これだと何か読み取れそうな感じもするわね。

スマートフォンのアプリを10～14個ダウンロードした人数が多くて、左右にすそが広がっている感じですね。

といっても、大まかな傾向が分かったってことぐらいで、特に何かが言えるって感じではないわね。45～49個の棒にちょっとした山があるのは少し気になるわね。

Point!

度数分布表を元に2-D集合縦棒グラフを作り、データ系列の要素の間隔を0%にすれば、ヒストグラムが完成する！

4 もっと簡単にダウンロード数をグラフ化する

4-1 元のデータから直接ヒストグラムを作成できる！

ヒストグラムを作るには、ピボットグラフを利用する方法もあります。この機能を使うと、度数分布表を作らなくても元のデータから直接ヒストグラムが作成できます。ピボットグラフは活用の幅が広いので、ぜひ、使い方をマスターしておいてください。

練習用ファイル

1_4_1.xlsx

統計レシピ

元のデータからさまざまなグラフを簡単に作成するには

方法	ピボットグラフを使う
準備	1行につき1件のデータを入力しておく→ 18ページを参照

ピボットグラフを作成するには、グラフの作成元のデータとグラフの作成場所を指定し、グラフ化する項目を選択します。ピボットグラフを使って度数分布表やヒストグラムを作成するには、階級にあたる項目（ここではダウンロード数）をグループ化する必要があります。また、集計の方法は「合計」ではなく「データの個数」とします。度数分布表は人数（データの個数）を集計したもので、ヒストグラムはそれをグラフ化したものだからです。

ここでは、データの個数を元にピボットグラフを作成するまでの手順を見ていきます。度数分布表とヒストグラムにする方法は次の項で見ることにします。

キーワード

階級…P.216
度数分布表…P.221
ヒストグラム…P.221
ピボットグラフ…P.221

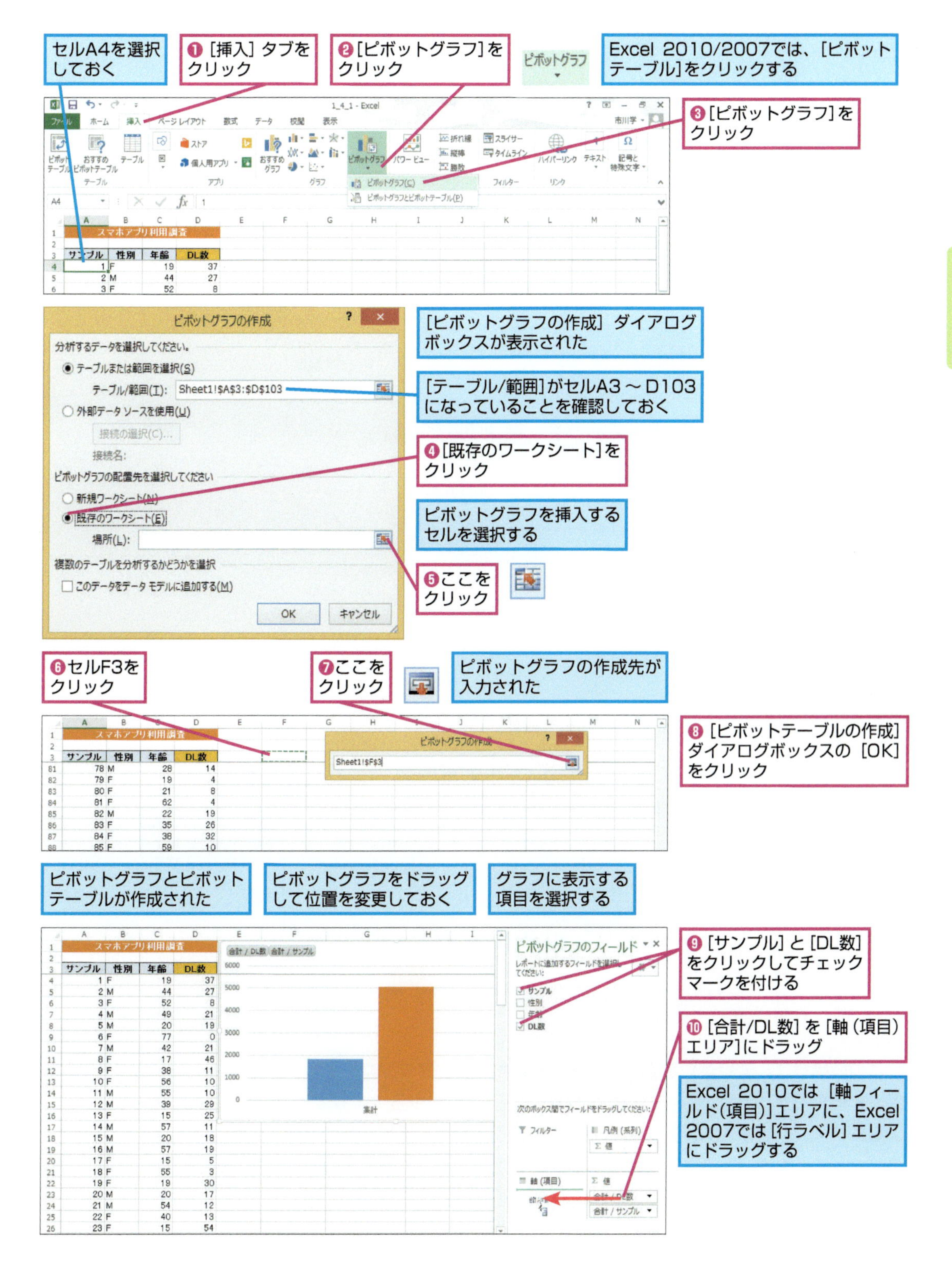
セルA4を選択しておく
❶［挿入］タブをクリック
❷［ピボットグラフ］をクリック
ピボットグラフ
Excel 2010/2007では、［ピボットテーブル］をクリックする
❸［ピボットグラフ］をクリック
ピボットグラフの作成
分析するデータを選択してください。
テーブルまたは範囲を選択(S)
テーブル/範囲(T): Sheet1!$A$3:$D$103
外部データ ソースを使用(U)
ピボットグラフの配置先を選択してください
新規ワークシート(N)
既存のワークシート(E)
場所(L):
複数のテーブルを分析するかどうかを選択
このデータをデータ モデルに追加する(M)
OK
キャンセル
［ピボットグラフの作成］ダイアログボックスが表示された
［テーブル/範囲］がセルA3～D103になっていることを確認しておく
❹［既存のワークシート］をクリック
ピボットグラフを挿入するセルを選択する
❺ここをクリック
❻セルF3をクリック
❼ここをクリック
ピボットグラフの作成先が入力された
Sheet1!$F$3
❽［ピボットテーブルの作成］ダイアログボックスの［OK］をクリック
ピボットグラフとピボットテーブルが作成された
ピボットグラフをドラッグして位置を変更しておく
グラフに表示する項目を選択する
ピボットグラフのフィールド
サンプル
性別
年齢
DL数
❾［サンプル］と［DL数］をクリックしてチェックマークを付ける
❿［合計/DL数］を［軸（項目）エリア］にドラッグ
Excel 2010では［軸フィールド(項目)］エリアに、Excel 2007では［行ラベル］エリアにドラッグする

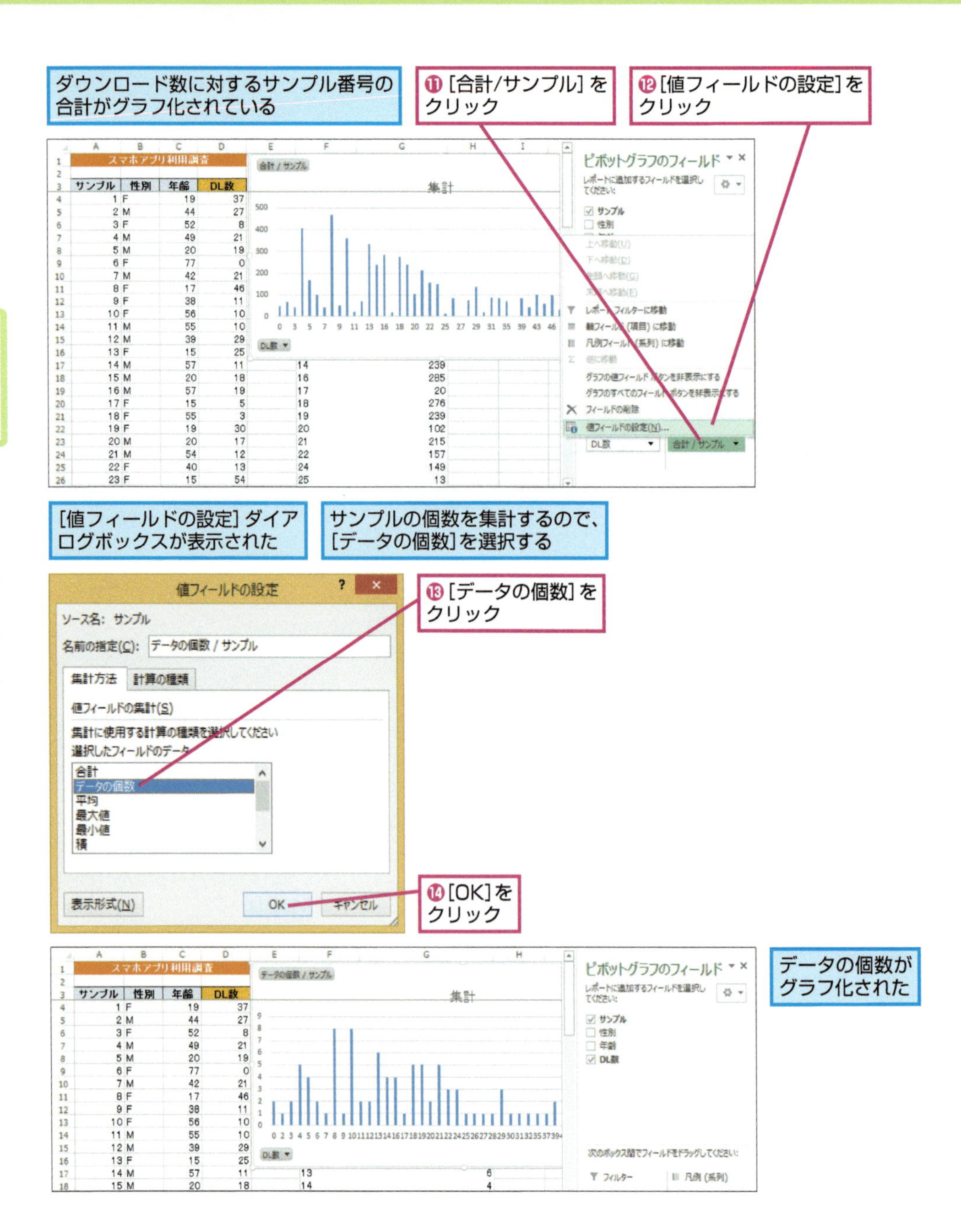

この段階では、階級が設定されていません。つまり、ダウンロード数が0～4個までが10人、5～9個までが16人……というグラフではなく、0個が2人、1個が1人、2個が2人……のように細かく区切られたグラフになっています。次のステップでは、行をグループ化して階級を設定します。

4-2 ダウンロード数を5個ずつの区切りでまとめよう

前項の段階ではまだ階級が設定されていないので、項目軸があまりにも細かくなっています。そこで、行ラベルをグループ化して、階級を設定しましょう。[行ラベル] の下にある見出しを右クリックして [グループ化] を選択します。先頭の値と末尾の値、そして階級の幅を指定します。

練習用ファイル

1_4_2.xlsx

キーワード

階級…P.216

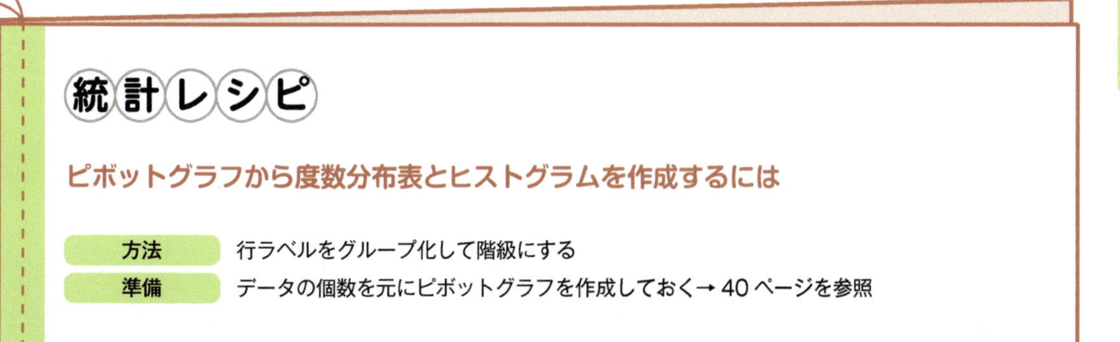

統計レシピ

ピボットグラフから度数分布表とヒストグラムを作成するには

方法	行ラベルをグループ化して階級にする
準備	データの個数を元にピボットグラフを作成しておく→ 40 ページを参照

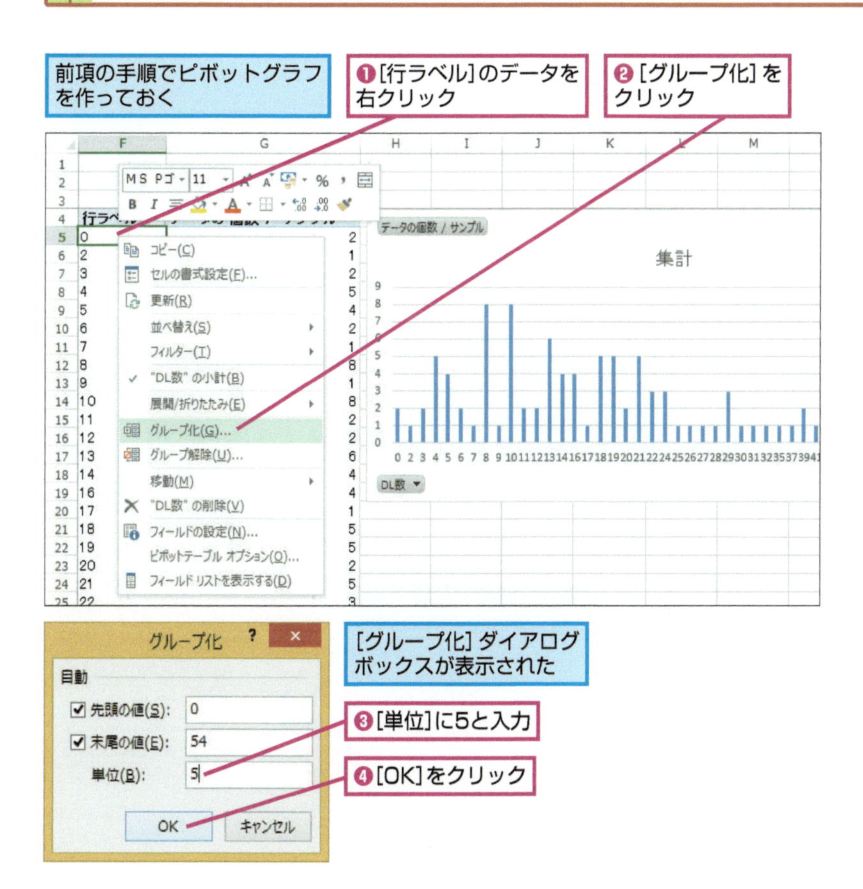

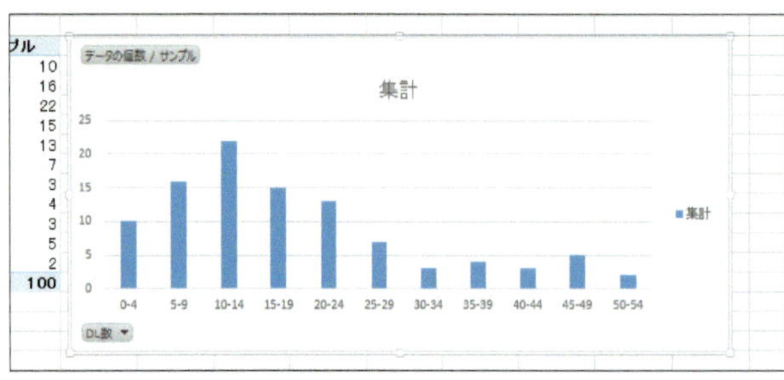

ピボットテーブルとピボットグラフのダウンロード数が5ずつの区切りでグループ化された

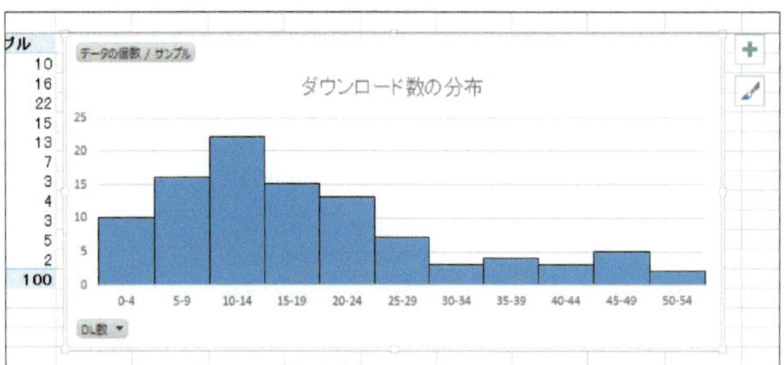

37ページを参考に［要素の間隔］を「0%」にし、［枠線］の色を［黒、テキスト1］に変更しておく

必要に応じてグラフタイトルなどを変更しておく

Point!

ピボットグラフを使って度数分布表やヒストグラムを作るには、階級となる項目をグループ化し、データの個数を求める。

ピボットグラフってすごい !!

元のデータから度数分布表やヒストグラムが一気に作れるのは便利ね。

度数分布表やヒストグラムから全体像はなんとなくつかめるんですが、細かく分析するにはどうすればいいんでしょうか。

答えは、ずばり「比較」ね。比べないと何も分からないわ。

4-3 性別によってデータに違いがあるかを比較してみよう

これまでは、すべてのデータをひとまとめにして度数分布表やヒストグラムを作成していました。しかし、性別によってアプリのダウンロード数の傾向が異なるかもしれません。そこで、男性と女性に分けて度数分布表とヒストグラムを作ってみましょう。比較すれば、似たような点や異なる点が見えてきます。

練習用ファイル

1_4_3.xlsx

ピボットグラフで複数の系列を比較するには

方法	比較したい項目を［フィルター］エリアや［凡例（系列）］のエリアにドラッグする
準備	ピボットグラフを作成しておく→ 40 ページを参照

度数分布表やヒストグラムを作る作業は結構大変ですが、ピボットグラフを使えば項目の変更や追加が簡単にできます。ここでは、性別の項目をフィルターに追加してピボットグラフを比較しましょう。フィルターに追加した項目ごとにピボットテーブルやピボットグラフが表示できるようになります。つまり、男性のヒストグラムだけ、女性のヒストグラムだけといった表示ができます。

キーワード

系列…P.217

Tips

［フィールドリスト］ウィンドウが画面の右に表示されていないときは、［ピボットグラフツール］の［分析］タブにある［フィールドリスト］ボタンをクリックしてください。

❶［性別］を［フィルター］の欄にドラッグ

Excel 2010/2007では、［レポートフィルター］エリアにドラッグする

[性別]のフィルターボタンがピボットグラフに表示された

❷[性別]をクリック

ここでは、女性のみのグラフを表示する

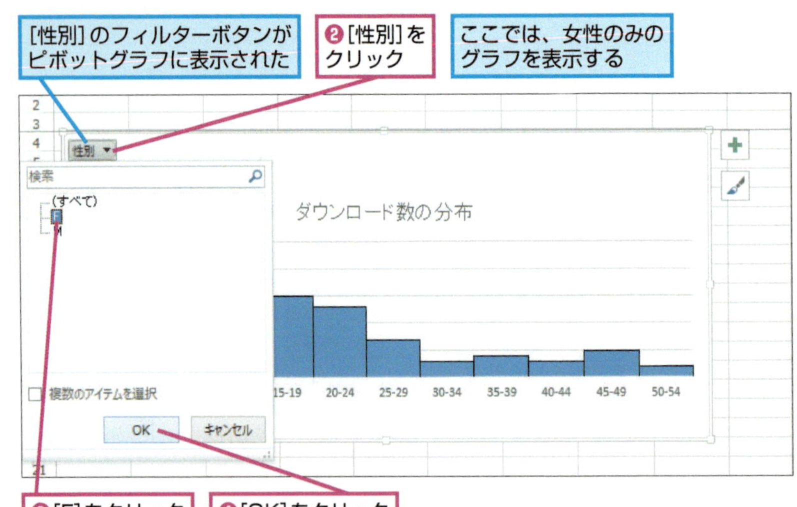

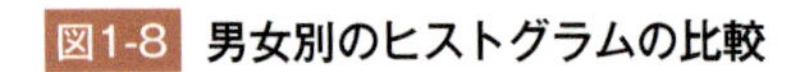

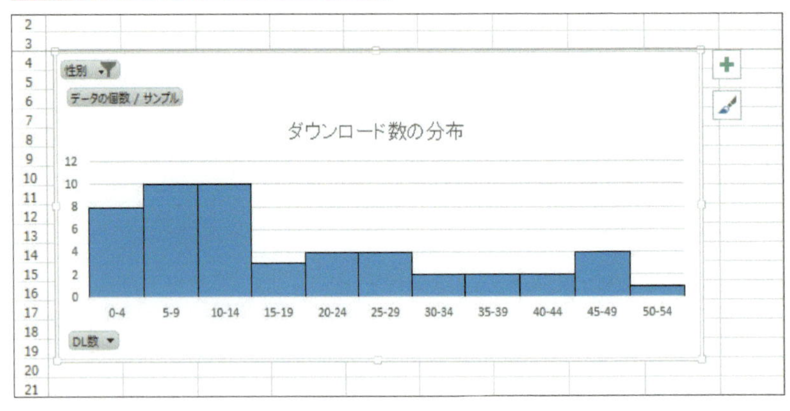

女性だけのグラフが表示された

同様の操作で[M]を選択して男性だけのグラフを確認しておく

図1-8 男女別のヒストグラムの比較

●女性のダウンロード数の分布

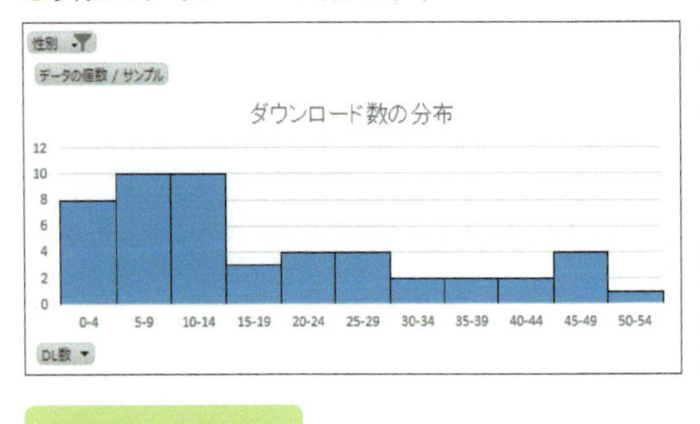

●男性のダウンロード数の分布

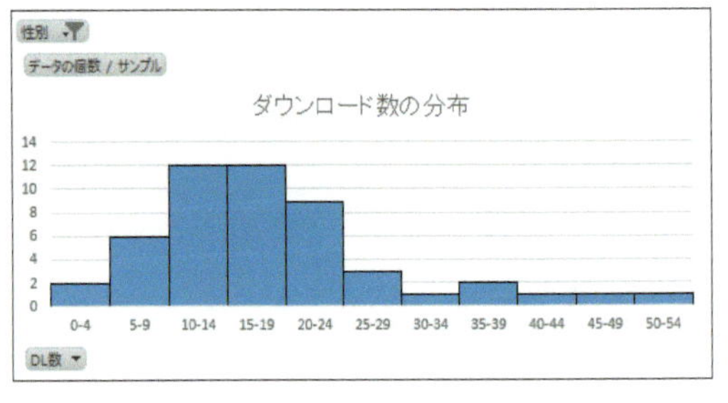

性別による違いを確認してみよう

男性はダウンロード数が10～19個のあたりに山があって、女性は5～14個のあたりに山がありますね。45～49個のあたりに小さな山があるな、と思ったんですが、女性のダウンロード数が多いようですね。

ということは？

ということは……えーと、何でしょうね？？？

表面を見るだけなら誰でもできるわよ。大事なのは考察！ データ量が少ないから確かなことは言えないけど、女性はダウンロード数の少ない人と多い人に分かれているんじゃないかな。

Point!

ピボットテーブルのフィルターボタンを使うと、選択したデータだけを表示できる。グループの特徴を詳しく見たり、比較したりするのに便利。

Step Up 男性と女性のデータを1つのグラフに表示しよう

[性別] の項目をドラッグして [凡例 (系列)] のフィールドに移動すれば、男性のデータと女性のデータを 1 つのグラフに表示できます。

練習用ファイル
1_4_3s.xlsx

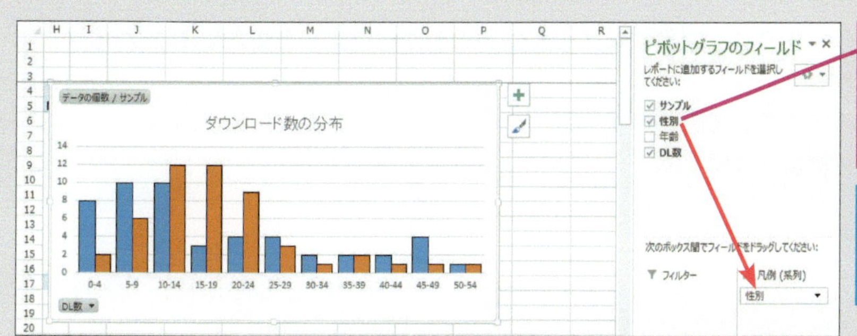

[フィルター] エリア (レポートフィルター) エリアにある [性別] を [凡例 (系列)] のフィールドにドラッグ

37ページを参考に [系列の重なり] を0%に、[要素の間隔] を40%にしておく

この章のまとめ

度数分布表とヒストグラムで全体像や特徴を知ろう

この章では収集したデータをどのようにしてExcelの表に入力するのか、ということから始め、度数分布表の作成、ヒストグラムの作成へと進みました。これらの表やグラフを見れば、集団の全体像や特徴がひと目で分かるので、これから分析を進める上で、見通しがとても良くなります。ここで学んだ内容は以下のようなものです。理解ができていれば□にチェックマークを入れておきましょう。理解が足りないと思った項目があれば、本文を読み返したり、練習ファイルを利用して復習しておきましょう。

- □ 調査対象全体のことを母集団と呼ぶ
- □ 母集団から抽出した一部のデータのことをサンプルまたは標本と呼ぶ
- □ データ入力の基本は1件分のデータを1行に入力すること
  - □ 1つのサンプルから得られたデータが1件分のデータになる
  - □ 伝票形式のデータでは1枚の用紙に何件分かのデータが記入されているので、頭書きを各行の先頭に入力し、明細を各行の右側に入力して、何件分かのデータとする
- □ 分布とはどのようなデータがいくつ現れるか、あるいはどれだけの確率で現れるかということ
- □ 度数分布表とは、データをいくつかの区間に区切り、その範囲に入る個数を表にしたもの
- □ 度数分布表のデータの区間のことを階級と呼ぶ
- □ 度数分布表をもとにヒストグラムと呼ばれるグラフが作成できる
  - □ ヒストグラムを作るには、棒グラフを作成し、棒の間隔を0にすればいい
  - □ ピボットグラフを利用すれば、元のデータから度数分布表とヒストグラムが一度に作成できる
  - □ ピボットグラフでヒストグラムを作るときには、行ラベルをグループ化して階級を設定する

第2章

商品に対する評価を掘り下げて調べてみよう

久美先輩のレクチャーのおかげで、マナブくんもデータ分析への第一歩を踏み出すことができました。今日は平均値などの代表値を求めたり、データの分布のばらつきを表したりする方法を学びます。これらの値は集団の特徴をひと言で表すような値と言えます。誰にとっても分かりやすい値ですが、その反面、落とし穴もあります。

2日目

第2章を始める前に

集団を代表する値って何のこと？

昨日はアンケートの全体像を見るために度数分布表やヒストグラムを作ったけど、今日は「集団を代表する値」つまり、代表値を求めましょう。

代表？する値？ですか。そんなものがビシッと求められるんですか。そもそも代表値って何ですか？

あら、小学生のころから使っているわよ。

えーっ、そんなの大学でも習いませんよ……。

きっと別の小学校だったから教科書が違ったのね。マナブくんの教科書には「平均」が載っていなかったのね。

ええっ！ 平均なら知ってますよ。

例えば、女性の平均身長が158cmだとするでしょ。その158cmを女性という集団を代表する値と見なしましょうってことね。

最初っからそう言ってくれたらいいのに。意地悪だなぁ。

慣れ親しんでいるだけに、前置きなしに平均値を求めるって言うと、意味を考えないでしょ。ちょっと引っかかる感じを持ってもらいたかったから、わざと遠回しに言ったの。

確かに引っかかりましたけど。

平均値は代表値の1つよ。今日は商品のモニター調査のデータで見てみましょう。

こんなことが できるようになります

平均値の求め方は小学生でも知っていますが、その本質については意外に理解されていません。この章では、集団を代表する値としての平均値の意味やその性質、落とし穴などについて確認していきます。また、平均値ではうまく集団を代表できない場合に使う中央値や最頻値、さらには分布の偏りやばらつきを表す値についても見ていきます。それらの値を使って集団の性質を表したり、比較したりできるようにします。売り上げや顧客の好みなどを分析する上での基礎の基礎です。

統計レシピ

- 平均値を求めるには
- 男女別に平均値を求めるには
- かけ離れた値の影響をあまり受けない平均値を求めるには
- 分布に偏りがある場合の代表値を求めるには①
- 分布に偏りがある場合の代表値を求めるには②
- 分布の偏りを表す値を求めるには
- データが平均値の近くに集まっているかどうかを表す値を求めるには
- サンプルから母集団の分散を推定するには
- 分布のばらつきを表すさまざまな値を求めるには
- 検定試験の成績をもとに受験者の偏差値を求めるには

1 ライバル商品との評価の違いを調べる

1-1 自社製品と他社製品の評価を比較しよう

第1章では、アンケート結果から調査対象者の大まかな特徴を見るために度数分布表やヒストグラムを作りました。ここでは、集団の特徴を明確に把握するために、代表値と呼ばれる値を取り扱います。代表値とは文字通り集団を代表する値のことで、最も身近なのは、言わずと知れた平均値です。

図2-1のデータは、マナブ君の会社の主力製品「できるサブレ」と他社のライバル商品とを、20人の男女に食べ比べてもらった結果です。点数は10点満点での評価です。

練習用ファイル

2_1_1.xlsx

キーワード

代表値…P.220
平均値…P.222
AVERAGE関数…P.224

図2-1 自社商品と競合商品を評価したデータ

	A	B	C	D	E	F
1	お菓子の食べ比べの結果					
2						
3	サンプル	性別	できるサブレ	他社サブレ		
4	1	F	2	7		
5	2	M	5	6		
6	3	F	8	6		
7	4	M	7	5		
8	5	M	7	6		
9	6	F	3	5		
10	7	M	4	5		
11	8	F	9	5		
12	9	F	9	6		
13	10	F	8	7		
14	11	M	6	7		
15	12	M	5	6		
16	13	F	4	7		
17	14	M	8	7		
18	15	M	8	4		
19	16	M	7	8		
20	17	F	7	8		
21	18	F	9	4		
22	19	F	3	6		
23	20	M	8	7		
24						

評価の平均値を求めて、どちらのお菓子がおいしかったのかを知る

統計レシピ

平均値を求めるには

方法	AVERAGE（アベレージ）関数の引数にデータの範囲を指定する
利用する関数	AVERAGE 関数
準備	1 行につき 1 件のデータを入力しておく

まずはウォーミングアップです。評価の平均値を求めてみましょう。セル C24 に AVERAGE 関数を入力し、オートフィル機能を使ってセル D24 にコピーすると効率的です。

関数の形式	AVERAGE(数値 1, 数値 2, …, 数値 255)
関数の意味	［数値］に指定された数値の算術平均を求める
入力例	=AVERAGE(C4:C23)

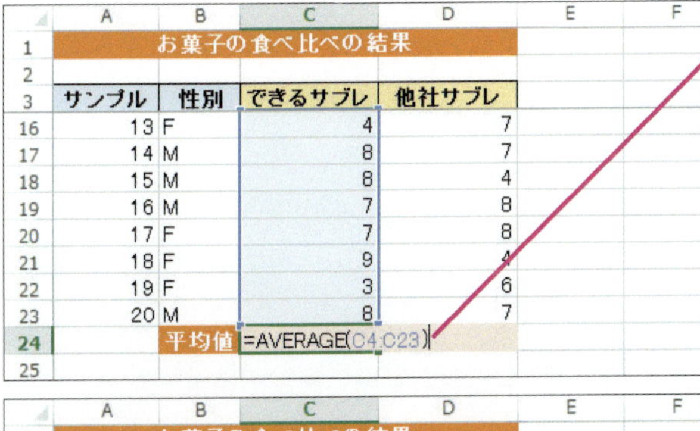

	A	B	C	D	E	F
1	お菓子の食べ比べの結果					
2						
3	サンプル	性別	できるサブレ	他社サブレ		
16	13	F	4	7		
17	14	M	8	7		
18	15	M	8	4		
19	16	M	7	8		
20	17	F	7	8		
21	18	F	9	4		
22	19	F	3	6		
23	20	M	8	7		
24		平均値	=AVERAGE(C4:C23)			
25						

	A	B	C	D	E	F
1	お菓子の食べ比べの結果					
2						
3	サンプル	性別	できるサブレ	他社サブレ		
16	13	F	4	7		
17	14	M	8	7		
18	15	M	8	4		
19	16	M	7	8		
20	17	F	7	8		
21	18	F	9	4		
22	19	F	3	6		
23	20	M	8	7		
24		平均値	6.35			
25						

「できるサブレ」の平均値が求められた

❸セルC24のフィルハンドルにマウスポインターを合わせる

❹セルD24までドラッグ

	A	B	C	D	E	F
1	お菓子の食べ比べの結果					
2						
3	サンプル	性別	できるサブレ	他社サブレ		
16	13	F	4	7		
17	14	M	8	7		
18	15	M	8	4		
19	16	M	7	8		
20	17	F	7	8		
21	18	F	9	4		
22	19	F	3	6		
23	20	M	8	7		
24		平均値	6.35	6.1		
25						

「他社サブレ」の平均値も求められた

「できるサブレ」の平均値の方が大きいように見える

Tips

平均値の差が誤差のレベルなのか、本当に違いのある差なのかを調べるには検定という計算を行います（130ページ参照）。

おっ、ウチの方が勝ってる！

あら、喜ぶのはまだ早いわよ。これだけじゃ、ホントに差があるか、単なる誤差か分からないじゃない。それに、男性と女性で評価が違うかもしれないわよ。

そうですね。ウチの商品の主要な顧客は女性だから、気になりますね。

Column

印象操作にだまされないために

Excel でグラフを作成すると、かなり差が強調されたグラフが作られます。例えば、本書の例でお菓子に関する評価の平均値をそのままグラフ化してみると、下の左のグラフのようになります。これだけを見ると、かなり差があるように見えます。しかし、このグラフは数値軸の目盛りの取り方が極端すぎます。試しに、数値軸の目盛りを 0～7 までに変更してみると、右のグラフになります（どちらかというとこの方が妥当だと思われます）。テレビや新聞、雑誌の記事などでも、差を強調したいときには左側のグラフを示し、差がないと言いたいときには右側のグラフを示していることがしばしばあります。このような印象操作にだまされないための知識が統計学です。

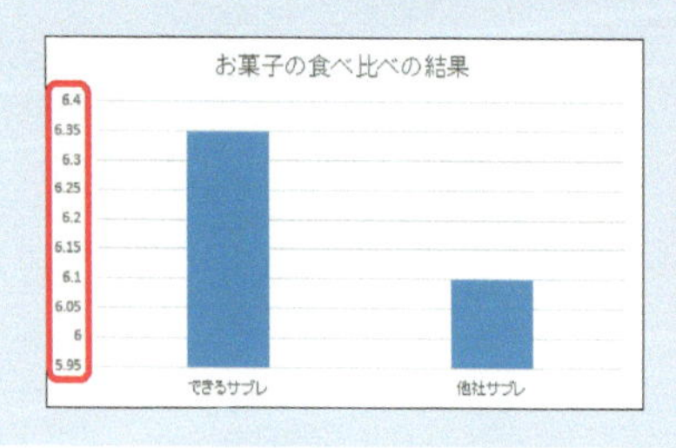

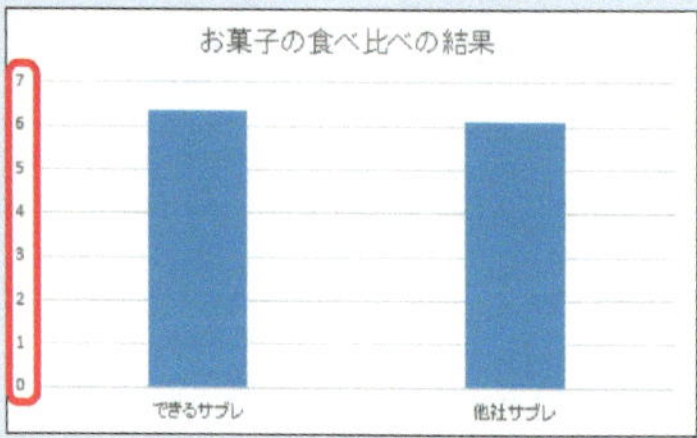

同じデータでも目盛りの間隔でグラフの印象が変わる

Step Up 広いセル範囲をサクッと指定

ここでは引数に指定するセル範囲を直接入力しましたが、セルのクリックやドラッグでも引数を指定できます。しかし、データの範囲が1画面に収まらないほど広いときは、ドラッグ操作だとかえって面倒です。そんなときはショートカットキーを使いましょう。以下の操作を覚えておくと広い範囲も簡単に指定できます。

練習用ファイル
2_1_s1.xlsx

●アクティブセルの移動と選択のためのショートカットキー

ショートカットキー	操作内容
Ctrl+↑（↓←→）	データ範囲、またはワークシートの上（下左右）端のセルへ移動
Shift＋↑（↓←→）	選択範囲を上（下左右）に拡張
Ctrl＋Shift＋↑（↓←→）	データ範囲の上（下左右）端までを選択

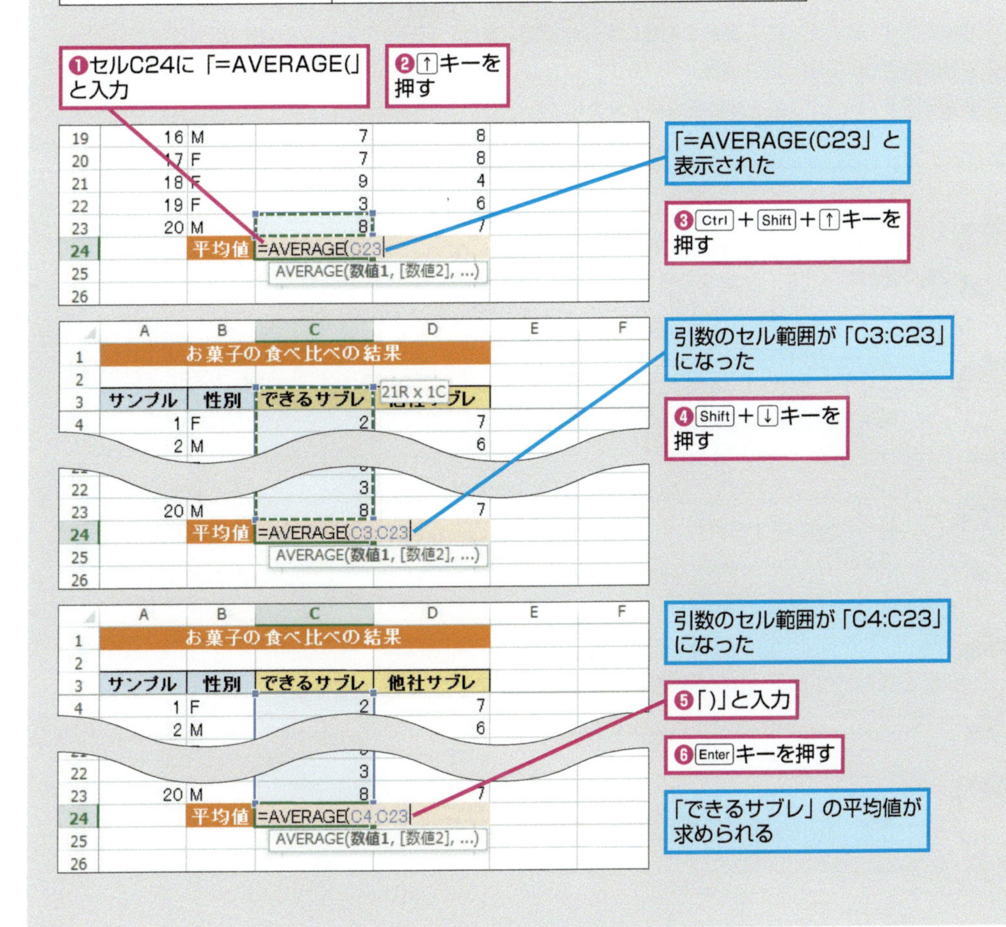

1-2 男性と女性で評価が違うかどうかを確認しよう

続いて、男女別に平均値を求めましょう。まず、セル B4 ～ B23 に入力されている「F」を対象に「できるサブレ」の平均を求めます。絶対参照と相対参照をうまく使えば、数式を 1 つ入力するだけで、セル C25 ～ D26 の数式が一気に入力できます。

練習用ファイル

2_1_2.xlsx

キーワード

絶対参照…P.219
相対参照…P.220
AVERAGEIF 関数…P.224

統計レシピ

男女別に平均値を求めるには

方法	AVERAGEIF（アベレージ・イフ）関数の引数に条件の範囲、条件、データの範囲を指定する
利用する関数	AVERAGEIF 関数
準備	1 行につき 1 件のデータを入力しておく

じゃあ、男女別の平均値を求めてみましょう。方法はいくつかあるけど、AVERAGEIF関数を使えば簡単にできるから、それでやってみましょう。

任せてください。セルC25には、えーと、ちょっと待ってくださいよ。んーと、条件範囲と条件を指定して……あれ？

もう、全然任せられないじゃない。ここは「=AVERAGEIF($B$4:$B$23,"="&$B25,C$4:C$23)」としたいところね。

なんですか！ その超絶難しそうな数式は！

まぁ、細かいとこは気にせず、とにかくやってみて！

AVERAGEIF関数には、条件を適用する範囲、条件、平均する範囲を指定するので、素直に考えると「=AVERAGEIF(B4:B23,"=F",C4:C23)」となります。そのまま入力しても構いませんが、久美先輩の式は汎用性を高めた書き方になっています。

関数の形式	AVERAGEIF(範囲 , 条件 , 平均対象範囲)
関数の意味	[範囲] のうち [条件] に一致するセルと同じ行または列位置の [平均対象範囲] の数値の平均を求める。[平均対象範囲] が省略されたときは [範囲] が [平均対象範囲] と見なされる
入力例	=AVERAGEIF(B4:B23,"=F",C4:C23)

Tips

この例では操作3でセルC25をセルC26にコピーした時点でセルC26の書式が変わり、セルの塗りつぶし色が薄い黄色になってしまいます。数式のコピー時に貼り付け先のセルの書式を変えたくないときには、コピーした後に表示される [貼り付けのオプション] ボタンをクリックし、[書式なしコピー (フィル)] または [数式] を選択します。

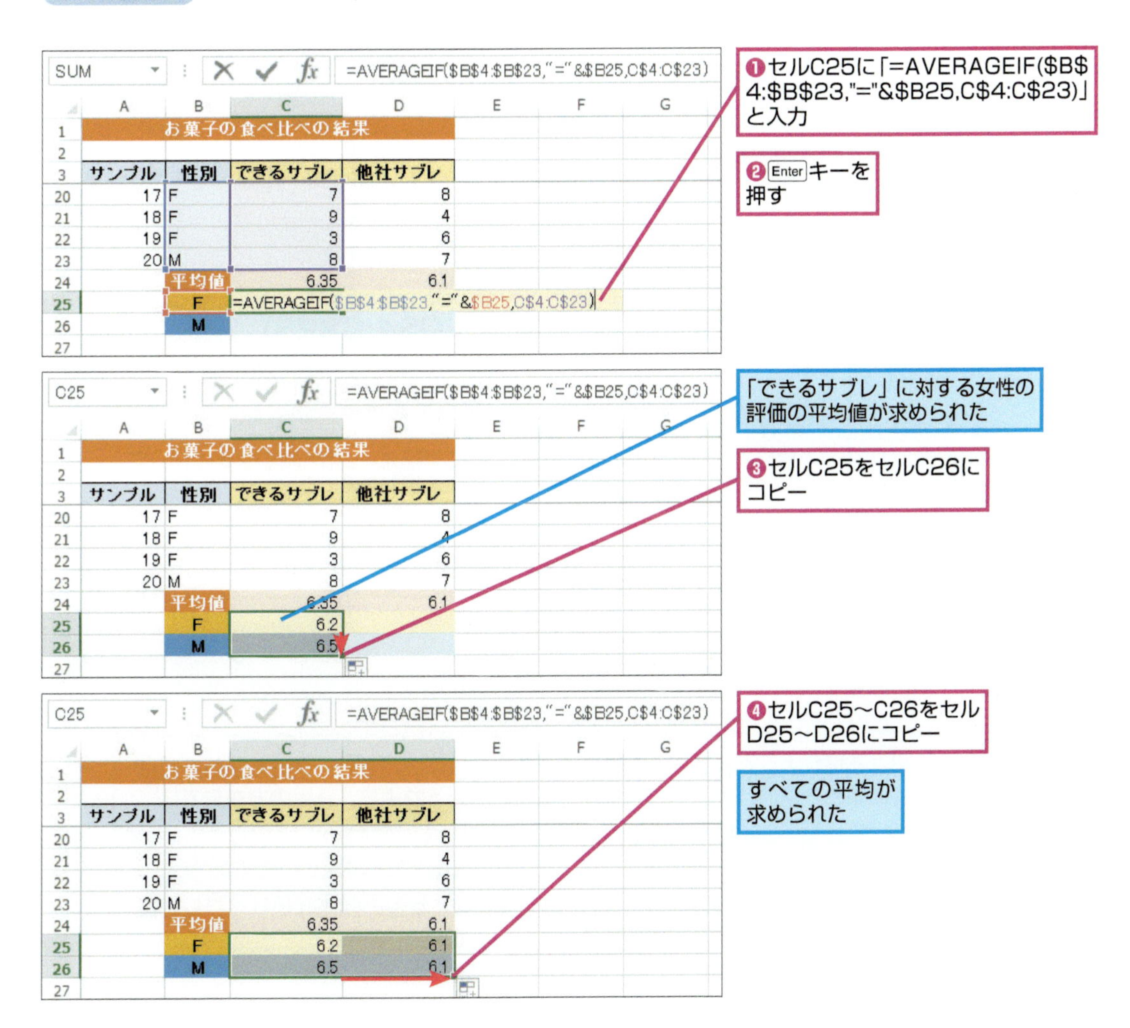

特に何も指定しないと、セル参照は相対参照になり、数式をコピーするとコピーした方向に合わせて行番号や列番号が変わります。一方、セル参照の列番号や行番号の前に$を付けて絶対参照にしておくと、コピーしてもセル参照は変わりません。慣れるまでは難しく感じられるかもしれませんが、似たような数式をコピーして入力する場合にとても便利です。図2-2で引数を1つずつ確認しておきましょう。

図2-2 絶対参照と相対参照の組み合わせ

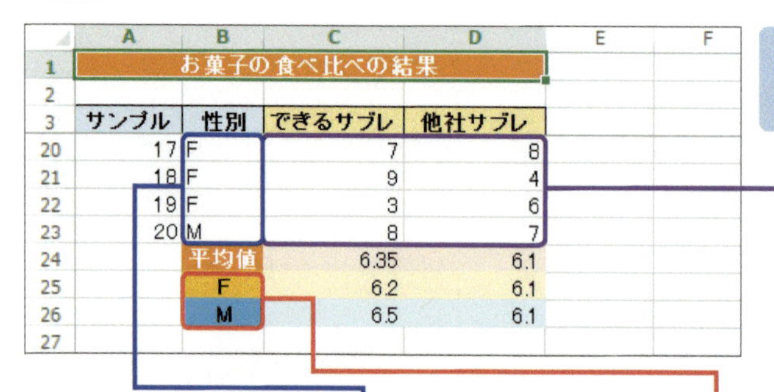

	A	B	C	D	E	F
1	お菓子の食べ比べの結果					
2						
3	サンプル	性別	できるサブレ	他社サブレ		
20	17	F	7	8		
21	18	F	9	4		
22	19	F	3	6		
23	20	M	8	7		
24		平均値	6.35	6.1		
25		F	6.2	6.1		
26		M	6.5	6.1		
27						

=AVERAGEIF($B$4:$B$23,"="&$B25,C$4:C$23)

◆列・行ともに絶対参照
性別が入力されているセル範囲は「B4:B23」。セル範囲が変わらないように絶対参照に設定

◆列は絶対参照、行は相対参照
女性であることを示す引数は「B25」。右にコピーしても列の参照先が変わらないように列のみ絶対参照に指定

◆列は相対参照、行は絶対参照
平均値を求める値の範囲は「C4:C23」。下にコピーしても行の参照先が変わらないように行のみ絶対参照に指定

よくこんな数式がパッと思い付きますね。

単なる慣れよ。できるだけ効率良くやる方法はないかって、普段から気を付けていると、見通しが立てられるようになるわ。それより、結果の方を見て。

あれれ？ 男性の評価が高いように見えますね。女性の評価は他社サブレとあまり変わらないのか……意外だなぁ。

違いはごくわずかね。でも、それだけではないかもしれないわ。

1-3 平均値という信仰は捨てよう！

前項で、男女別にお菓子の評価の平均値が求められました。わずかですが、分析の手がかりも得られてきました。しかし、ここでは、少し本筋から離れ、さまざまな平均値について考えてみましょう。

練習用ファイル

2_1_3.xlsx

統計レシピ

かけ離れた値の影響をあまり受けない平均値を求めるには

方法	GEOMEAN（ジオ・ミーン）関数を使って幾何平均を求める
利用する関数	GEOMEAN 関数
準備	1 行につき 1 件のデータを入力しておく

●「2、3、5、36」の平均を求める

算術平均の場合	「AVERAGE（2,3,5,36)」の結果は「11.5」となる
幾何平均の場合	「GEOMEAN（2,3,5,36)」の結果は「5.733」となる

これまで見てきた平均値はすべてのデータを足して、個数で割ることによって求められます。私たちは単純に平均と呼んでいますが、正式には算術平均あるいは相加平均と呼ばれます。この本でも、特にことわりなく平均値と言うときには算術平均を意味します。

実は、算術平均以外にも幾何（きか）平均と調和平均と呼ばれる平均値があります。幾何平均は相乗平均とも呼ばれます。幾何平均を求めるには、値をすべて掛け合わせて、その個数のべき乗根を取ります。例えば、2,3,5,36という 4 つのデータの幾何平均は、

$$\sqrt[4]{2\times3\times5\times36}=5.733$$

です。Excel では GEOMEAN 関数を使って「=GEOMEAN(2,3,5,36)」と入力すれば求められます。

幾何平均には、かけ離れた値の影響を受けにくいという性質があります。2,3,5,36 の算術平均と比べてみるといいでしょう。「=AVERAGE(2,3,5,36)」の結果は 11.5 となり、36 という離れた値にずいぶんと影響されていることが分かります。

キーワード

幾何平均…P.216
算術平均…P.218
相加平均…P.219
相乗平均…P.220
平均値…P.222
GEOMEAN 関数…P.227

関数の形式	GEOMEAN(数値 1, 数値 2,…, 数値 255)
関数の意味	[数値] に指定された数値の幾何平均を求める
入力例	=GEOMEAN(B4:B8)

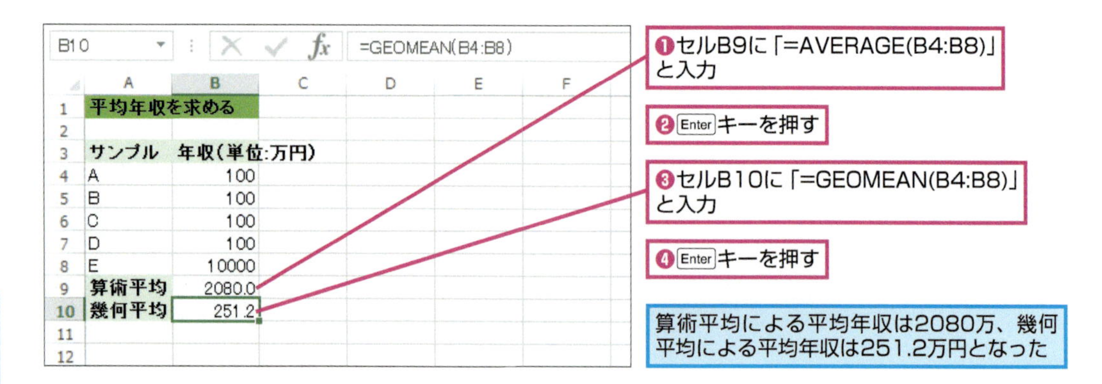

一方の調和平均は、各データの逆数を足し、それを個数で割った結果の逆数を求めることによって得られます。例えば、2, 3, 5, 36 の調和平均は、(1/2+1/3+1/5+1/36) ÷ 4=0.265278 から、その逆数を求めて 1/0.265278=3.767 となります。Excel では HARMEAN(ハー・ミーン) 関数を使って「=HARMEAN(2,3,4,36)」と入力すれば求められます。調和平均は統計ではあまり使われませんが、速度の平均などを求めるのに使われます。

キーワード
調和平均…P.220
HARMEAN 関数…P.227

●いろいろな平均値（nはデータの個数）

平均値の種類	求め方	数式	関数
算術平均または相加平均	すべてのデータの値を合計して個数 n で割ったもの	$(x_1 + x_2 + x_3 \cdots + x_n) \div n$	AVERAGE 関数
幾何平均または相乗平均	すべてのデータを掛け合わせた値の n 乗根	$\sqrt[n]{x_1 \times x_2 \times \cdots \times x_n}$	GEOMEAN 関数
調和平均	各データの逆数を足して、個数 n で割り、逆数を求める	$\frac{1}{\left(\frac{1}{x_1}+\frac{1}{x_1}+\cdots+\frac{1}{x_n}\right) \div n}$	HARMEAN 関数

Point!

算術平均（AVERAGE関数）はかけ離れた値の影響を受けやすい。

平均にもいろんな種類があるなんて知りませんでした。

みんながよく知ってるのは算術平均ね。何でもかんでも平均、って感じで数字が独り歩きすることがよくあるけど、それに一喜一憂するのもおかしな話ね。

そうですね。計算も簡単だし、便利ですけど、算術平均だけじゃ分からないことの方が多いですね。

Column

平均値の落とし穴

平均値は代表値の1つですが、平均値だけで集団の性質がすべて明らかになった、と言うのは乱暴な話です。前ページの例だと、社員の平均年収は算術平均では約2,000万円です。しかし、実際には、年収100万円の人が4人と年収1億円の人が1人だったというオチです。どうやら、一発大きなヤマを当てないと報われない企業のようです。どちらかというと幾何平均の約251万円という値の方が実感には近いでしょう。

話は戻りますが、第1章で見たデータを元にアプリのダウンロード数の平均値を求めると18.52が得られます。また、年齢の平均値は40.92となります（練習用ファイルを元にぜひ求めてみてください）。さすがに、平均して18.52個のアプリがダウンロードされるから、それに合わせてスマートフォンの容量を決めようなんていう人はいないでしょう。当然のことながら、最大値＋将来の余裕を見る必要がありますし、さらに音楽や写真などのデータを保存することも考慮する必要があります。

また、平均年齢が約41歳だったから、40代向けのスマートフォンを開発すべきだと主張する人もいないはずです。しかし、背景を知らずに平均値だけを示されると、そのあたりの年齢が主要な顧客だと錯覚してしまう可能性があります。いつの間にか数字が一人歩きをし始めて、40代の人に向けた製品を開発しようとみんなが考えてしまうこともありそうです。

平均値は何かと便利なので、一般的によく使われますが、あまり頼りすぎると思わぬ落とし穴に陥る危険があります。

1-4 平均値だけが代表値じゃない！ 真ん中にある値を調べる「中央値」

すでに触れたように、平均値は集団を代表する値なので代表値と呼ばれます。実は、代表値には平均値だけでなく、中央値（メディアン）や最頻値（モード）といったものもあります。**分布に偏りがある場合には、平均値ではなく、中央値や最頻値を使った方がいいこともあります。**

では、AVERAGE関数を使って求めた平均値とMEDIAN関数を使って求めた中央値を実際に比べてみましょう。

練習用ファイル

2_1_4.xlsx

「分布の偏り」にピンと来ない場合は、第1章で作ったヒストグラムを思い出してみて！ ヒストグラムの山が右か左に偏っているイメージよ。

統計レシピ

分布に偏りがある場合の代表値を求めるには①

方法	MEDIAN（メディアン）関数を使って中央値を求める
利用する関数	MEDIAN 関数
準備	1 行につき 1 件のデータを入力しておく

関数の形式	MEDIAN(数値 1, 数値 2,…, 数値 255)
関数の意味	［数値］に指定された数値の中央値を求める。中央値が 2 つある場合にはそれらの値の算術平均を中央値とする。
入力例	=MEDIAN(B4:B7)

キーワード

代表値…P.220
中央値…P.220
MEDIAN 関数…P.228

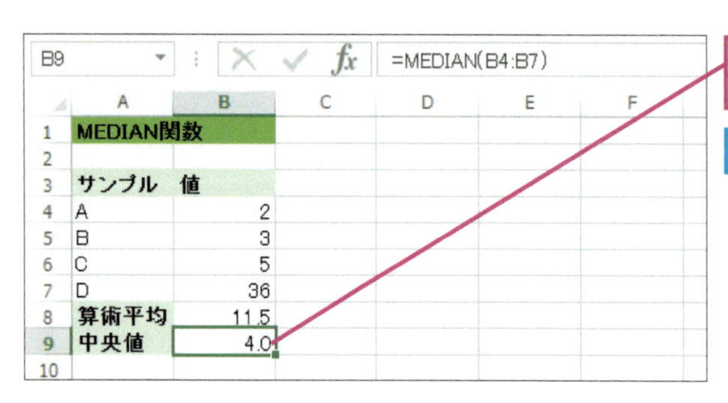

セルB9に「=MEDIAN(B4:B7)」と入力

中央値が求められた

中央値とは、すべての値を小さなものから順に並べたときに、ちょうど真ん中にある値のことです。例えば、「2, 3, 5」の中央値は3となります。「2,3,5,36」のようにデータの個数が偶数個の場合、真ん中の値が2つありますが、その場合はそれらの算術平均を求めて中央値とします。「2,3,5,36」の中央値は3と5の平均値、つまり4ですね。中央値にも、かけ離れた値の影響を受けにくいという性質があります。

1-5 最もよく現れる値を調べる「最頻値」

一方の最頻値は、最もよく現れる値のことです。一般的なデータではあまり使うことはありませんが、データが極端に偏っている場合に使います。例えば、一部の人しか使っていない会社の保養所の利用回数などは、ほとんどの人が0回です。データとしては、「0,0,0,1,8」といったものになるかもしれません。算術平均だと「(0+0+0+1+8)÷5=1.8」となりますが、最頻値は最もよく現れる0です。みんなが1.8回ずつ利用しているというよりは、たいていの人は利用していないと見るのが妥当です。

練習用ファイル

2_1_5.xlsx

統計レシピ

分布に偏りがある場合の代表値を求めるには②

方法	MODE.SNGL(モード・シングル)関数を使って最頻値を求める
利用する関数	MODE.SNGL関数、MODE.MULT(モード・マルチ)関数
準備	1行につき1件のデータを入力しておく

関数の形式	MODE.SNGL(数値1, 数値2, …, 数値255)
関数の意味	[数値]に指定された数値の最頻値を求める。最頻値が複数ある場合には最初に見つかった最頻値を返す。
入力例	=MODE.SNGL(B4:B8)

関数の形式	MODE.MULT(数値1, 数値2, …, 数値255)
関数の意味	[数値]に指定された数値の最頻値をすべて求める。複数の最頻値を表示するためには配列数式として入力する必要がある。
入力例	=MODE.MULT(E4:E8)

キーワード

最頻値…P.218
代表値…P.220
配列数式…P.221
MODE.MULT関数…P.229
MODE.SNGL関数…P.229

Excel では MODE.SNGL 関数を使って「=MODE.SNGL(0,0,0,1,8)」とすれば最頻値が求められます。MODE.SNGL 関数では、最初に現れた最頻値が返されます。

データによっては最頻値が複数ある場合も考えられます。それらの値をすべて求めるには MODE.MULT 関数を使います。MODE.MULT 関数は複数の値を一度に返すので、配列数式として入力する必要があります。

なお、Excel 2007 以前では MODE.SNGL 関数や MODE.MULT 関数は使えません。MODE.SNGL 関数と同じ働きをする MODE 関数のみが使えます。

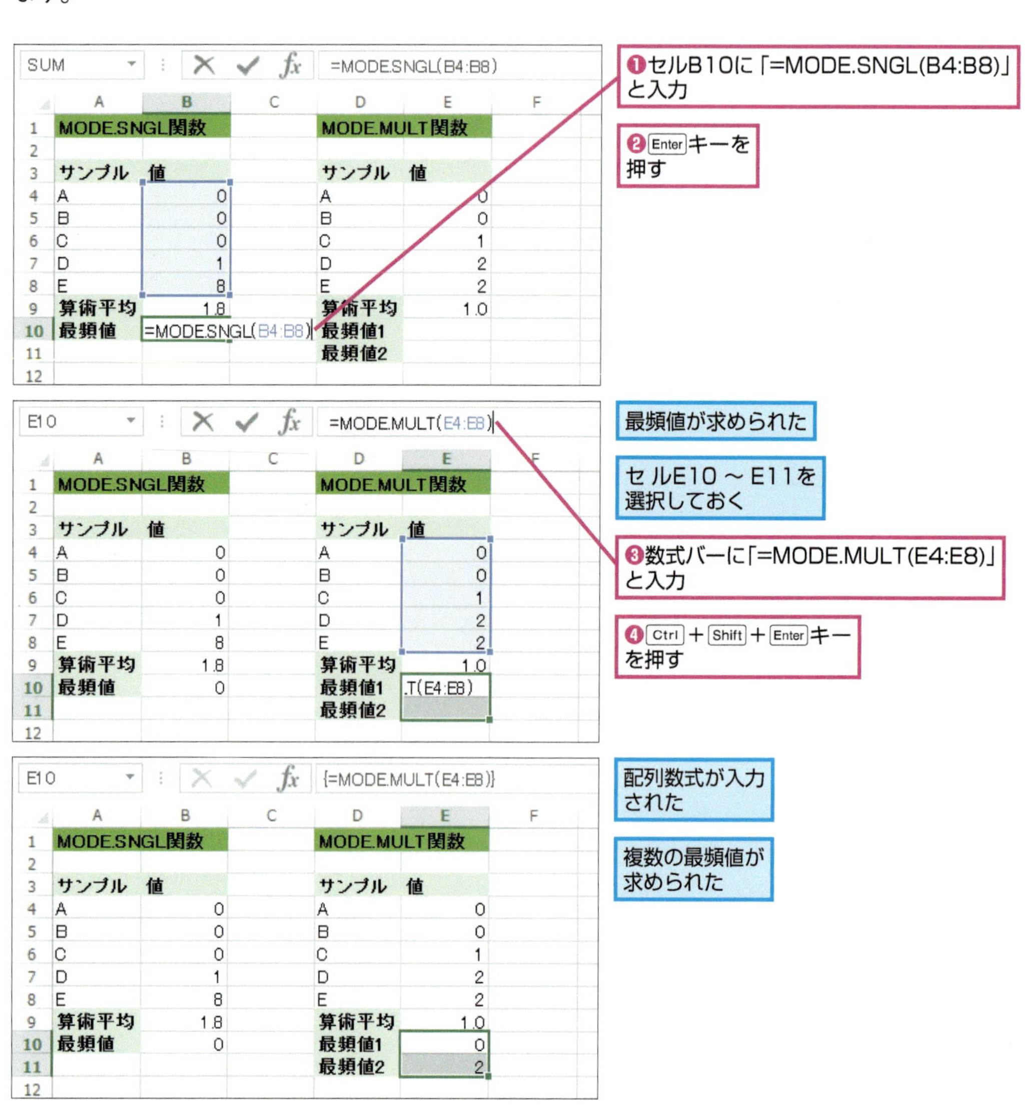

算術平均は直感的に分かりやすいので、一般によく使われますが、分布に偏りがある場合は中央値や最頻値の方が代表値として適していることがよくあります。ただ、いずれにしても、1つの代表値だけで集団の性質を表すのはかなりムリがあります。

Point!

分布に偏りがある場合は算術平均ではなく中央値や最頻値を代表値として使うことがある。

代表値だけでは集団の性質がよく分からないってことは分かったんですが、じゃあ、どうすればいいんでしょうか。

そうね。標準偏差や分散を求めてばらつきを調べるとか、区間推定っていうある程度の幅をもった推定方法を使うのだけど、それはまた後にしましょう。

そ、そうですね。何やら難しそうですもんね。

そんなことはないけど、先に分布の形について学んでおきましょう。

Column

配列から特定の要素を取り出すには

配列数式を利用すると、1つの数式で複数の結果が得られますが、その中から特定の要素だけを取り出したいときにはINDEX（インデックス）関数を使います。INDEX関数の形式は「INDEX(配列, 行位置, 列位置)」で、列が1つだけの場合は省略しても構いません。

例えば、前ページの例で、2番目の最頻値だけを取り出したいときには「=INDEX(MODE.MULT(E4:E8),2)」とします。また、少し先走りになりますが、LINEST関数で返される配列の中で寄与率（R^2）の値は3行1列目にあります。その値を取り出したいときには「=INDEX(LINEST(D4:D13,B4:C13,TRUE,TRUE),3,1)」とします（119ページの例を参照してください）。

2日目　歪度・尖度

2 商品モニター調査の分布の形を見る

2-1 分布の形で商品の評価を見てみよう

分布の形ってどういうことなんですか。

ざっくりと言えば、データがどのあたりに集まっているかってことね。

平均値の近くに集まっているんじゃないですか？？

さっき、平均値だけじゃダメって例を見たでしょ。平均値より小さい値が多かったり、大きい値が多かったりすることもあるわね。

あ、そうでした。

ヒストグラムを見ればだいたいの形は分かるけど、それを数値で表そうってわけ。じゃあ、またお菓子の評価データで見ていきましょう。

分布の形を知るためには歪度（わいど）や尖度（せんど）という値が使われます。**歪度とは分布が平均値を中心としてどちらに偏っているかを表す値**です。また、**尖度とは分布が平均値の近くに集中しているかどうかを表す値**です。SKEW（スキュー）関数を使えば歪度が求められ、KURT（カート）関数を使えば尖度が求められます。

キーワード

尖度…P.219
歪度…P.223
KURT関数…P.228
SKEW関数…P.231

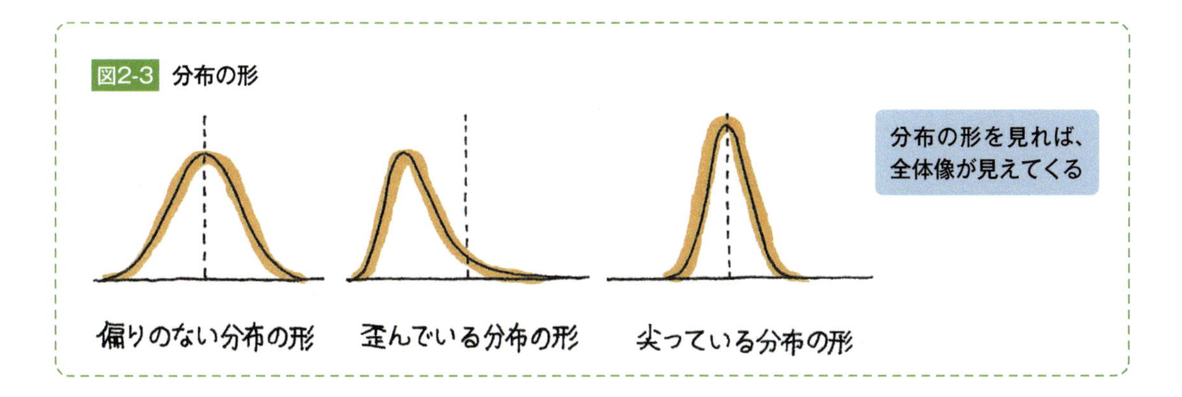

図2-3 分布の形

分布の形を見れば、全体像が見えてくる

2-2 できるサブレの好みには偏りがある？

では、まず歪度を求めてみましょう。ただし、その前に、性別によって行を昇順に並べ替えておきます。COUNTIF関数やAVERAGEIF関数なら、条件に一致した値の個数や平均が求められますが、SKEW関数やKURT関数ではそういうことはできません。したがってこれらの関数を使って男性だけの歪度や女性だけの歪度を求めるためには、男性のデータと女性のデータとを分けておく必要があります。並べ替えはそのために行います。

練習用ファイル
2_2_2.xlsx

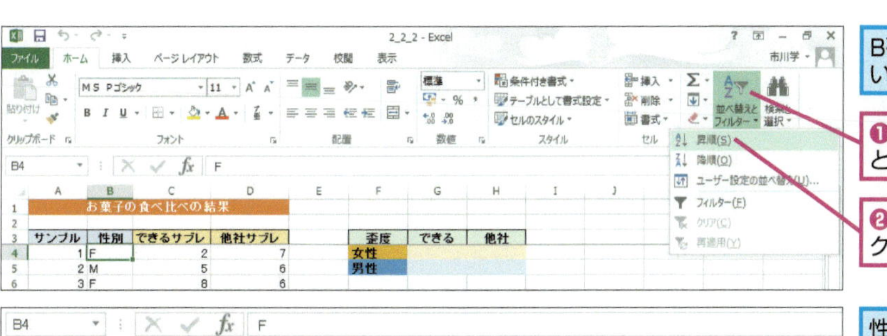

B列のデータが入力されているセルを選択しておく

❶［ホーム］タブの［並べ替えとフィルター］をクリック

❷［昇順］をクリック

お菓子の食べ比べの結果

サンプル	性別	できるサブレ	他社サブレ
1	F	2	7
3	F	8	6
6	F	3	5
8	F	9	5
9	F	9	6
10	F	8	7
13	F	4	7
17	F	7	8
18	F	9	4
19	F	3	6
2	M	5	6
4	M	7	5
5	M	7	6
7	M	4	5
11	M	6	7
12	M	5	6
14	M	8	7
15	M	8	4
16	M	7	8
20	M	8	7

歪度	できる	他社
女性		
男性		

性別によって並べ替えられた

女性のデータが4行目～13行目、男性のデータが14行目～23行目にまとめられた

分布の偏りを表す値を求めるには

方法	SKEW（スキュー）関数を使って歪度を求める
利用する関数	SKEW 関数
準備	1 行につき 1 件のデータを入力しておく 性別でデータを並べ替えておく→ 67 ページを参照

関数の形式	SKEW(数値 1, 数値 2, …, 数値 255)
関数の意味	［数値］をもとに分布の歪度を求める
入力例	=SKEW(C4:C13)

Tips

SKEW 関数で求められる歪度は SPSS と呼ばれる統計パッケージでの歪度の定義に基づくものです。一般的な歪度の定義による値は SKEW.P（スキュー・ピー）関数で求められます。

並べ替えができたら、歪度を求めます。

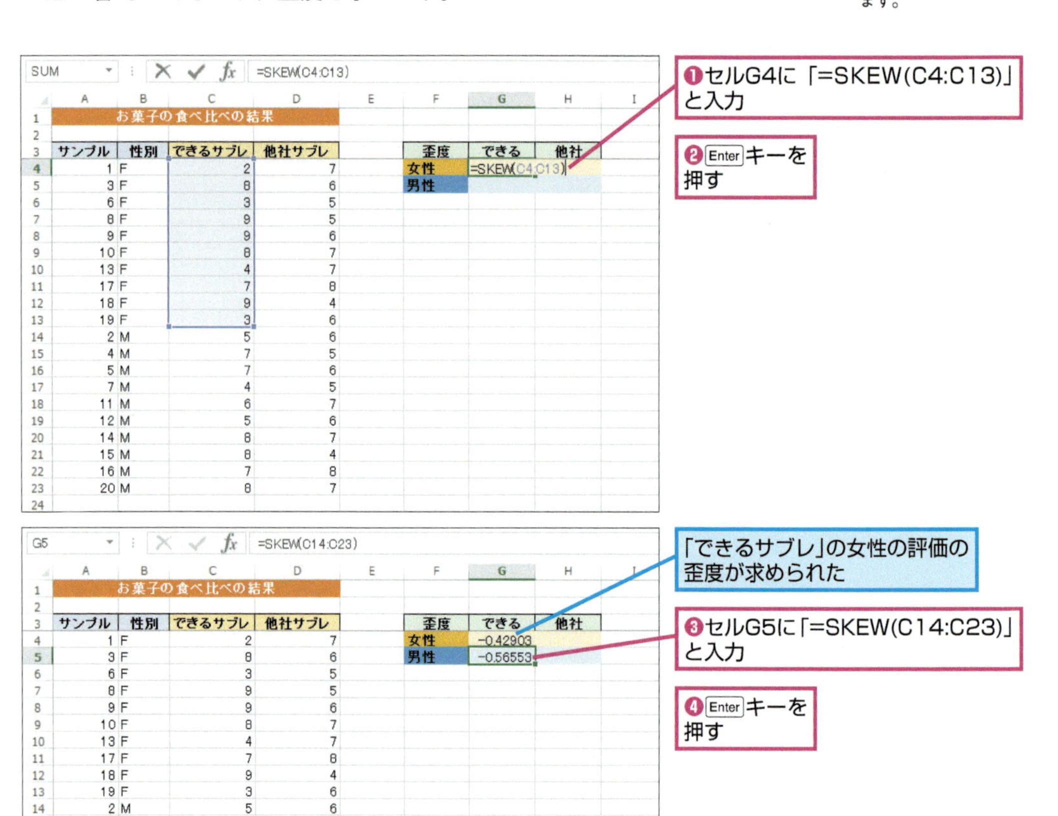

歪度	できる	他社
女性	-0.42903	-0.2331
男性	-0.56553	-0.2331

「できるサブレ」の男性の評価の歪度も求められた

❺セルG4～G5をセルH4～H5にコピー

「他社サブレ」の評価についても男女別に歪度が求められた

できるサブレの方が歪度が小さい

できるサブレの方が大きな値に偏った分布になっている

SKEW関数の結果が0に近ければ左右対称の分布です。負であれば右側に山がある分布で、正であれば左側に山がある分布です。上の結果を見ると、どちらも負の値ですが、できるサブレの方が歪度の値が小さいので、大きな値に偏った分布になっていることが示唆されます。

Step Up セルの左上に三角形のマークが表示されたら

数式を入力したときに、隣り合ったセルが引数に含まれていないと、セルの左上に三角形のマーク（◤）が表示されることがあります。これは、エラーチェックと呼ばれるマークで、数式のエラーではないかという警告です。今回はエラーではないのでそのままでも特に問題はありませんが、以下の手順で非表示にできます。

●エラーチェックを非表示にする

食べ比べの結果

できるサブレ	他社サブレ
2	7
8	6
3	5
9	5
9	6
8	7
4	7
7	8
9	4
3	6
5	6

歪度	できる	他社
女性	-0.42903	-0.2331
男性		

数式は隣接したセルを使用していません
数式を更新してセルを含める(U)
このエラーに関するヘルプ(H)
エラーを無視する(I)
数式バーで編集(F)
エラー チェック オプション(O)...

❶エラーチェックが表示されているセルにマウスポインターを合わせる

❷［エラーチェックオプション］をクリック

❸［エラーを無視する］をクリック

エラーチェックが表示されなくなる

2日目 2 歪度・尖度

図2-3 歪度と分布の形の関係

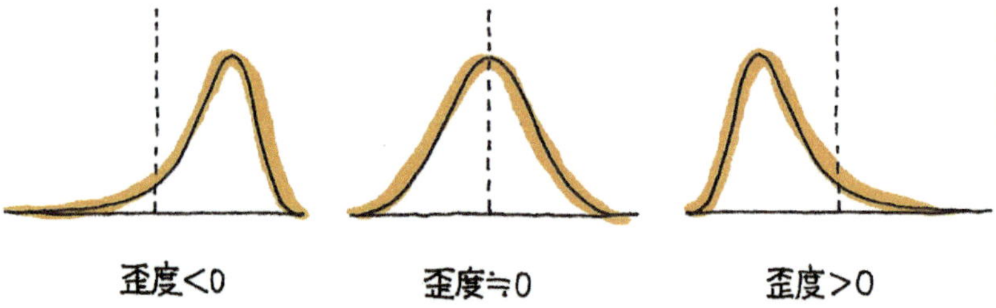

歪度<0　歪度≒0　歪度>0

2つのサブレの評価は負の値なので右側に山がある

Point!

歪度はSKEW関数で求められる。歪度が0に近い場合は左右対称の分布。負の値になると右側に山があり、正の値になると左側に山がある。

「できるサブレ」の方が歪度の値は少し小さいみたいね。若干だけど右側に山がある感じかしら。

えーっと、つまり評価が高い方に偏りがあるってことですか。

一方で、低い評価が足を引っ張っているとも言えるわね。まあ、取り立てて騒ぐほどの違いではないと思うけど。

でも、少しの差でも気になります。

数年前と比べてみるのもいいかも。これまでより平均が上がっていて、歪度が小さいなら熱烈なファンが増えているってことかもしれないし。平均が下がっているなら、低く評価される何かの変化があったのかもしれないわね。

なるほど！ 数字1つからでも、いろんな仮説が立てられるんですね。

2-3 できるサブレは評価の分かれる商品なのか？

続いて、データが平均値の近くに集まっているかどうかを、KURT（カート）関数を使って尖度を調べてみましょう。

練習用ファイル

2_2_3.xlsx

データが平均値の近くに集まっているかどうかを表す値を求めるには

方法	KURT 関数を使って尖度を求める
利用する関数	KURT 関数
準備	1 行につき 1 件のデータを入力しておく 性別でデータを並べ替えておく→ 67 ページを参照

関数の形式	KURT(数値 1, 数値 2, …, 数値 255)
関数の意味	［数値］をもとに分布の尖度を求める
入力例	=KURT(C4:C13)

キーワード

正規分布…P.219
尖度…P.219
KURT 関数…P.228

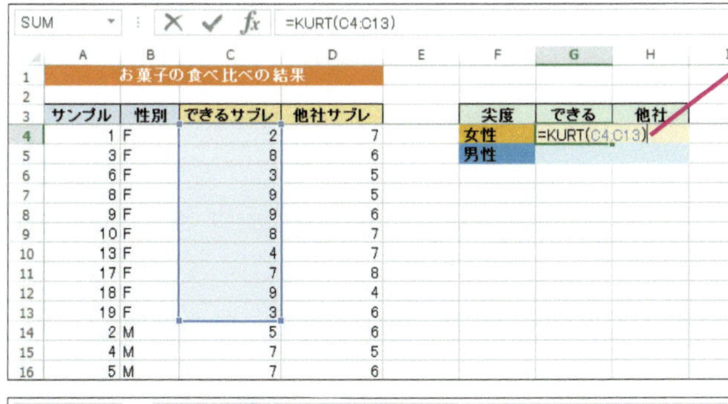

SUM =KURT(C4:C13)

	A	B	C	D	E	F	G	H
1	お菓子の食べ比べの結果							
2								
3	サンプル	性別	できるサブレ	他社サブレ		尖度	できる	他社
4	1	F	2	7		女性	=KURT(C4:C13)	
5	3	F	8	6		男性		
6	6	F	3	5				
7	8	F	9	5				
8	9	F	9	6				
9	10	F	8	7				
10	13	F	4	7				
11	17	F	7	8				
12	18	F	9	4				
13	19	F	3	6				
14	2	M	5	6				
15	4	M	7	5				
16	5	M	7	6				

❶セルG4に「=KURT(C4:C13)」と入力

❷ Enter キーを押す

SUM =KURT(C14:C23)

	A	B	C	D	E	F	G	H
1	お菓子の食べ比べの結果							
2								
3	サンプル	性別	できるサブレ	他社サブレ		尖度	できる	他社
4	1	F	2	7		女性	-1.89125	
5	3	F	8	6		男性	=KURT(C14:C23)	
6	6	F	3	5				
7	8	F	9	5				
8	9	F	9	6				
9	10	F	8	7				
10	13	F	4	7				
11	17	F	7	8				
12	18	F	9	4				
13	19	F	3	6				
14	2	M	5	6				
15	4	M	7	5				
16	5	M	7	6				

「できるサブレ」の女性の評価の尖度が求められた

❸セルG5に「=KURT(C14:C23)」と入力

❹ Enter キーを押す

尖度	できる	他社
女性	-1.89125	-0.36854
男性	-1.00115	-0.36854

「できるサブレ」の男性の評価の尖度も求められた

❺セルG4 ～ G5をセルH4 ～ H5にコピー

できるサブレの方が尖度が小さい

できるサブレの方が平坦な分布である

KURT関数の結果が0に近ければ正規分布に近くなります。負であれば平坦な分布で、正であれば尖った分布です。この例の結果を見ると、女性に比べて、男性の分布の方が平均値の近くに集まっていることが示唆されます。これも、46ページのグラフのイメージと一致しています。

なお、正規分布の意味については、74ページのStep Upを参照してください。

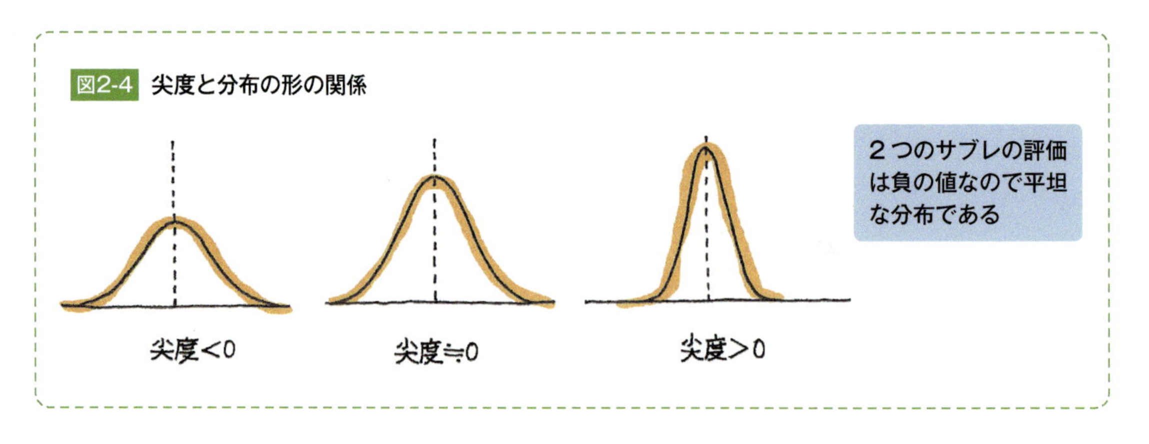

図2-4 尖度と分布の形の関係

Point!

尖度はKURT関数で求められる。尖度が0に近い場合は正規分布に近く、負の値になると平坦な分布に、正の値になると尖った分布になる。

ウチの商品の方が、尖度が小さいですね。平均値の近くにデータが集まっていないってことですね。うーむ。

評価の幅が広いってことかな。いい評価の人と悪い評価の人に分かれているのは、マニアに受けているって感じかもね。

Step Up 名前を使って引数を分かりやすくしよう

同じ関数をいくつも入力する場合には、絶対参照と相対参照を組み合わせると、入力が効率化できます。しかし、どうしても関数の引数が複雑になってしまうことがあります。

そのような場合は、引数となるセル範囲に名前を付けましょう。以下の例でセルC4～C23に「できる」という名前を付けてみましょう。「=SKEW(C4:C23)」の代わりに「=SKEW(できる)」と入力できます。ただし、特に何も指定しないと絶対参照になります。

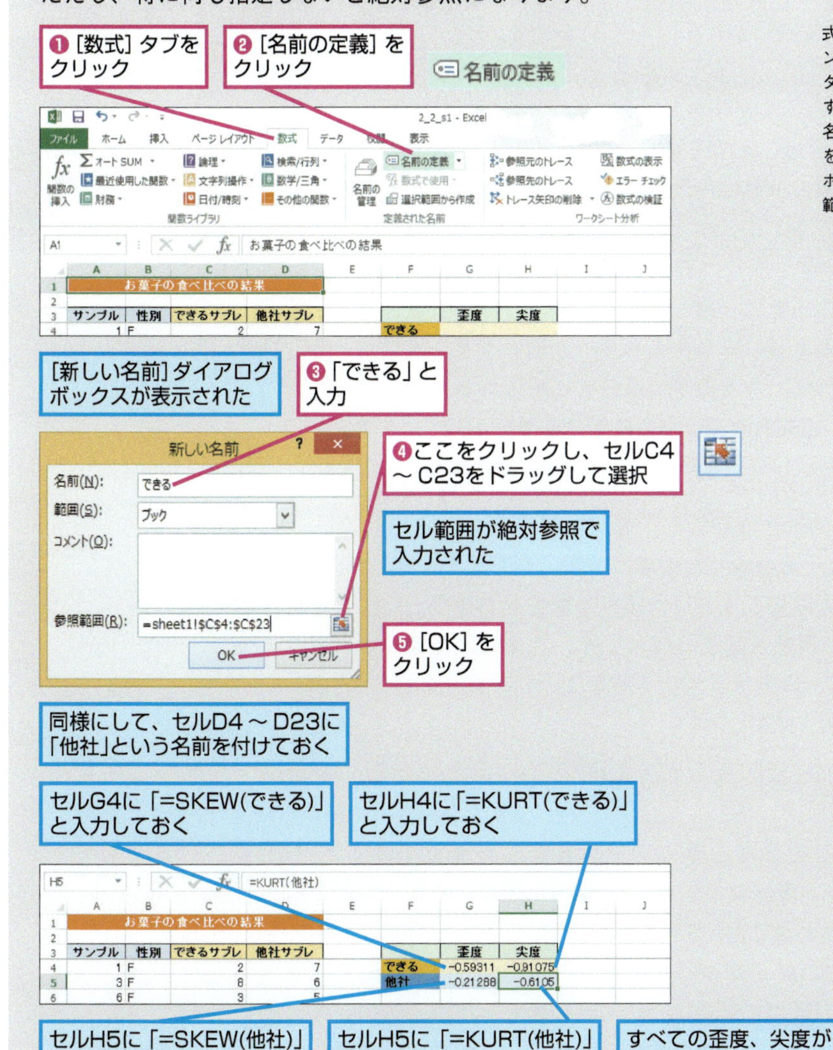

練習用ファイル

2_2_s1.xlsx

キーワード

絶対参照…P.219
相対参照…P.220

Tips

名前を削除したい場合は、[数式]タブの[名前の管理]ボタンをクリックして[名前の管理]ダイアログボックスを表示します。一覧の中から、削除したい名前を選択して、[削除]ボタンをクリックしましょう。[編集]ボタンをクリックすれば、セル範囲の修正などができます。

Step Up 正規分布って何？

統計学を初めて学ぶ人でも、正規分布という言葉はどこかで聞いたことがあるのではないでしょうか。身長や体重の分布が正規分布に従っているといった話を聞いたことのある人もいるかもしれません。そういった話から正規分布を「ごく普通のデータの分布」といった意味合いでとらえている人も多いと思いますが、もう少し、正確な意味を確認しておきましょう。

正規分布を表す式は以下のようなものです。かなり難しい式ですが、ちらっと見ておくだけで構いません。

$$\frac{1}{\sqrt{2\pi}\sigma}e^{-\frac{(x-\mu)^2}{2\sigma^2}}$$

μは平均で、σ^2は分散、πは円周率、eは自然対数の底です。身長や体重などの身近な値の分布に円周率や自然対数の底が出てくるところが不思議ですね。

それはさておき、中学や高校の数学で、サイコロを何回か振ったり、つぼの中から赤玉や白玉を取り出したりといった、日常生活ではまず出会わない事例にうんざりしていた人も多いと思います。実は、そういった確率を表すのに使われるのが二項分布と呼ばれる式で、試行回数を増やしていくと、正規分布で近似されることが分かっています。

二項分布の式も一応示しておきます。あくまで一応です。

$${}_nC_k \cdot p^k (1-p)^{n-k}$$

nは試行回数、kはその事象（出来事）が起こる回数で、${}_nC_k$はn回のうち、ある事象がk回起こるのは何通りの場合があるかということです。また、pはその事象が起こる確率です。例えば、つぼの中から玉を10回取り出して、赤玉が3回出る確率は、nが10、kが3、pが1/2なので、以下のようになります。

$${}_{10}C_3 \times \left(\frac{1}{2}\right)^3 \times \left(1-\frac{1}{2}\right)^{10-3}$$

${}_nC_k$はCOMBIN（コンビネーション）関数で求められるので、実際に計算してみると、0.1172になります。二項確率を求めるBINOM.DIST（バイノミアル・ディストリビューション）関数を使って簡単に結果を求めることもできます。

二項分布は試行回数(n)をどんどん増やしていくと、平均がnp、分散がnpqの正規分布に近づきます。二項分布の式から正規分布の式を導き出すためにはかなりの知識が必要になるので、この本では掲載し

練習用ファイル

2_2_s2.xlsx

キーワード

μ…P.215
σ…P.215
正規分布…P.219
二項分布…P.221
分散…P.222
BINOM.DIST 関数…P.224
NORM.DIST 関数…P.229

Tips

σは「シグマ」と読みます。ギリシア文字のΣの小文字です。σの書き方はひらがなの「の」と同じ筆順です。統計学では、σ^2は母集団の分散を表すのによく使われます。

Tips

円周率πの値は言わずと知れた3.14159…で、自然対数の底eの値は2.71828…です。

Tips

試行とは「何かを行うこと」で、事象とは「試行によって起こった出来事」のことです。

ませんが、高校数学の知識で（相当頑張れば）解けるので、興味のある人は『高校数学＋α：基礎と論理の物語』（宮腰 忠著・共立出版）などを参考にするといいでしょう。

ここでは、Excelを使ってシミュレーションしてみましょう。二項分布の確率はBINOM.DIST関数で求められ、正規分布の確率はNORM.DIST（ノーマル・ディストリビューション）関数で求められるので、試行を100回行ったものとして、グラフを描いてみます（ただし、端の方の値はほとんど0なので、30～70の範囲だけをグラフ化しています）。なおkの値は正規分布の式ではxにあたる値です。

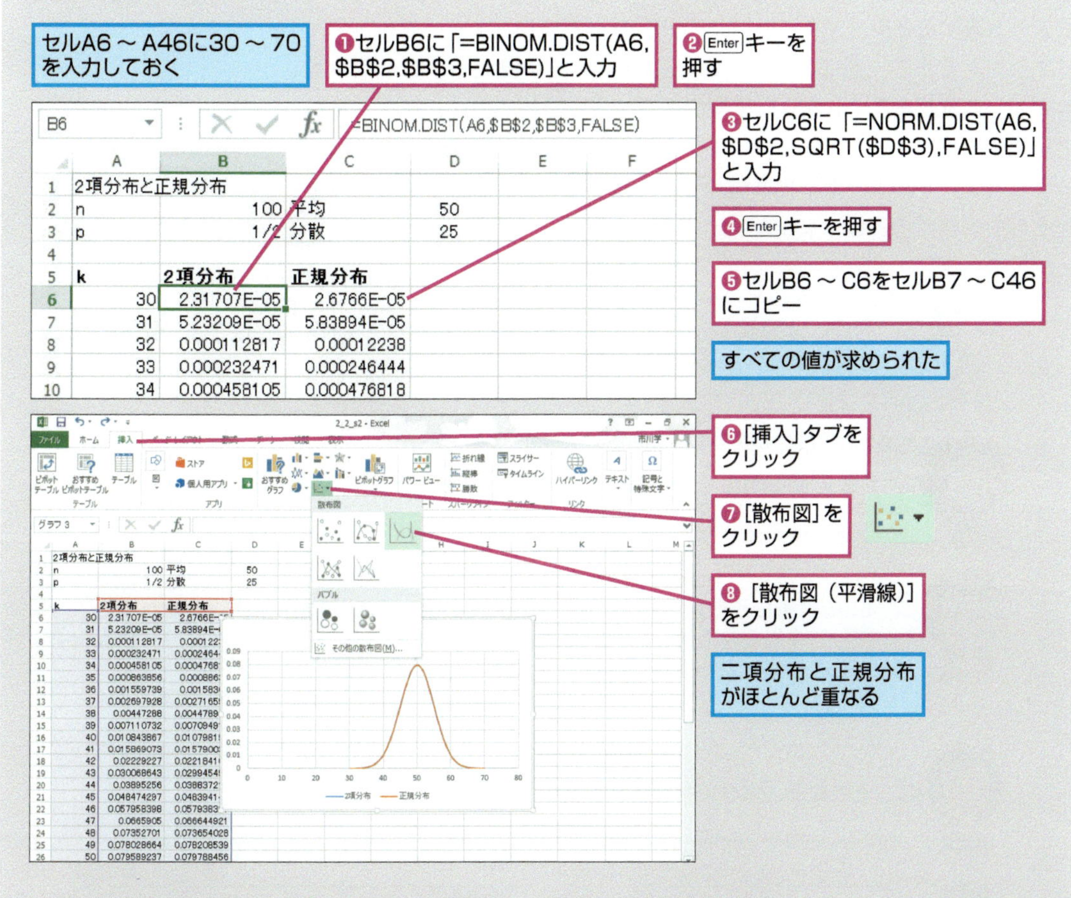

	A	B	C	D
1	2項分布と正規分布			
2	n	100	平均	50
3	p	1/2	分散	25
4				
5	k	2項分布	正規分布	
6	30	2.31707E-05	2.6766E-05	
7	31	5.23209E-05	5.83894E-05	
8	32	0.000112817	0.00012238	
9	33	0.000232471	0.000246444	
10	34	0.000458105	0.000476818	

あまりにも値が近いので、グラフが重なってしまって1つにしか見えませんが、ちゃんと正規分布で近似されることが分かったと思います。このように、単純な確率の試行を数え切れないほど行うと、正規分布に近づくと考えられます。正規分布が統計学の基礎をなす分布であるというのもうなずけると思います。

2日目

分散・標準偏差

3 商品モニター調査の分布のばらつきを見る

3-1 分布のばらつきを数値で求めてみよう！

平均値や歪度、尖度を見ると、できるサブレの評価が他社サブレの評価よりも高いことや、できるサブレの分布の方が偏りが大きいことが分かりました。ただし、差はわずかなので、「そのように見える」というレベルかもしれません。それなりに根拠のある結果を求めるには、159ページで紹介する検定という手法を使います。が、その前に、分布のばらつき（散らばり具合）を表す分散や標準偏差という値を求めましょう。これらの値がその先の検定の基礎となります。

練習用ファイル

2_3_1.xlsx

キーワード

検定…P.217
標準偏差…P.221
分散…P.222

今回は分布のばらつきを計算しましょう。ばらつきを表す値としては、分散とか標準偏差がよく使われるわ。

分散？ 標準偏差？ ですか。

いま、「難しそう」と思ったでしょ。大丈夫よ。Excelなら関数を1つ入力するだけで求められるから。自分で数式を立てるとしても、四則演算だけでできるから、中学生でも理解できるレベルよ。

それなら、ボクにも理解できるかも！

グラフを見ればだいたいの傾向は分かるけど、やっぱり、きちんと計算しておかなくちゃね。

では、商品のモニター調査の結果から母集団の分散を推定してみましょう。利用する関数はVAR.S（バリアンス・エス）関数で、求められる値は不偏分散と呼ばれます。日常ではあまり聞かない言葉かもしれませんが、**不偏分散はサンプルから母集団の分散の値を推定するために使われる**ものです。推定値であるということだけ気にしておいてください。

キーワード

不偏分散…P.222
VAR.S 関数…P.233

サンプルから母集団の分散を推定するには

方法	VAR.S 関数を使って不偏分散を求める
利用する関数	VAR.S 関数
準備	1 行につき 1 件のデータを入力しておく

VAR.S 関数の引数にはサンプルの値（各人の評価）を指定します。傾向の違いを見るために、商品別に不偏分散を求めてみましょう。

関数の形式	VAR.S(数値 1, 数値 2, …, 数値 255)
関数の意味	[数値] をもとに母集団の分散を推定する
入力例	=VAR.S(C4:C23)

Tips

「不偏」は unbiased の訳語で「バイアスのない＝余計な影響を除外した」といった意味だと考えるといいでしょう。余計な影響が何であるかは、88 ページで説明します。

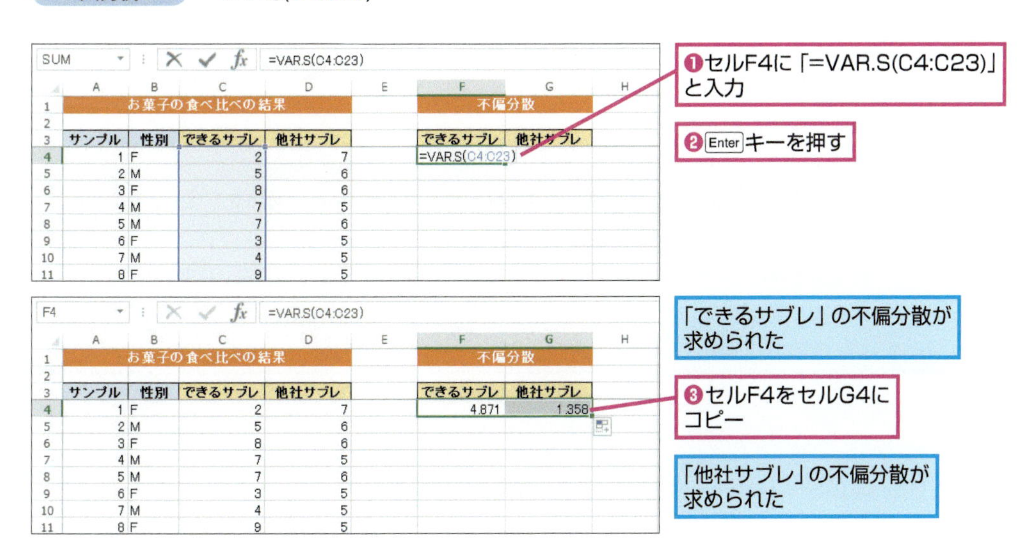

できるサブレの不偏分散は 4.871 に、他社サブレの不偏分散が 1.358 になりました。やはり、できるサブレの方が、不偏分散が大きいように見えます。ただし、本当に差があるかどうかを知るには分散の差の検定が必要です。実際にやってみると「差がある」という結果になるのですが、その話は第 4 章（159 ページ）に譲ることとしましょう。

Point!

不偏分散を求めるにはVAR.S関数を使う。サンプルから母集団の分散が推定できる。

3-2 分散や標準偏差はどう使い分けるの？

分散や標準偏差は分布のばらつきを表す値です。一般に、分散の正の平方根が標準偏差となっています。前項では VAR.S 関数を使いましたが、分散や標準偏差を求める関数には、ほかにも何種類かのものがあります。ここで整理しておきましょう。

統計レシピ

分布のばらつきを表すさまざまな値を求めるには

方法	分散や標準偏差を求める
利用する関数	VAR.S 関数、VAR.P（バリアンス・ピー）関数、STDEV.S（スタンダード・ディビエーション・エス）関数、STDEV.P（スタンダード・ディビエーション・ピー）関数
留意点	サンプルから母集団の分散や標準偏差を推定する場合は VAR.S 関数や STDEV.S 関数を使う（不偏分散、不偏標準偏差）。 母集団そのものの分散や標準偏差を求める場合は VAR.P 関数や STDEV.P 関数を使う（標本分散、標本標準偏差）。

まず、分散と標準偏差の違いからです。どちらもデータのばらつきを表す値ですが、分散を求めるためには途中で値を２乗する必要があります。分散の詳しい計算方法については、85 ページで見るので、そのときに確認できるはずです。ともあれ、分散と元のデータとでは単位が異なっています。そこで、一般に、分散の正の平方根を求めて元のデータと単位をそろえます。それが標準偏差です。

$$\sqrt{\text{分散}}=\text{標準偏差}\quad\text{つまり}\quad\text{標準偏差}^2=\text{分散}$$

ただし、統計の計算ではいちいち平方根を求めるのが面倒なので、分散をそのまま使うことがよくあります。ここからも基本的に分散を使って話を進めますが、標準偏差の場合も考え方は同じです。

次に、分散の種類について見てみます。分散には次の２つがあります。

- 不偏分散　……　VAR.S 関数を使って求める
- 標本分散　……　VAR.P 関数を使って求める

不偏分散とは、サンプルから母集団の分散を推定したものです。一方の**標本分散はデータが母集団全体であるときの分散**の値です。図で表すと図 2-5 のようなイメージになります。

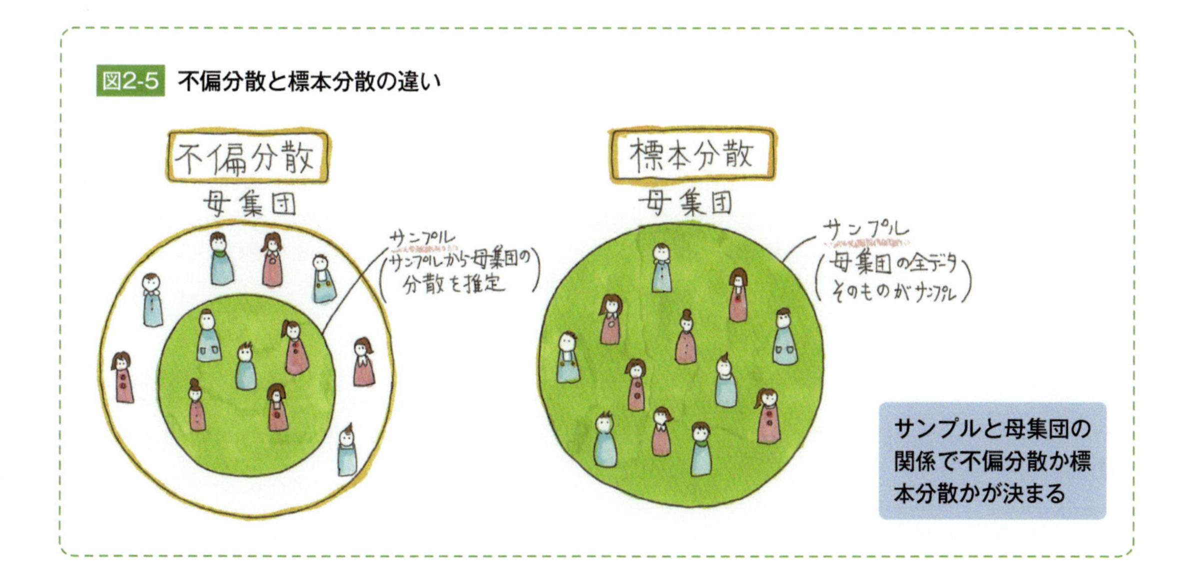

図2-5 不偏分散と標本分散の違い

キーワード

標準偏差…P.221
分散…P.222
STDEV.P 関数…P.231
STDEV.S 関数…P.231
VAR.P 関数…P.233
VAR.S 関数…P.233

Tips

厳密に言うと、分散の正の平方根がそのまま標準偏差とならない場合もあります。しかし、実用的にはこの計算方法で問題はありません。

商品のモニター調査については、どちらを使うべきでしょうか？ できるサブレの顧客は膨大な数ですが、マナブくんの会社の調査ではその中から一部分のサンプルを取り出しています。そして、そのデータを使って全体のばらつきを推定しようというわけですから、不偏分散です。したがって、VAR.S 関数を使って求めます。

一方、校内模試のような例だとどうなるでしょうか。校内の生徒全員が試験を受けるので、この場合はデータが母集団そのものです。したがって、標本分散となります。VAR.P 関数が使えますね。

同様に、標準偏差にも不偏標準偏差と標本標準偏差があります。考え方は分散の場合と全く同じで、以下のように使い分けます。

キーワード

標準偏差…P.221
標本標準偏差…P.221
不偏標準偏差…P.222
STDEV.P…P.231
STDEV.S…P.231

- 不偏標準偏差 …… STDEV.S 関数を使って求める
- 標本標準偏差 …… STDEV.P 関数を使って求める

VAR って何かの略なんですか？

分散は英語でVarianceね。ついでに言うと、標準偏差はStandard Deviation。SDと略すこともあるわ。

先輩、発音いいっ！

それはそうと、不偏分散のことを標本分散と呼んで、標本分散のことを単に分散と呼んでいる資料や文献もあるから注意してね。どちらの意味で使われているかは文脈からだいたい理解できると思うけど。

Point!

サンプルから母集団の分散を推定するのが不偏分散。サンプルが母集団そのもののときは標本分散を使う。

Column

Excel 2007以前と互換性のある関数を使うには

Excel 2007以前では、分散や標準偏差を求めるのにVAR関数、VARP関数、STDEV関数、STDEVP関数を利用します。Excel 2010以降でも互換性を取るためにこれらの関数が使えます。それぞれの関数の働きは以下の表に示した通りです。

●分散と標準偏差を求めるための関数一覧

	Excel 2007以前	Excel 2010以降
不偏分散	VAR	VAR.SまたはVAR
標本分散	VARP	VAR.PまたはVARP
不偏標準偏差	STDEV	STDEV.SまたはSTDEV
標本標準偏差	STDEVP	STDEV.PまたはSTDEVP

さらに、関数名にAの付くものもあります（例えばVARAなど）が、これらの関数は引数に数値以外のデータが含まれているときに、その値を0と見なします。そもそも、数値以外のデータを範囲内に含めるのは誤りの元となるので、それらの関数は使わないことをおすすめします（値が0なら0と入力しておくべきです）。

Step Up データベース関数を使って性別ごとに分散を求める

条件に一致するデータの平均を求めるにはAVERAGEIF関数が使えますが、分散に関してはAVERAGEIF関数と同じ使い方ができる関数はありません。しかし、DVAR（ディー・バリアンス）関数というデータベース関数を使うと、指定した条件に一致するデータだけをもとに不偏分散が求められます。DVARP（ディー・バリアンス・ピー）関数では、同様に標本分散が求められます。また、条件に一致したデータだけから不偏標準偏差を求めるにはDSTDEV（ディー・スタンダード・ディビエーション）関数を使い、標本標準偏差を求めるにはDSTDEVP（ディー・スタンダード・ディビエーション・ピー）関数を使います。

練習用ファイル
2_3_s1.xlsx

キーワード
標準偏差…P.221
不偏標準偏差…P.222
AVERAGEIF関数…P.224
DVAR関数…P.226

関数の形式 DVAR(データベース, フィールド, 条件)

関数の意味 ［データベース］の範囲で、［フィールド］で指定された列の不偏分散を求める。ただし、［条件］に一致した行のデータのみを対象とする

入力例 =DVAR(B3:D23,G3,F3:F4)

［データベース］の範囲や条件の範囲には見出しを含めて指定します。したがって、以下の例では、データの範囲がセルB3～D23となります。3行目がセル範囲に含まれるように注意してください。

［フィールド］には、集計する（分散を求める）列の位置または見出しを指定します。できるサブレの女性の不偏分散を求めるので、セルG3（つまり「できるサブレ」）を指定しています。

［条件］の範囲には、見出しと条件を表す文字列を指定します。「性別が女性」であれば、セルF3～F4となります。

上の入力例では、セル参照が分かりやすいように相対参照を使っていますが、絶対参照と相対参照をうまく使って数式を入力すれば、セルG4に入力した数式をセルH4、G7、H7にコピーするだけですべての結果が得られます。データベースの範囲は変わらないので絶対参照にし、不偏分散を求めるフィールドは右に動くので、列のみを相対参照とします。また、条件の範囲は下に動くので、行のみを相対参照にします。

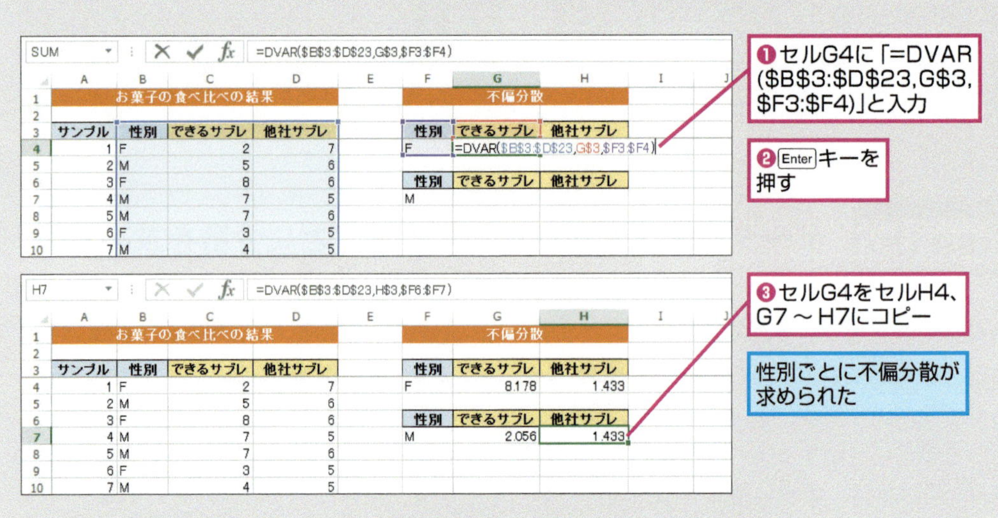

なお、ピボットテーブルを使っても元のデータからそのまま分散が求められます。詳しくは89ページのStep Upを参照してください。

3-3 そもそも分布のばらつきって何？

分散や標準偏差の求め方や種類は分かりましたが、それらがなぜ分布のばらつきを表すのかについてはまだ説明していませんでした。今のところ「何となくそういうものなのかな」と思っている人も多いでしょう。

キーワード
標準偏差…P.221
分散…P.222

分散や標準偏差って便利な値だと思うのですが、まだピンと来ないっていうか……。

関数を使って値を求める方法しか見てないからね。「ばらつき」って言われても、仕組みが分かっていないと、実感がわかないわね。

そうなんです。分散って、「どれぐらい散らばっているかってこと……」って説明されても、結局よく分かりません。

じゃあ、ここで、そのモヤモヤを解消しましょう。

分散や標準偏差というと高度な理論が背景にあって理解しづらいもの、と思われるかもしれません。しかし、実は、これらの値は日常の感覚で十分理解できるものです。

例えば、地図上に、ある小学校の生徒たちが住んでいる家の位置に印を付けてみたとしましょう。さらに、ある大学の学生が住んでいる家の位置に印を付けてみたとしましょう。さて、どちらのばらつきが大きいでしょうか？ 公立の小学校には地域の子供たちが通っているので、比較的ばらつきが少ないと思われます。一方、大学生は大学の近くに下宿している場合もあれば、遠くから新幹線通学している場合もあります。したがって、ばらつきは大きいと言えるでしょう。

ばらつきは、学校からの距離の平均で求められそうですね。

図2-6 中心との平均的な距離がばらつき

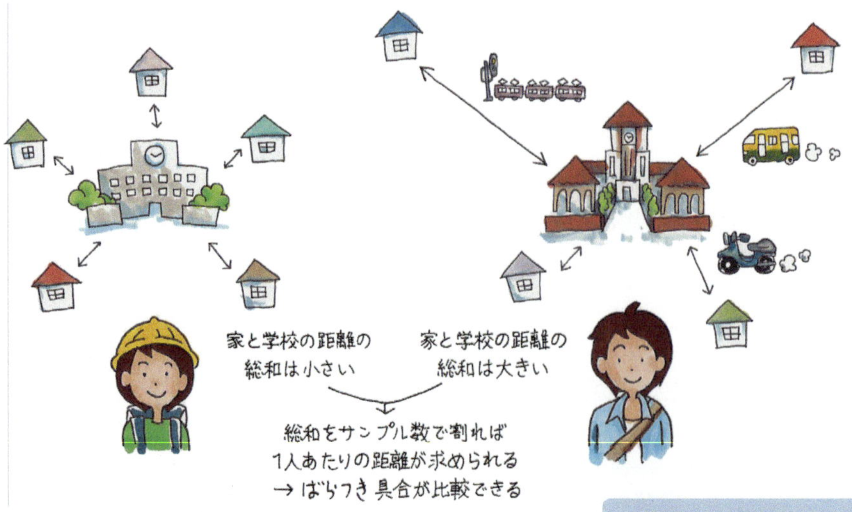

家と学校の距離の
総和は小さい

家と学校の距離の
総和は大きい

総和をサンプル数で割れば
1人あたりの距離が求められる
→ばらつき具合が比較できる

小学校の通学距離はばらつきが小さく
大学の通学距離はばらつきが大きい

実際のデータでは、小学校や大学の位置が平均値にあたるものと考えていいでしょう。もちろん、学校の位置と平均値とは異なるものですが、イメージとしては図2-6のようになります。つまり、各データと平均値との差を求め、それらの総和をデータの個数で割れば、ばらつきを表す値が求められます。

ただし、地図上の距離とは違って、各データと平均値との差はプラスになることもマイナスになることもあるので、単純に総和を求めてしまうとそれらが相殺されてしまいます。そこで絶対値を使います……といきたいところなのですが、絶対値の取り扱いは面倒なので、2乗することにします。2乗すればすべてが正の値になりますし、後で√を取れば絶対値になりますね。

数学的に書くと、図2-7のようになります。数式の苦手な人は拒絶反応を示すかもしれませんが、「各データと平均値の差の2乗を全部足したもの」という内容を記号で表したものです。

キーワード

誤差…P.218
誤差平方和…P.218

図2-7 誤差平方和を式で表す

誤差平方和

$$\sum_{i=1}^{n}(x_i-\overline{x})^2$$

③その総和 ①各データと平均の差 ②その2乗

各データと平均値の差の２乗を全部足したものが誤差平方和

上の式で求められる値を統計学では誤差平方和と呼んでいます。各データと平均の差は「誤差」で、その２乗つまり「平方」をすべて足した「和」なので、そう呼ばれます。

学校から家までの距離の話で言えば、距離の２乗の総和になります。ということは、それをデータの個数ｎで割れば、距離の２乗の平均が求められますね。それが分散です。また n-1 で割ると不偏分散になります。図 2-8 を見てください。

図2-8 分散と不偏分散を式で表す

分散

$$\frac{\sum_{i=1}^{n}(x_i-\overline{x})^2}{n}$$

不偏分散

$$\frac{\sum_{i=1}^{n}(x_i-\overline{x})^2}{n-1}$$

総和をデータの個数で割ると分散、データの個数 -1 で割ると不偏分散

これで分散や不偏分散が求められます。距離（各データと平均の差）は２乗してあったので、正の平方根を求めて単位を元のデータと合わせると標準偏差や不偏標準偏差になります。

Tips

Σ（シグマ）は「すべて足すこと」を表します。

3-4 関数を使わずに不偏分散を求めてみよう

分散や標準偏差がどのようなものか、なぜ、ばらつきを表せるのかは、前項でかなり理解が深まったと思います。ここでは、その理解をさらに確実なものにしたいと思います。そのために、前項で示した考え方に沿って数式を入力してみましょう。数学的な書き方についていけない人も、以下の操作を1つずつ進めていけば、計算の方法や意味が分かるようになります。ここでは、VAR.S関数を使わずに不偏分散を求めてみます。試しに計算してみるだけなので、数個のデータでやってみましょう。

練習用ファイル

2_3_4.xlsx

キーワード

不偏分散…P.222
VAR.S関数…P.233

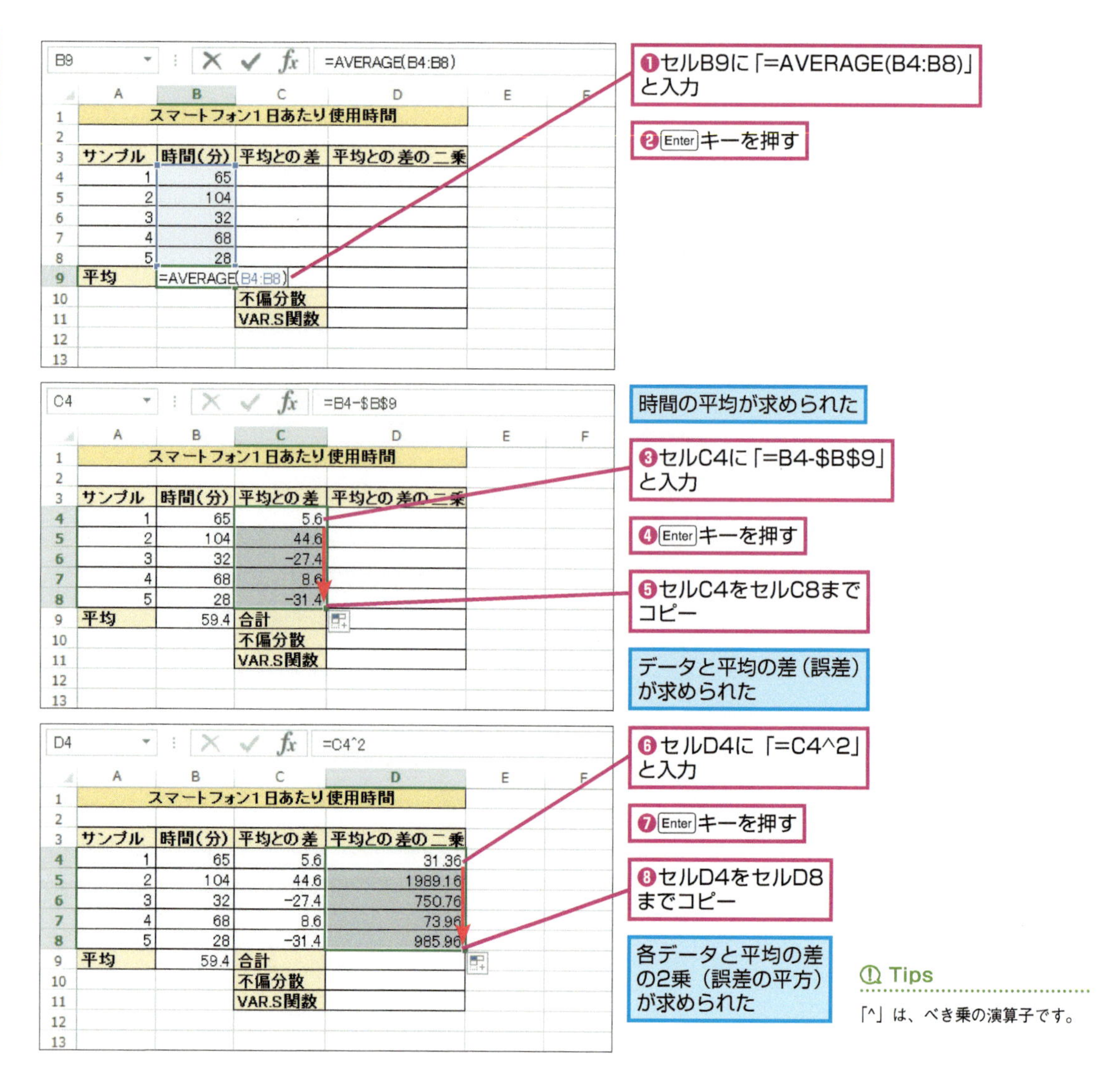

	A	B	C	D
1	スマートフォン1日あたり使用時間			
3	サンプル	時間(分)	平均との差	平均との差の二乗
4	1	65	5.6	31.36
5	2	104	44.6	1989.16
6	3	32	-27.4	750.76
7	4	68	8.6	73.96
8	5	28	-31.4	985.96
9	平均	59.4	合計	
10			不偏分散	
11			VAR.S関数	

Tips

「^」は、べき乗の演算子です。

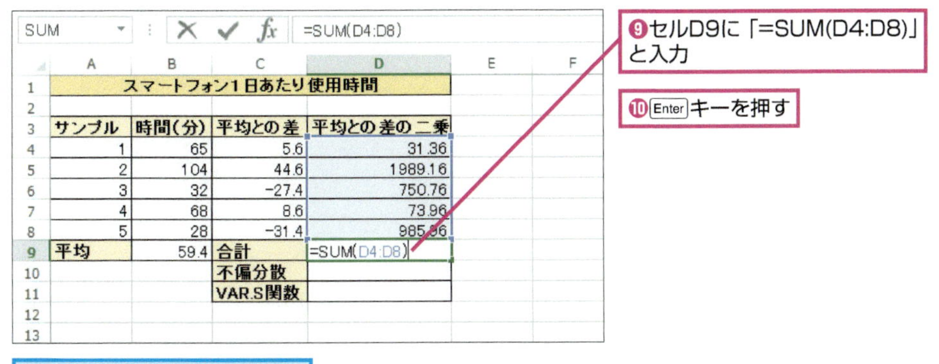

SUM　=SUM(D4:D8)

	A	B	C	D
1	スマートフォン1日あたり使用時間			
2				
3	サンプル	時間(分)	平均との差	平均との差の二乗
4	1	65	5.6	31.36
5	2	104	44.6	1989.16
6	3	32	-27.4	750.76
7	4	68	8.6	73.96
8	5	28	-31.4	985.96
9	平均	59.4	合計	=SUM(D4:D8)
10			不偏分散	
11			VAR.S関数	

各データと平均の差の2乗の和（誤差平方和）が求められた

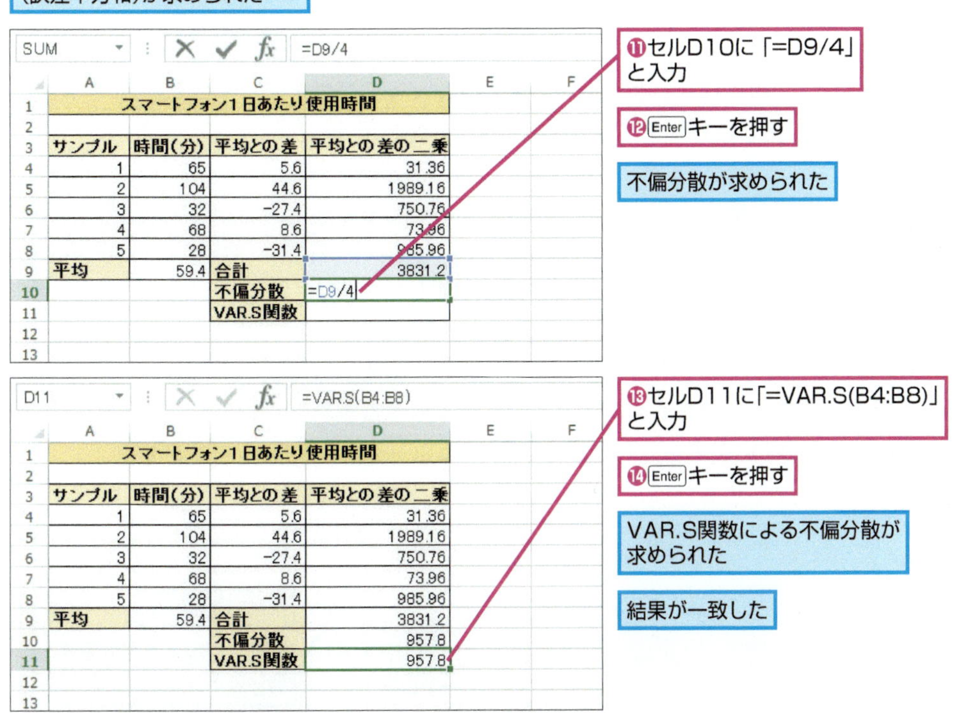

SUM　=D9/4

	A	B	C	D
1	スマートフォン1日あたり使用時間			
2				
3	サンプル	時間(分)	平均との差	平均との差の二乗
4	1	65	5.6	31.36
5	2	104	44.6	1989.16
6	3	32	-27.4	750.76
7	4	68	8.6	73.96
8	5	28	-31.4	985.96
9	平均	59.4	合計	3831.2
10			不偏分散	=D9/4
11			VAR.S関数	

D11　=VAR.S(B4:B8)

	A	B	C	D
1	スマートフォン1日あたり使用時間			
2				
3	サンプル	時間(分)	平均との差	平均との差の二乗
4	1	65	5.6	31.36
5	2	104	44.6	1989.16
6	3	32	-27.4	750.76
7	4	68	8.6	73.96
8	5	28	-31.4	985.96
9	平均	59.4	合計	3831.2
10			不偏分散	957.8
11			VAR.S関数	957.8

いかがでしょう。分散の意味合いが分かってきたでしょうか。データの個数が5個なので、操作11では4で割って不偏分散を求めました。もちろん、5で割れば標本分散が求められます（85ページの図2-8を参照してください。不偏分散は、誤差平方和をn-1で割って求めます）。

Point!

分散や標準偏差は、「サンプルと平均値との距離」の平均のようなもの。

3-5 どうして不偏分散を求めるときはn-1で割るの？

練習用ファイル

2_3_5.xlsx

キーワード

誤差平方和…P.218
自由度…P.218

標本分散は誤差平方和をデータの個数nで割って求めるのに、不偏分散はなぜn-1で割るのか、と疑問に思われた人も多いと思います。このnとかn-1とかは自由度と呼ばれる値です。簡単に言うと、自由度とは独立した情報の数が何個あるかということです。

不偏分散の場合、母集団の平均を、各データの値をnで割って推定しているので、平均値が各データの情報を$\frac{1}{n}$ずつ含んでいるものと考えられます。誤差は各データと平均値の差なので、1つの誤差の情報の数は1-$\frac{1}{n}$個となります。これをn個使って誤差平方和を求めるので$n \times (1-1/n)=n-1$が独立した情報の数となります。

なお、標本分散の場合、平均値はサンプルからの推定ではなく、母集団の平均値そのものなので、そこにはサンプルの情報が含まれません。

なんとなく煙に巻かれたような話ですが、数学的なことはパスという人は、不偏分散、不偏標準偏差の場合はn-1で割ると覚えておいてもらって構いません。

このことは、シミュレーションをしてみると分かります。詳しい説明は省きますが、練習用ファイルにシミュレーションの例があります。このファイルでは、1000個の母集団から50個のサンプルを取り出し、誤差平方和をn-1で割った値とnで割った値を求めています。そして、どちらが母集団の分散に近いかを調べています。

	A	B	C	D	E	F	G	H	I	J	K	L	M
1			ランダムに20個取り出して分散を求める										
2	母分散			1回目	差	2回目	差	3回目	差	4回目	差	5回目	差
3	96.31224		n-1で割る	63.8	32.5	79.6	16.7	62.0	34.3	103.2	6.9	80.4	15.9
4			nで割る	61.7	34.6	76.9	19.4	59.9	36.4	99.8	3.4	77.7	18.6
5			※母分散との差が小さいほうを強調表示										
6													
7	正規乱数(1000個)		番号	値	番号	値	番号	値	番号	値	番号	値	
8	48.02748		122	66.16377	114	53.38111	210	51.33972	699	46.90426	640	43.93264	
9	52.31128		135	41.224	85	68.33253	423	61.32423	194	46.02117	399	51.71338	
10	55.50775		691	56.07687	763	55.00482	364	46.68415	712	47.00219	675	60.65259	
11	50.14607		922	59.91712	976	43.83485	278	49.79496	11	64.75175	438	52.94687	
12	43.41904		408	60.09005	999	46.41324	438	52.94687	321	45.98161	630	62.53842	
13	41.67258		246	54.25701	400	63.48915	794	52.67234	417	64.52504	672	83.35	
14	55.36551		42	54.25523	242	61.81109	629	46.30149	107	64.60612	440	56.06796	
15	61.64148		898	46.25087	43	56.08929	974	44.54795	682	51.47642	36	42.25551	
16	43.73312		943	37.54421	359	37.31593	210	51.33972	797	59.69263	7	55.36551	
17	49.18396		794	52.67234	477	57.73651	241	60.26778	717	49.33581	725	56.2158	
18	64.75175		118	53.37349	425	63.00882	749	50.8695	475	57.12976	713	54.19914	
19	50.79305		877	53.24582	12	50.79305	807	38.52335	579	39.81553	596	47.74302	

F9 キーを押す

乱数が作られる

母分散との差が小さい方が赤く表示される

実際にやってみると、nで割るよりn-1で割った方が、母集団の分散に近いことが分かります。条件付き書式の機能を使って、母集団の分散に近い方が赤く表示されるので確認してみてください。練習用ファイルでは F9 キーを押すと新しい乱数が作られます。筆者が50回やってみたところ、30勝20敗でn-1で割った方の勝ちでした。

Step Up ピボットテーブルでも分散や標準偏差が求められる

ピボットテーブルを使うと、合計や平均、データの個数のほか、分散や標準偏差も求められます。ピボットテーブルは項目や集計方法を簡単に変更できるので、集計表を作るだけでなく、データを分析して特徴を発見するのに役立ちます。ここでは、ピボットグラフを使った例を紹介しておきましょう。

練習用ファイル

2_3_s2.xlsx

キーワード

ピボットグラフ…P.221

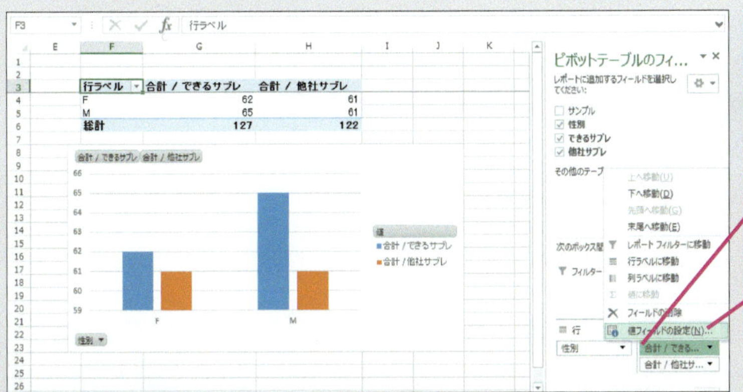

40ページを参考にピボットグラフを挿入しておく

[性別] [できるサブレ] [他社サブレ] をクリックしてチェックマークを付けておく

❶ [合計/できるサブレ] をクリック

❷ [値フィールドの設定] をクリック

[値フィールドの設定] ダイアログボックスが表示された

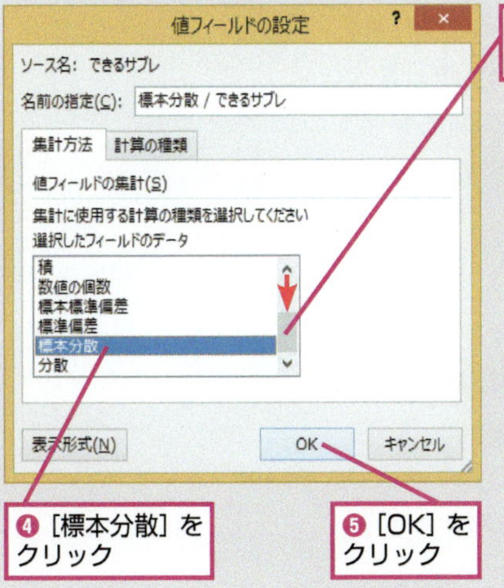

❸ここを下にドラッグしてスクロール

❹ [標本分散] をクリック

❺ [OK] をクリック

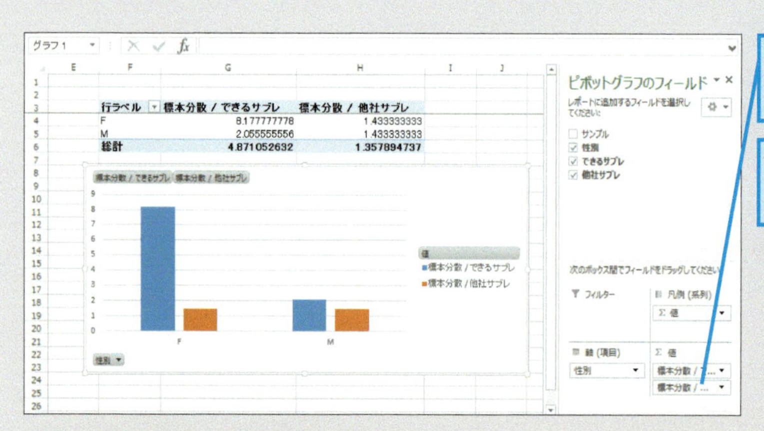

同様に［他社サブレ］の集計方法も［標本分散］にしておく

性別ごとに「できるサブレ」と「他社サブレ」の不偏分散が求められた

ピボットテーブルでは不偏分散を「標本分散」と呼び、標本分散を「分散」と呼んでいることに注意が必要です。同様に、不偏標準偏差を「標本標準偏差」と、標本標準偏差を「標準偏差」と呼んでいます。

Step Up 平均値や分散の推定にある程度の幅を持たせるには

平均や不偏分散などの1つの値を使って母集団の平均値や分散を推定することを点推定と呼びます。一方、それらの値をある程度の幅を持たせて推定することを区間推定と呼びます。例えば、母集団の平均μを100×(1-α)%の精度で区間推定する、といった使い方をします。Excelでは CONFIDENCE.NORM（コンフィデンス・ノーマル）関数や CONFIDENCE.T（コンフィデンス・ティー）関数を使えば簡単に区間推定ができますが、一応、母集団の平均を区間推定するための計算方法を示しておきましょう。

・母集団の分散が分かっている場合

$$\bar{x}-z\left(\frac{\alpha}{2}\right)\frac{\text{標本標準偏差}}{\sqrt{N}} \leq \mu \leq \bar{x}+z\left(\frac{\alpha}{2}\right)\frac{\text{標本標準偏差}}{\sqrt{N}}$$

$z\left(\frac{\alpha}{2}\right)$は、標準正規分布の$\frac{\alpha}{2}$点の値で、NORM.S.INV 関数で求められます。標準正規分布とは平均が0、分散が1^2の正規分布です。

練習用ファイル

2_3_s3.xlsx

キーワード

t 分布…P.215
区間推定…P.217
自由度…P.218
点推定…P.220
CONFIDENCE.NORM 関数…P.225
CONFIDENCE.T 関数…P.225
NORM.S.INV 関数…P.229
T.INV 関数…P.232
T.INV.2T 関数…P.233

・母集団の分散が分かっていない場合

$$\bar{x} - \mathrm{t}_{N\text{-}1}\left(\frac{\alpha}{2}\right)\frac{\text{不偏標準偏差}}{\sqrt{N}} \leq \mu \leq \bar{x} + \mathrm{t}_{N\text{-}1}\left(\frac{\alpha}{2}\right)\frac{\text{不偏標準偏差}}{\sqrt{N}}$$

$\mathrm{t}_{N\text{-}1}\left(\frac{\alpha}{2}\right)$は、自由度N-1のt分布の$\frac{\alpha}{2}$点の値で、T.INV（ティー・インバース）関数やT.INV.2T（ティー・インバース・ツー・テイルド）関数で求められます。

このようにして求められた区間のことを100×(1- α)%の信頼区間と呼びます。例えば、できるサブレの評価で、母集団の95%信頼区間を求めてみます（この場合αは0.05です）。上で示した手順をそのまま使って計算した結果と、CONFIDENCE.T関数を使って簡単に計算した結果を示します。なお、ここで使った関数の形式は最後にまとめておきます。

G12　=CONFIDENCE.T(0.05,G5,20)

	A	B	C	D	E	F	G	H
1	お菓子の食べ比べの結果					95%信頼区間を求める		
2								
3	サンプル	性別	できるサブレ	他社サブレ		できるサブレ		
4	1	F	2	7		平均	6.35	
5	2	M	5	6		不偏標準偏差	2.207	
6	3	F	8	6		t(0.05/2)	2.093	
7	4	M	7	5		下限と上限	1.033	
8	5	M	7	6				
9	6	F	3	5		95%信頼区間	5.32≦μ≦7.38	
10	7	M	4	5				
11	8	F	9	5		CONFIDENCE.T関数で求めた値		
12	9	F	9	6		下限と上限	1.033	
13	10	F	8	7				
14	11	M	6	7				

セルG7は、手作業で信頼区間の値を求めている

セルG12に「=CONFIDENCE.T(0.05,G5,20)」と入力

セルG7の計算が簡単にできた

区間推定は「求めた平均値は95%の確率で正しい」「信頼区間に含まれる値は平均値の範囲と見なせる」「信頼区間の範囲外ははずれ値である」などと誤解されることがありますが、正確には、サンプルを取って信頼区間を求めることを何度も繰り返すと、それらの信頼区間の95%に母集団の平均が含まれている、ということです。

関数の形式　T.INV.2T(確率 , 自由度)
関数の意味　［確率］をもとに［自由度］で示されたt分布の値を求める
入力例　=T.INV.2T(0.05,19)

関数の形式　CONFIDENCE.T(α , 標準偏差 , サンプル数)
関数の意味　t分布を使って信頼区間の値を求める
入力例　=CONFIDENCE.T(0.05,G5,20)

2日目

偏差値

4 試験結果から集団内での位置を知る

4-1 偏差値で本当の実力が分かる

データの分析はまだ少ししか進んでないけど、疲れてない？ 頬はこけているし、目の下にはくまができているわよ。

だ、大丈夫です。まだまだ行けます。いえ、先輩のレクチャーは分かりやすく、興味がわいてきます。高校の授業みたく眠気を感じないところがすごいです。

なつかしいわね。D高校。

そういえば、なぜ可もなく不可もなくって感じのD高校に入ったんですか。先輩なら偏差値トップのN高校も楽勝だったんじゃないですか。後にも先にもウチからT大学に進学したのって先輩だけだし。

うーん、家から近かったから。低血圧で朝が苦手だったの。

えーっ、それだけの理由なんですか。偏差値も低血圧には勝てないんだ。そういえば、偏差値って何なんですかね。わけも分からずに使ってきたけど、標準偏差と関係あるんですか。

偏差値ってあまりいいようには言われないけど、使い方によっては便利よ。

偏差値とは、平均値と標準偏差をもとにして、全体の中での位置が分かるようにした値です。平均値が 50 に、標準偏差が 10 になるようにサンプルの値を変換して求めます。簡単な例で異なるテストの成績を比較してみましょう。

練習用ファイル

2_4_1.xlsx

統計レシピ

検定試験の成績をもとに受験者の偏差値を求めるには

方法	データの値−平均値を標本標準偏差で割って、10 を掛け、50 を足す
利用する関数	STDEV.P（スタンダード・ディビエーション・ピー）関数
準備	1 行につき 1 件のデータを入力しておく

例えば、数学のテストと英語のテストの両方で 70 点を取ったとしても、数学の平均点が 50 点で、英語の平均点が 80 点であれば、70 点の価値はずいぶん違ってきます。数学では平均点より上ですが、英語では平均点より下になっているので明らかでしょう。

偏差値を利用すると、こういった場合にも、どのあたりの位置にいるかを比較できます。偏差値を求める場合は、サンプルが母集団全体と考えられるので、標本標準偏差を使います。

計算の仕方は簡単です。各データの値から平均値を引き、それを標本標準偏差で割って 10 倍します。後は 50 を足すだけです。数式では以下のようになります。

$$偏差値 = \frac{x_i - \mu}{s} \times 10 + 50$$

（x_i は各データ、μ は平均、s は標本標準偏差）

キーワード

標準偏差…P.221
標本標準偏差…P.221
偏差値…P.222
STDEV.P 関数…P.231

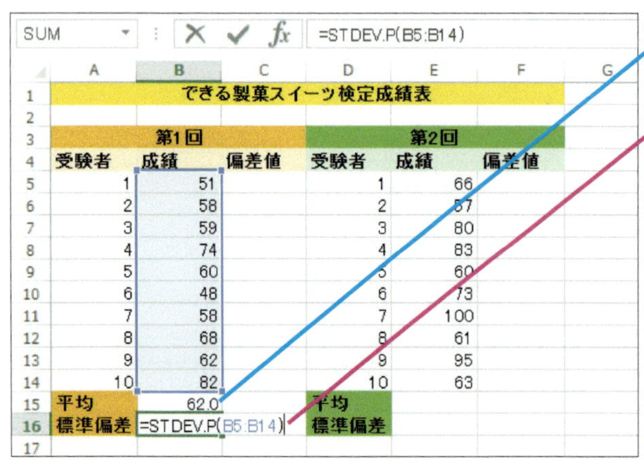

	A	B	C	D	E	F
1	できる製菓スイーツ検定成績表					
2						
3	第1回			第2回		
4	受験者	成績	偏差値	受験者	成績	偏差値
5	1	51		1	66	
6	2	58		2	57	
7	3	59		3	80	
8	4	74		4	83	
9	5	60		5	60	
10	6	48		6	73	
11	7	58		7	100	
12	8	68		8	61	
13	9	62		9	95	
14	10	82		10	63	
15	平均	62.0		平均		
16	標準偏差	=STDEV.P(B5:B14)		標準偏差		

セルB15に「=AVERAGE(B5:B14)」と入力して平均値を求めておく

❶セルB16に「=STDEV.P(B5:B14)」と入力

❷Enterキーを押す

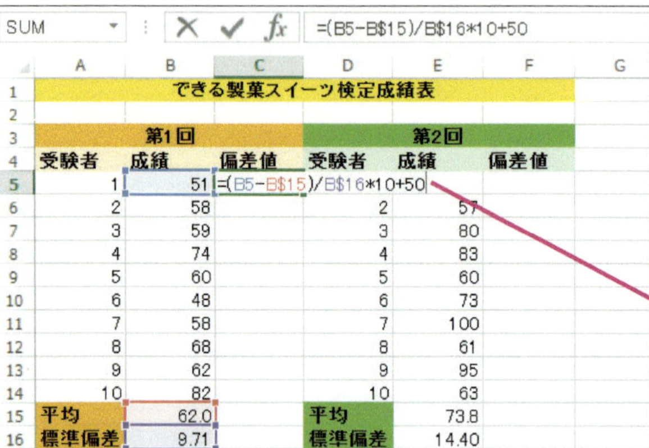

	A	B	C	D	E	F
1	できる製菓スイーツ検定成績表					
2						
3	第1回			第2回		
4	受験者	成績	偏差値	受験者	成績	偏差値
5	1	51	=(B5-B$15)/B$16*10+50			
6	2	58		2	57	
7	3	59		3	80	
8	4	74		4	83	
9	5	60		5	60	
10	6	48		6	73	
11	7	58		7	100	
12	8	68		8	61	
13	9	62		9	95	
14	10	82		10	63	
15	平均	62.0		平均	73.8	
16	標準偏差	9.71		標準偏差	14.40	

第1回の平均と標本標準偏差が求められた

❸セルB15～B16をセルE15～E16にコピー

第2回の平均と標本標準偏差が求められた

❹セルC5に「=(B5-B$15)/B$16*10+50」と入力

❺Enterキーを押す

第1回の検定の1番の受験者の偏差値が求められた

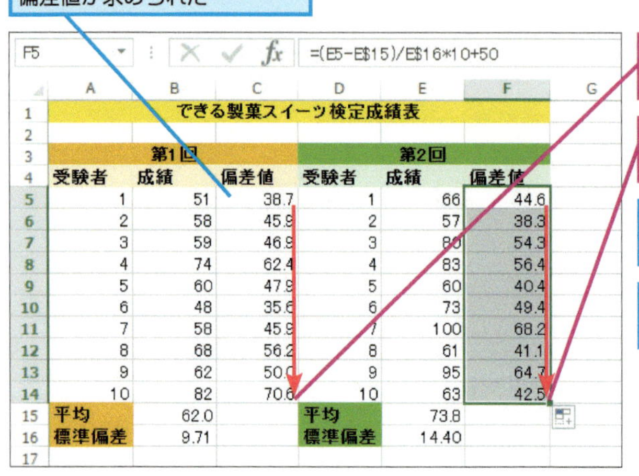

	A	B	C	D	E	F
1	できる製菓スイーツ検定成績表					
2						
3	第1回			第2回		
4	受験者	成績	偏差値	受験者	成績	偏差値
5	1	51	38.7	1	66	44.6
6	2	58	45.9	2	57	38.3
7	3	59	46.9	3	80	54.3
8	4	74	62.4	4	83	56.4
9	5	60	47.9	5	60	40.4
10	6	48	35.6	6	73	49.4
11	7	58	45.9	7	100	68.2
12	8	68	56.2	8	61	41.1
13	9	62	50.0	9	95	64.7
14	10	82	70.6	10	63	42.5
15	平均	62.0		平均	73.8	
16	標準偏差	9.71		標準偏差	14.40	

❻セルC5をセルC6～C14にコピー

❼セルC5をF5～F14にコピー

すべての偏差値が求められた

点数が同じでも偏差値が異なることが分かる

第１回の検定は平均点が 62 点で第２回は 73.8 点です。どうやら第１回の検定の方が難しかったようです。標準偏差は第２回の方が大きいので、第２回は得点のばらつきが大きかったようです。第１回の問題が難しかったので、第２回の検定で問題をやさしくしたのかもしれません。また、第２回になると知名度がアップして、興味本位で受けた人が増えた一方、しっかりと勉強した人も増えたのかもしれません（といっても、サンプル数が 10 なので何とも言えません。受験者数が増えていればそう言ってもよさそうですが）。

各サンプルの偏差値を見てみると、第１回検定の４番の人は 74 点で偏差値は 62.4 です。平均点の位置が偏差値 50 となるので、なかなか出来が良かったようです。ところで、第２回検定の６番の人も 73 点と、ほぼ同じ得点を取っています。しかし、偏差値は 49.4。ということは平均より下ということです。このように、偏差値を比較すると、同じ得点でもテストの難易度などによっては値打ちが違うことが分かります。

Point!

平均や標準偏差が異なる母集団の中での位置を比較するには偏差値が便利。

偏差値ってホントは便利なものだったんですね。

偏差値っていうのは、どれぐらいの偏差値を取っていれば合格できそうかってことで学校を序列化するのによく使われるけど、それ以外の価値については分からないわね。

それ以外の、価値、ですか……。

例えば、家から近いとか。っていうのは冗談だけど、高校なら入りたい部活があるとか、大学なら自分の興味のある研究をしている先生がいるとかね。

この章のまとめ

平均値と分散を使って集団を表したり比較したりしよう

この章では集団を代表する値として使われる算術平均や幾何平均、中央値、最頻値の性質と求め方を見ました。また、分布の偏りを表す歪度や尖度、分布のばらつきを表す分散や標準偏差についても見てきました。これらの値を使えば、集団の性質を分かりやすく表せます。以下のチェックポイントで、学んだ内容を確認しておきましょう。

- □ 一般に平均値と呼ばれるものは算術平均である
- □ 平均値は代表値の１つ。代表値にはほかにも幾何平均、中央値、最頻値などがある
- □ 分布の偏りを表す値として歪度や尖度が使われる
- □ 分布のばらつきを表す値として分散や標準偏差が使われる
    - □ 標準偏差は、通常、分散の正の平方根となる
    - □ 分散には不偏分散と標本分散がある
    - □ 不偏分散はサンプルから母集団の分散を推定したもので、標本分散はサンプルが母集団そのものである場合の分散
    - □ 不偏標準偏差はサンプルから母集団の標準偏差を推定したもので、標本標準偏差はサンプルが母集団そのものである場合の標準偏差
- □ 算術平均と標本標準偏差を利用すれば、それぞれのサンプルの偏差値が求められる

第3章

売り上げに何が関係しているかを見極めよう

私たちの日常生活では「気温とビールの売り上げ」や「テレビの視聴時間と学力」といった関係がよく議論されます。そのような関係を知る方法を見ていきましょう。まずはグラフを作るところから入り、続いて関係の強さを表す相関係数を求めます。さらに、回帰分析や重回帰分析を使って売り上げを予測します。

3日目

第3章を始める前に

売り上げに影響する要因とは

今日は、売り上げに関係するような分析をやってみましょう。マナブくんは、お菓子の売り上げに何が大きく影響してると思う？

やっぱり、お菓子のおいしさかなぁ。それとパッケージのデザイン、CMの回数とかキャンペーンの回数も影響してるかなぁ。

そうね、いろんな要因が考えられるわね。小売店さんとの関係はどういう感じかしら？

営業担当が定期的に訪問して、他社の商品も含めて売れ筋を伺ったり、陳列の方法を提案したりしています。

訪問に関するデータはある？

ええ、日報がありますから。どの店舗に何回訪問したかというデータはExcelで集計してあります。えーと、これだ。

じゃあ、それと売り上げの関係を調べてみましょう。店舗ごとの売り上げデータももちろんあるわよね。

はい。それもExcelで作ってあります。こっちの表ですね。

訪問回数と売り上げの2つのデータを1つの表に入力して相関係数を求めてみましょう。2つの変数にどういう関係があるかが分かるわよ。

ええっ、そんな魔法のようなワザがあるんですか！

こんなことが できるようになります

企業の活動で最も重要なことの１つはもちろん売り上げを上げることです。しかし、ただやみくもに働けば売り上げが上がるというものでもありません。ここでは、企業の置かれた状況や活動、製品の特徴などが売り上げとどう関係しているのかを数値で把握するために、相関係数について理解を深めます。さらに、さまざまな要因から売り上げを予測するために回帰分析や重回帰分析という手法についても学びます。マナブくんのテンションも徐々に上がってきたようです。

統計レシピ

- ２つの変数の関係を視覚化するには
- ２つの変数の関係を表す値を求めるには
- ２つの順位の関係を表す値を求めるには
- 営業担当の訪問回数から売り上げを予測するには
- 営業担当の訪問回数と年齢から売り上げを予測するには
- 重回帰分析の説明変数が適切かどうかを調べるには

3日目 相関係数

1 店舗への訪問回数と売り上げの関係を調べる

1-1 訪問回数と売上金額の関係を見える化してみよう

直感的にも分かることですが、気温が高いほどビールはよく売れます。このように、一方が増えれば他方も増えるといった関係のことを相関関係と呼びます。この場合は正の相関と呼ばれます。逆に、一方が増えれば、他方は減る、ということもあるでしょう。気温と暖房器具の売り上げなどがそれにあたります。こちらは負の相関です。もちろん、相関がない場合もあるでしょう（無相関）。

まずは相関関係を視覚化してみましょう。

練習用ファイル

3_1_1.xlsx

キーワード

散布図…P.218
相関関係…P.219
変数…P.222
CORREL 関数…P.225
PEARSON 関数…P.230

図3-1 相関関係と無相関

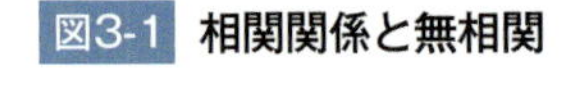
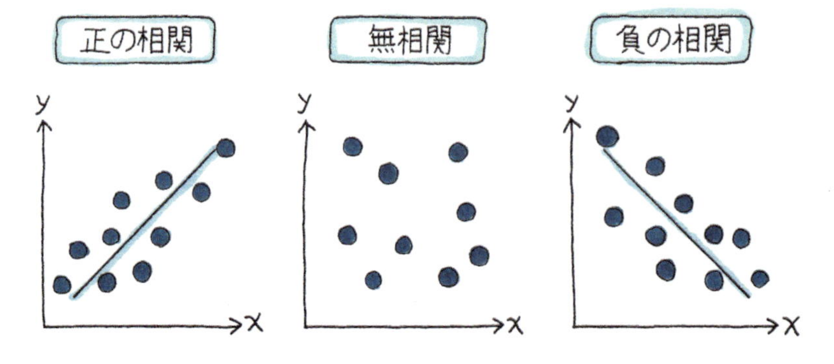

2つの要因の関係を調べてみよう

Point!

一方が増えれば他方も増えるといった関係を正の相関と呼ぶ。
一方が増えれば他方は減るといった関係を負の相関と呼ぶ。

統計レシピ

2つの変数の関係を視覚化するには

方法	グラフ機能を使って散布図を作成する
準備	1行につき1件のデータを入力しておく。2つの変数の見出しを列見出しにし、その下にデータを入力する

ここでは、店舗への訪問回数を横軸（X軸）に、売り上げを縦軸（Y軸）に取って散布図を作ります。すべての取引先についてのデータは膨大になるので、特定の取引先に限定したグラフにしてみましょう。

これまでグラフの作成にはピボットグラフを使ってきましたが、残念ながら**ピボットグラフでは散布図の作成はできません**。通常のグラフを使います。

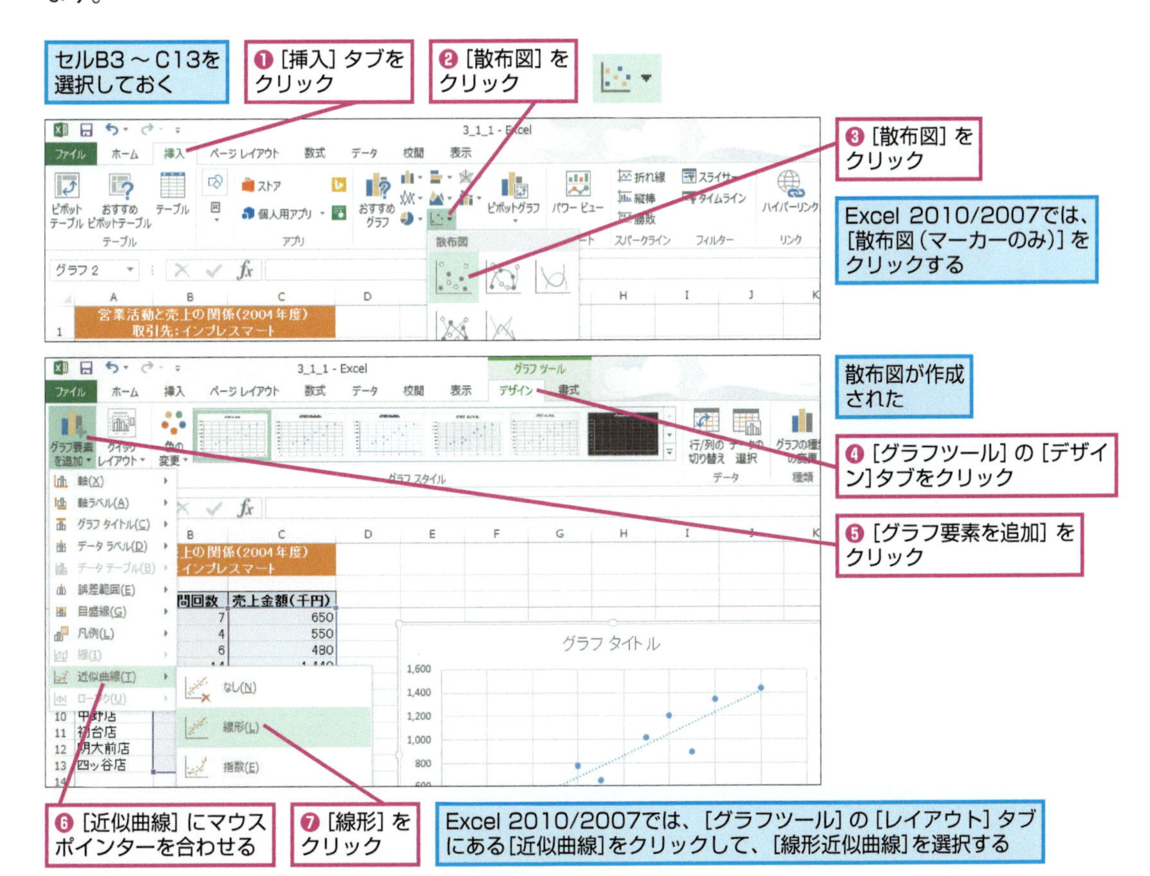

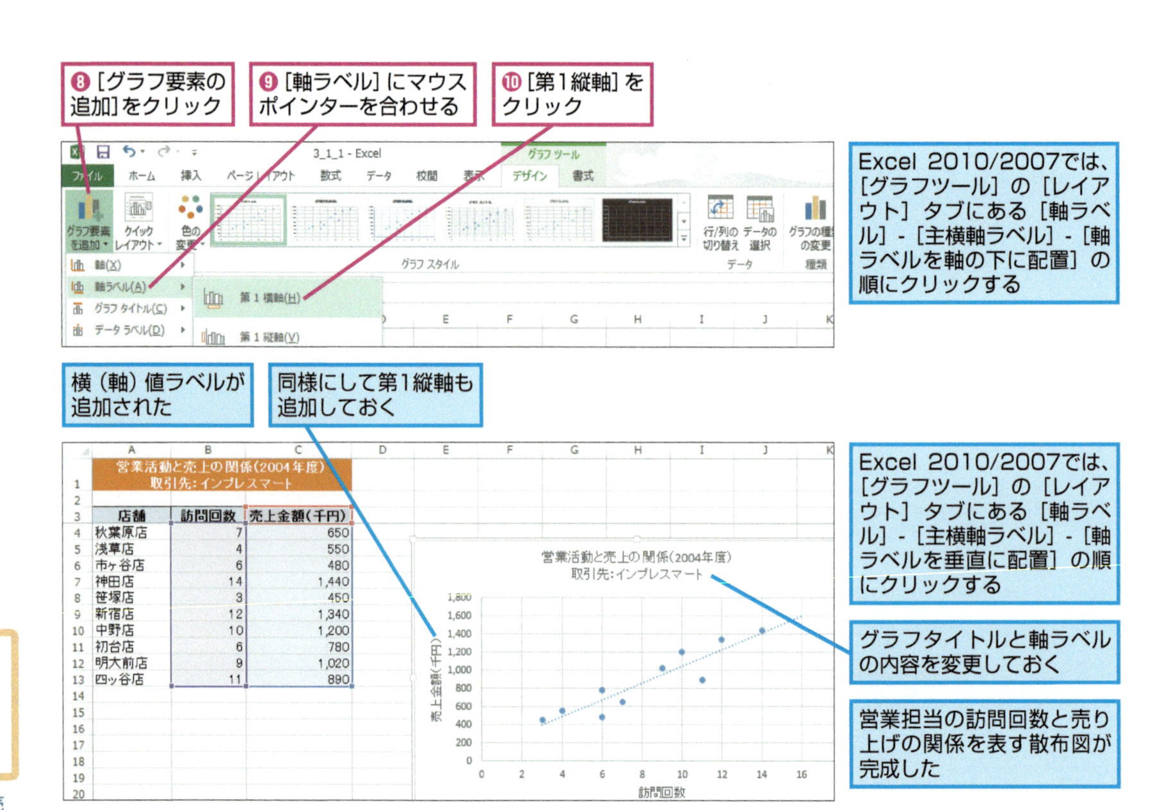

散布図を見ると、どうやら正の相関があるように思われます。営業担当の訪問回数が多いほど、売り上げが高いようです。

1-2 相関関係=因果関係ではない

おおっ、訪問回数が多いほど売り上げが上がってますね。これは部長に報告して営業部にハッパをかけてもらわないと。

ちょっと待って。営業担当が訪問したから売り上げが上がったとは限らないわよ。相関関係は因果関係じゃないから気を付けて。

え？ どういうことですか、一目瞭然（りょうぜん）じゃないですか。

売り上げが多い店舗だから営業担当がよく訪問するってことかもしれないでしょ。

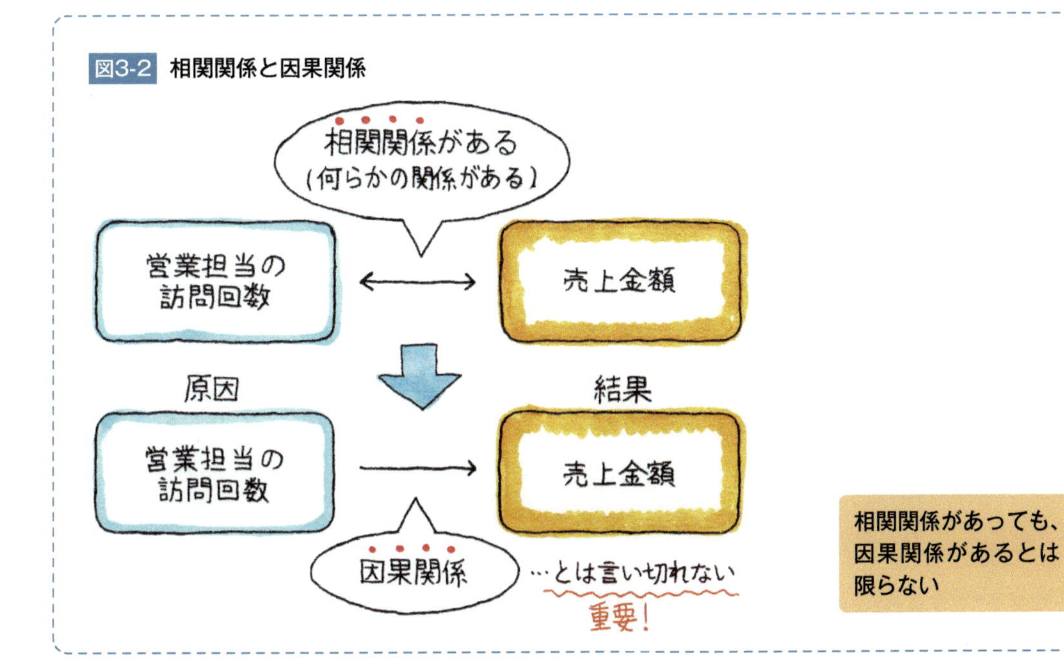

あ、そうか。確かに売り上げが好調な店舗は訪問しやすいですね。

それと、直接の関係はないかもしれないわよ。例えば、何かのキャンペーンの回数が直接の原因かもしれないわ。キャンペーンがあると営業担当が説明に行くでしょ。だから、訪問回数と売り上げは見かけの相関かもしれないわね。

隠れた理由があるかも、ということですか。

そうよ。だから本質を見る目を養わないとね。ちなみに、そういう見せかけの相関を疑似相関って言うの。気を付けないとね。じゃあ、次は相関がどれぐらいなのかを表す相関係数を求めてみましょう。

たとえ、訪問回数と売り上げに何らかの関係（相関関係）があるとしても、訪問回数を増やせば売り上げが上がる（因果関係）というわけではありません。また、何らかのキャンペーンがあったため、営業担当が訪問する回数を増やしたという隠れた要因があるかもしれません。このように、隠れた要因があるために、相関関係があるように見えることを疑似相関と言います。

図3-3 相関関係と疑似相関

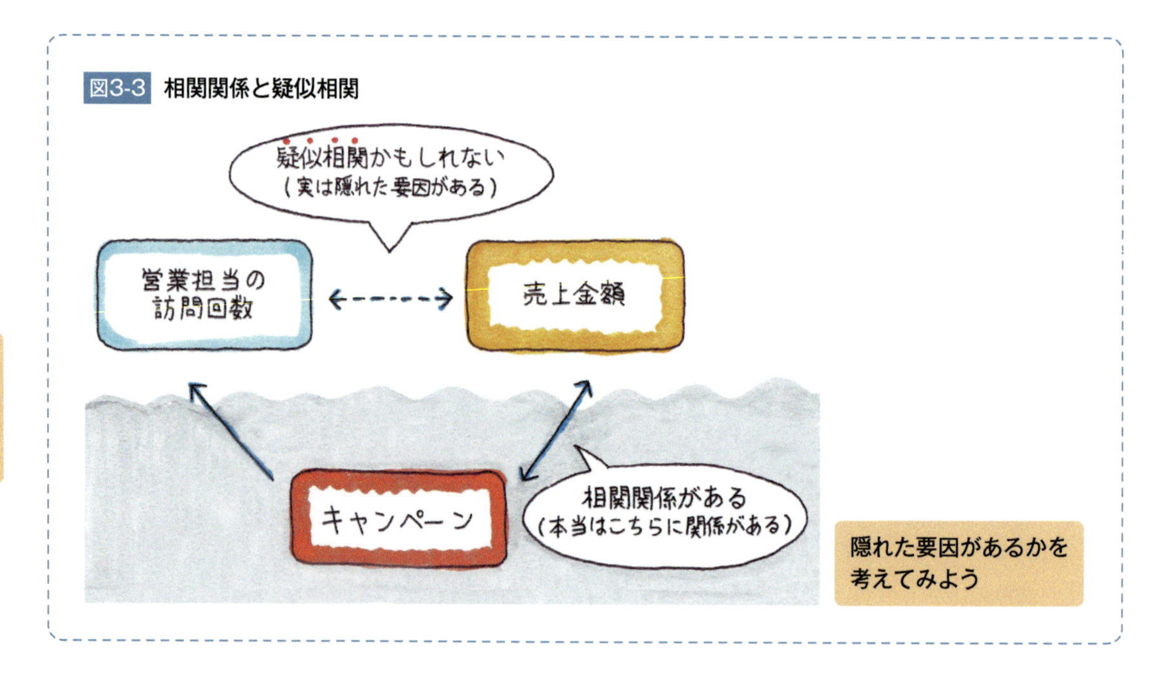

隠れた要因があるかを考えてみよう

Point!

相関は2つの変量の関係を表すが、因果関係とは限らない。
また、直接の関係ではなく、隠された原因があるかもしれない。

1-3 訪問回数と売り上げってどれぐらい関係があるの？

練習用ファイル
3_1_3.xlsx

疑似相関の問題に関しては、どんな営業活動をしているのかを精査しないと分かりません。取りあえず、相関係数の求め方を見ておきましょう。相関係数とは相関関係の強さを数値化したものです。相関関係がありそうだと散布図から読み取るだけでなく、関係が強いのか弱いのかを感覚ではなく数値で把握しようというわけです。

統計レシピ

2つの変数の関係を表す値を求めるには

方法 相関係数を求める

利用する関数 CORREL（コリレーション）関数またはPEARSON（ピアソン）関数

準備 1行につき1件のデータを入力しておく。2つの変数の見出しを列見出しとし、その下にデータを入力する

ここではCORREL関数を使ってみましょう。引数にはそれぞれのデータを指定します。

関数の形式 CORREL(配列1, 配列2)

PEARSON(配列1, 配列2)

関数の意味 [配列1]と[配列2]の値をもとに相関係数を求める

入力例 =CORREL(B4:B13,C4:C13)

E4 =CORREL(B4:B13,C4:C13)

	A	B	C	D	E
1	営業活動と売上の関係(2004年度) 取引先:インプレスマート				
2					
3	店舗	訪問回数	売上金額(千円)		相関係数
4	秋葉原店	7	650		0.923281
5	浅草店	4	550		
6	市ヶ谷店	6	480		
7	神田店	14	1,440		
8	笹塚店	3	450		
9	新宿店	12	1,340		
10	中野店	10	1,200		
11	初台店	6	780		
12	明大前店	9	1,020		
13	四ッ谷店	11	890		
14					

セルE4に「=CORREL(B4:B13,C4:C13)」と入力

相関係数が求められた

1に近いので、強い正の相関があると考えられる

相関係数の値は-1以上1以下です。相関係数が1に近ければ正の相関が強く、-1に近ければ負の相関が強くなります。0に近ければ無相関です。上の例であれば、正の相関が強いので、訪問回数が多いほど売り上げも大きいと言えそうです（ただし、前項でも見たように、因果関係はないかもしれません）。

キーワード

疑似相関…P.216
相関係数…P.219
CORREL関数…P.225
PEARSON関数…P.230

Tips

相関係数についても、検定という計算によって、相関があるかどうかをより厳密に調べることができます。

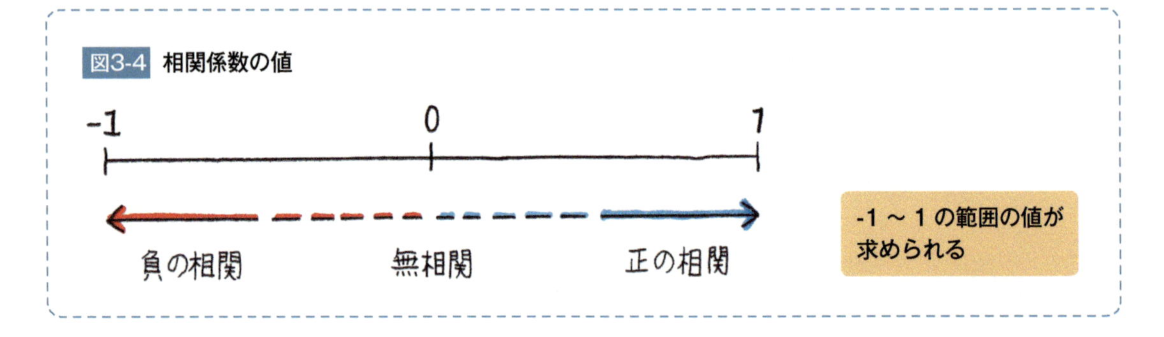

数字でバッチリ出るんですね。でも、なぜ-1 ～ 1の範囲なんですか。

ふふふ、知りたい？ それはねぇ、2つの誤差ベクトルのなす角度のコサインの値だからよ。

あ、いや、別に知りたくないです。

ベクトルって矢印みたいなものでしょ。同じ方向を向いていれば角度は0度だから、コサインの値は1。直角なら角度は90度だからコサインの値は0。反対を向いていれば角度は180度だからコサインの値は-1ね。

同じ方向を向いているかどうかってことなんですよね？ でも、そこまででいいです。

ベクトルの内積の値を長さの積で割るだけだから、四則演算だけで求められるのに……。

Point!

相関係数の値は-1以上1以下。1に近ければ強い正の相関、-1に近ければ強い負の相関、0に近ければ無相関。

1-4 相関係数は自分で計算できる！

マナブくんは及び腰ですが、不偏分散の意味を考えたときと同じように、相関係数も手作業で計算してみましょう。ベクトルやコサインは数学の知識が必要なのでやめておきますが、計算そのものは簡単なので、やってみると仕組みがよく分かるはずです。

例えば、気温とビールの売り上げの相関係数なら、以下の手順で計算します。

・気温と売り上げの平均を求める
・各データと平均の差（残差）を求める
・気温の残差と売り上げの残差を掛け合わせる
・上記の合計を求めてデータの件数で割る（この値を共分散と呼ぶ）
・共分散を気温と売り上げの標本標準偏差の積で割る

残差と誤差は厳密には異なりますが、取りあえずは同じものと考えても構いません（残差は誤差の推定値と考えられますが、専門的な議論になるので本書では触れないことにします）。

練習用ファイル

3_1_4.xlsx

キーワード

誤差…P.218
残差…P.218
相関係数…P.219
標本標準偏差…P.221

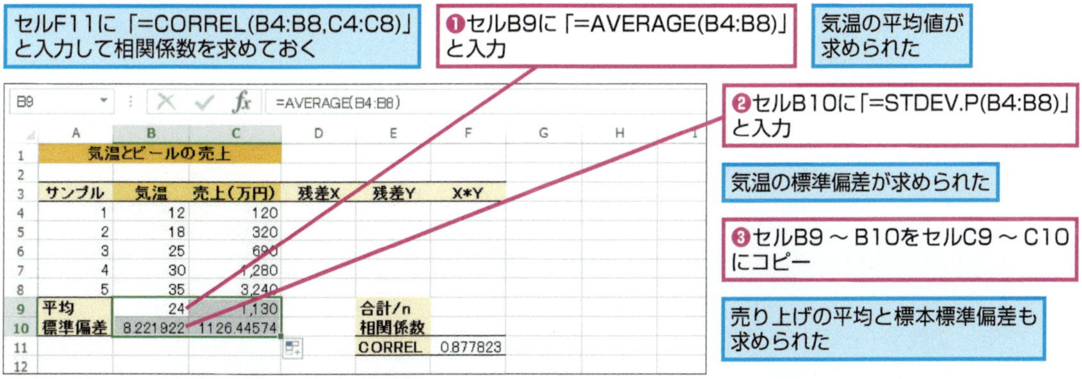

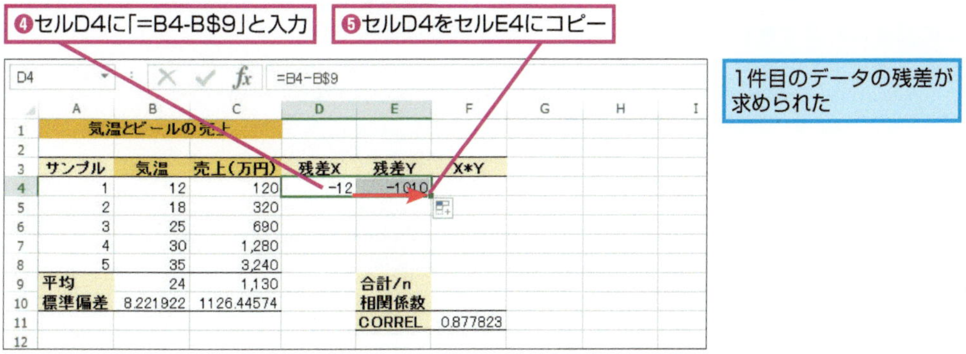

セルF11に「=CORREL(B4:B8,C4:C8)」と入力して相関係数を求めておく

❶セルB9に「=AVERAGE(B4:B8)」と入力

気温の平均値が求められた

❷セルB10に「=STDEV.P(B4:B8)」と入力

気温の標準偏差が求められた

❸セルB9～B10をセルC9～C10にコピー

売り上げの平均と標本標準偏差も求められた

B9 =AVERAGE(B4:B8)

	A	B	C	D	E	F
1	気温とビールの売上					
2						
3	サンプル	気温	売上（万円）	残差X	残差Y	X*Y
4	1	12	120			
5	2	18	320			
6	3	25	690			
7	4	30	1,280			
8	5	35	3,240			
9	平均	24	1,130		合計/n	
10	標準偏差	8.221922	1126.44574		相関係数	
11					CORREL	0.877823

❹セルD4に「=B4-B$9」と入力

❺セルD4をセルE4にコピー

1件目のデータの残差が求められた

D4 =B4-B$9

	A	B	C	D	E	F
1	気温とビールの売上					
2						
3	サンプル	気温	売上（万円）	残差X	残差Y	X*Y
4	1	12	120	-12	-1010	
5	2	18	320			
6	3	25	690			
7	4	30	1,280			
8	5	35	3,240			
9	平均	24	1,130		合計/n	
10	標準偏差	8.221922	1126.44574		相関係数	
11					CORREL	0.877823

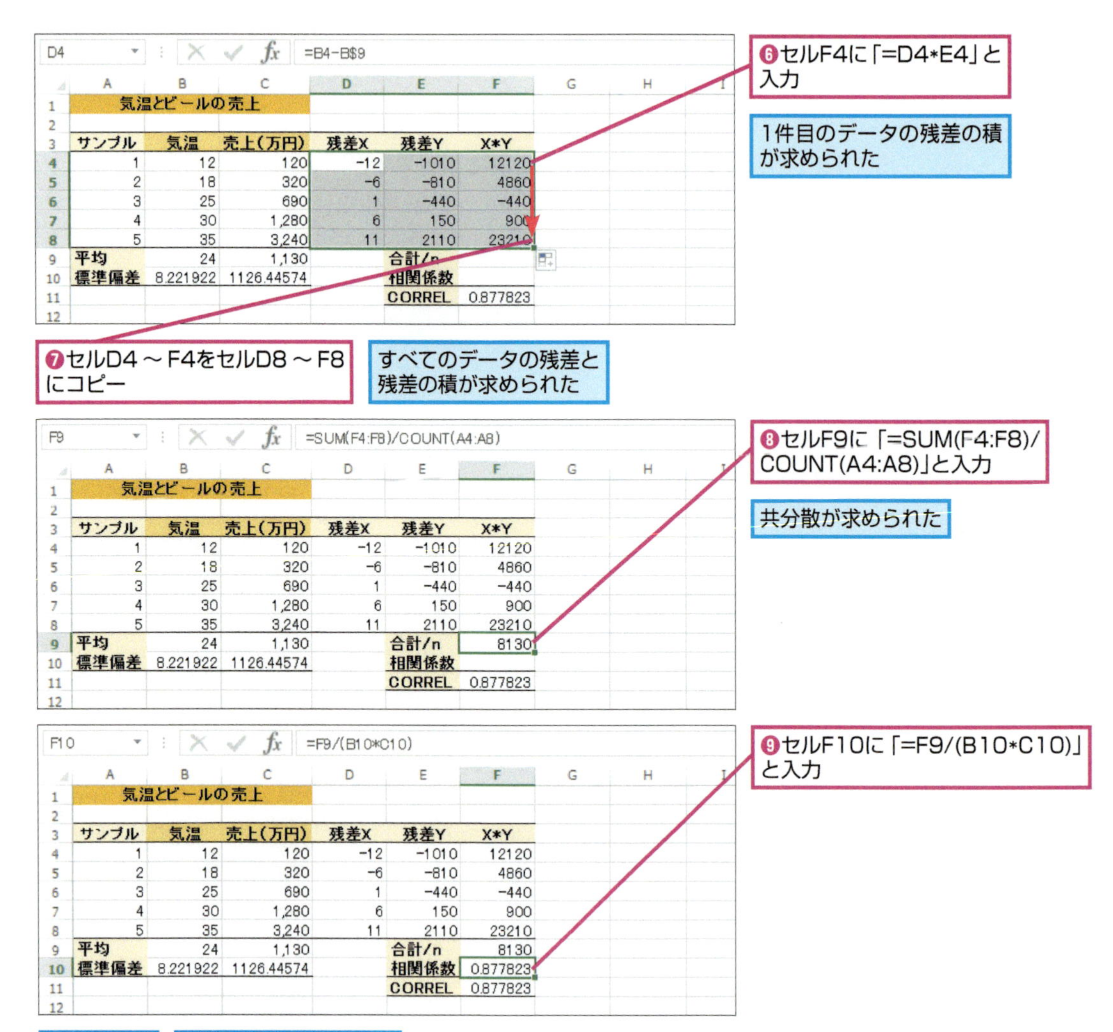

	A	B	C	D	E	F
1	気温とビールの売上					
2						
3	サンプル	気温	売上(万円)	残差X	残差Y	X*Y
4	1	12	120	-12	-1010	12120
5	2	18	320	-6	-810	4860
6	3	25	690	1	-440	-440
7	4	30	1,280	6	150	900
8	5	35	3,240	11	2110	23210
9	平均	24	1,130		合計/n	8130
10	標準偏差	8.221922	1126.44574		相関係数	0.877823
11					CORREL	0.877823
12						

CORREL 関数や PEARSON 関数を使えば、計算方法や意味が分からなくても結果が出せます。しかし、それがときには落とし穴になることもあります。比較的簡単に計算できるものについては、一度、定義に従って計算してみるといいでしょう。きっと理解が深まるはずです。

Step Up 見かけの数値にだまされないように

気温とビールの売り上げに関して、正の相関関係が見られることが示唆されました。かなり高い数値が出たので、気温が上がればビールが売れると言えそうです。しかし、180ページの方法で相関係数の検定をしてみると、相関があるとは言えないという結果が得られます。ちょっと腑(ふ)に落ちない結果ですね。そこで、この2つの変量の関係はどうなっているかを視覚化してみましょう。101ページの方法で散布図を作ると、以下のようになります。

●気温とビールの売り上げの散布図

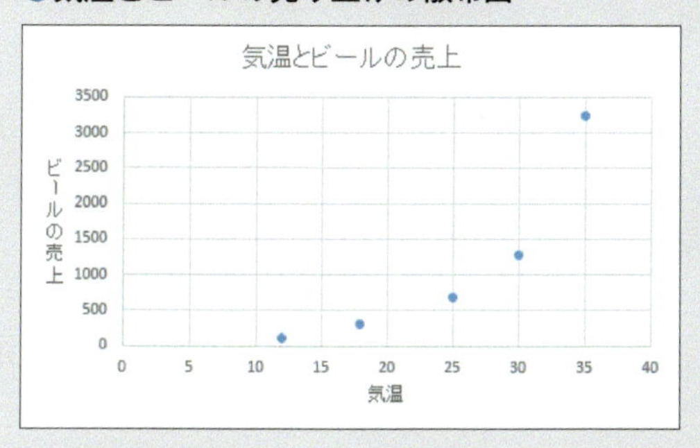

散布図を見ると、どうも気温が上がるにつれてビールの売り上げは指数関数的に増えているようです。そこで、ビールの売り上げの対数を取って、相関係数を求めてみます（指数関数の対数を取ると直線になります）。

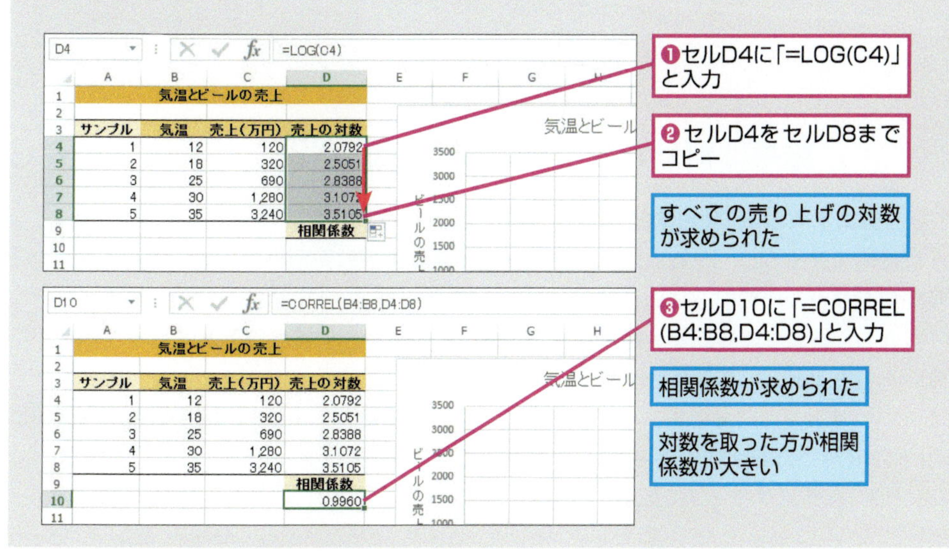

練習用ファイル

3_1_s1.xlsx

キーワード

散布図…P.218
指数関数…P.218
相関係数…P.219
有意差…P.223

Tips

指数関数とは $y=b\times m^x$ の式で表される関数です。xの値が増えると、yの値は急カーブを描いて増えていきます。この場合、yの対数を求めるとxとの関係が直線になります。
対数は指数からべき乗（この場合ならx）の部分を取り出すような計算で、ExcelではLOG(ログ)関数で求められます。

結果は0.9960という高い値になりました。180ページの方法で検定すると相関があるという結果になります。やはり、気温が上がるとビールは指数関数的に売れるようです。

この事例からも分かるように、数値だけに頼らず、視覚化してみることも大切です。ただし、結果は慎重に解釈する必要があります。もしかすると、35度のときのデータはたまたま得られたはずれ値かもしれません。これは、計算方法を知るためのサンプルデータなので、何とも言えませんが、実際にもう少しデータを取るとはっきりしたことが言えそうです。

また、もっと気温が上がると、外に出るのを避けてしまうかもしれません。その結果、会社帰りに居酒屋などでビールを飲む人は増えるかもしれませんが、店頭での販売は減るかもしれません。最近では冬でもビールを飲む人が増えているようなので、さらに顧客層が細分化されることも考えられます。いずれも、あくまで可能性のレベルですが、実際のデータで分析するときにも、仮説に一致した結果が得られたからといって、鵜呑(うの)みにせず、さまざまな可能性を考慮したおいた方がいいでしょう。

Column

結果は何けたまで表示すればいい？

Excelでは、数式を入力すると小数点以下のけた数が自動的に決められ、小数点以下のけた数が多い場合はセルの幅いっぱいに表示されます。しかし、あまりにも細かい数字はほとんど意味を持ちません。通常は、小数点以下3けたないし4けたで十分です。

小数点以下の表示けた数を変更するには、［ホーム］タブの［数値］グループにある［小数点以下の表示桁数を増やす］ボタン（）や［小数点以下の表示桁数を減らす］ボタン（）を使います。例えば、小数点以下4けたまでにすると、小数点以下5けた目が四捨五入された値が表示されます。なお、表示されるけた数が変わるだけで、値そのものが変わるわけではありません。

2 お菓子の人気ランキングと売り上げの関係を調べる

2-1 売上金額は人気ランキングを反映しているか

先輩はウチの商品の中で何が一番好きですか。

断然、「できる・オ・フロマージュ」ね。ほんのりとしたチーズの香りが上品でいいわ。

さすが、お目が高いですね。今回の調査でも人気ナンバーワンでした。

でも、少し高いから、よく買うのは「できるサブレ」なのよね。仕事の合間にちょっとつまむのにぴったりだから。

できるサブレは売上高ナンバーワンです。人気＝売上高とは限らないんですね。

そうね。では、人気ランキングと売上金額がどう関係しているか見てみましょう。商品別の売り上げデータはある？

はい。以前まとめたものがあります。相関係数を求めればいいんですよね。

残念ながら、そうはいかないの。スピアマンの順位相関を使いましょう。

人気の高い商品は売上高も多いと考えるのが普通です。しかし、人気は高くても、ぜいたくな素材と手間を掛けているので、価格が高くなり、実際の売り上げにはつながっていない場合もあるかもしれません。数量限定商品も、人気が高くても数に限りがあるので、全体の売り上げには（数字的には）貢献していないこともあるでしょう。

そこで、人気ランキングと売上金額を比較してみます。前項で見た相関係数が使えそうなのですが、ランキングをそのまま計算に使うわけにはいきません。というのも、順位だと1位と2位の間隔と2位と3位の間隔が同じとは限らないかもしれないからです。

練習用ファイル

3_2_1.xlsx

キーワード

ケンドールの順位相関…P.217
順位相関…P.218
スピアマンの順位相関…P.219

統計レシピ

2つの順位の関係を表す値を求めるには

方法	順位相関を求める
準備	1行につき1件のデータを入力しておく。2つの項目の見出しを列見出しにし、その下に順位を入力しておく
利用する関数	SUM関数、COUNT関数

値そのものを比較することができない場合には、順位相関が使えます。順位相関はCORREL関数やPEARSON関数で求めた相関係数とは異なるもので、順位を表す値を使って求めます。順位相関にはスピアマンの順位相関やケンドールの順位相関がありますが、ここでは計算の簡単なスピアマンの順位相関を求めてみましょう。

計算の仕方は以下の通りです。

- 対応する値の差の2乗を求める
- 上記の値の合計を求める
- 1－6×合計÷(件数×(件数の2乗-1))を求める

計算方法は簡単ですね。一応数式を書いておきます。

$$1-\frac{6\times\Sigma(x_i-y_i)^2}{N(N^2-1)}$$

（x_iとy_iは各データ、Nはデータの件数）

では、Excelで計算してみましょう。

Tips

ケンドールの順位相関は2つの項目の順位がどれだけ一致しているかを元に求める相関係数です。

第3章 売り上げに何が関係しているかを見極めよう

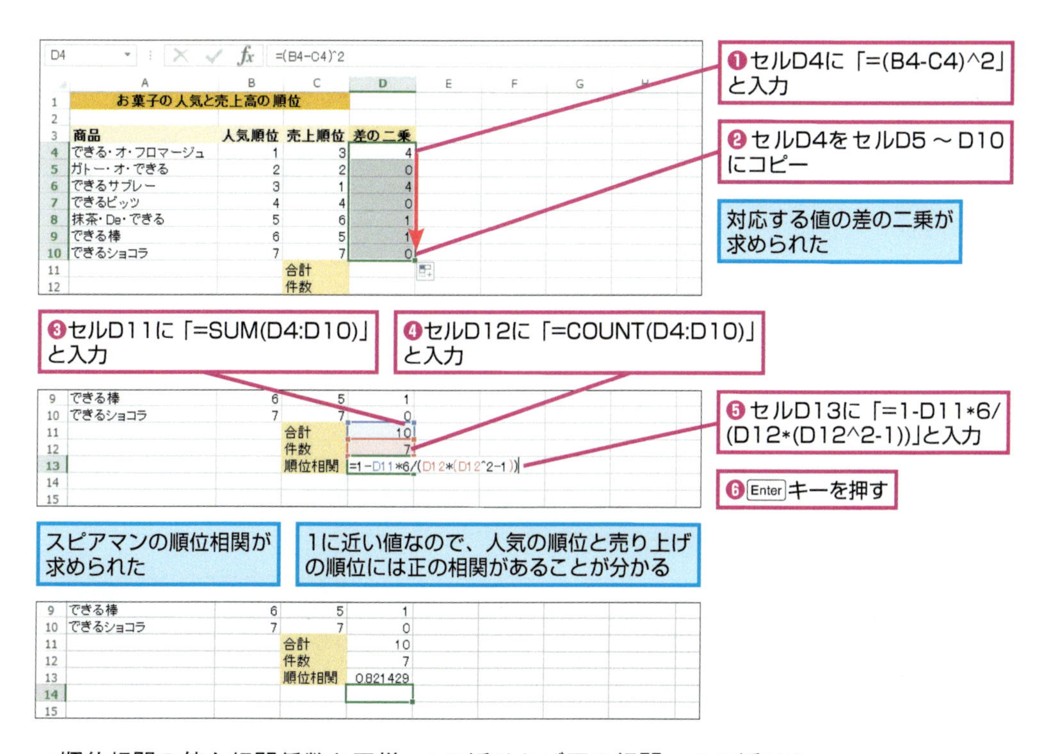

順位相関の値も相関係数と同様、1に近ければ正の相関、-1に近ければ負の相関、0に近ければ無相関となります。この例では1にかなり近いので、正の相関があると考えられます。つまり、人気の高い商品は売り上げも大きいと言っていいでしょう。

Point!

値そのものが使えないときには、スピアマンの順位相関が使える。

Column

尺度のいろいろ

変数の値を表すための尺度にはいくつかの種類があります。温度や売上金額のように一定の間隔で並んだ値は間隔尺度と呼ばれます。お菓子のお気に入り度を5段階で評価するような場合も間隔尺度のように思われますが、例えば、1と2の間隔と2と3の間隔が等しいとは限りません（よほど嫌いでなければ1を付けないでしょうが、「普通」と「少し嫌い」の間にはそこまで大きな差はないでしょう）。このような尺度のことを順序尺度と呼びます。また、数値で表されていても、単にカテゴリーの違いを示すだけのものは名義尺度と呼ばれます。例えば、男性を1、女性を2で表すような場合です。

3 商品の売り上げを予測する

3-1 営業担当の訪問回数から売上金額を予測できるか

相関関係って因果関係じゃないってのは分かったんですが、小売店への訪問回数を増やせば売り上げは上がるような気がするんですが。何となくですけど。

そうかもしれないし、そうでないかもしれないわね。因果関係でないかもしれないけど、回帰分析を利用して予測してみることはできるわよ。

怪奇？

回帰よ。散布図の項で近似曲線として直線を表示したでしょ。あの直線が回帰直線。要するに散布図の点の一番近くを通る直線を使って関係を表そうってことね。

直線で関係を表すってことは？

訪問回数を増やしたときに売り上げがいくらになるか計算できるってこと。

それはすごいかもです！

ホントにそうなるかどうかは分からないけど、やってみる価値はあるわね。

統計レシピ

営業担当の訪問回数から売り上げを予測するには

方法	回帰分析を行う。SLOPE（スロープ）関数で傾きを求め、INTERCEPT（インターセプト）関数で切片を求める。それらの値を元に一次式を作り、値を代入して結果を予測する
利用する関数	SLOPE 関数、INTERCEPT 関数
準備	1 行につき 1 件のデータを入力しておく。変数の見出しを列見出しとし、その下にデータを入力する

売り上げ（y）と訪問回数（x）が直線的な関係であるとすると、この 2 つの変数は次のような一次式で表されます。

$$y=ax+b$$

これは中学校で学んだ直線の式ですね。このときxを説明変数、yを目的変数と呼びます。いくつかのデータの近くを通る直線を描いて、その係数 a と切片（せっぺん）b を求めれば、予測ができます。係数は直線の傾きのことで、切片とはxが 0 のときのyの値です。グラフで見ると切片は直線と Y 軸の交点にあたります。

練習用ファイル

3_3_1.xlsx

キーワード

図3-5 訪問回数と売り上げの関係

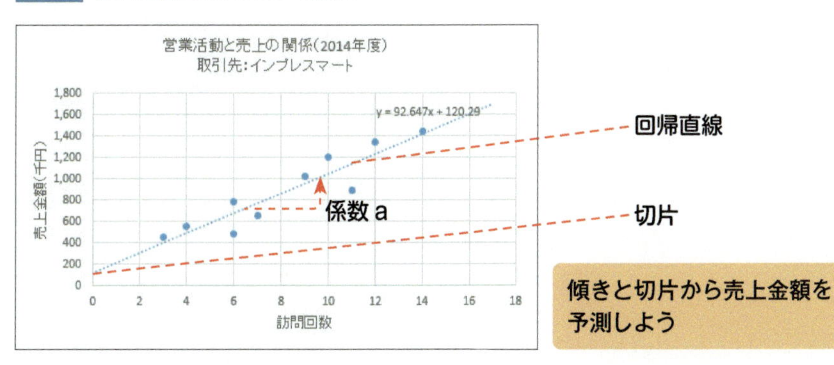

グラフを見ればだいたい傾向が分かります。例えば、x（訪問回数）が 16 回のときは、y（売上金額）の値は 1,600 万円ぐらいになりそうです。

では、実際に係数と切片を求めてみましょう。利用する関数は SLOPE 関数と INTERCEPT 関数です。

関数の形式	SLOPE(*y* の範囲 ,*x* の範囲)
関数の意味	［*y* の範囲］を目的変数、［*x* の範囲］を説明変数として回帰分析を行い、回帰直線の係数を求める。
入力例	=SLOPE(C4:C13,B4:B13)

関数の形式	INTERCEPT(*y* の範囲 ,*x* の範囲)
関数の意味	［*y* の範囲］を目的変数、［*x* の範囲］を説明変数として回帰分析を行い、回帰直線の切片を求める。
入力例	=INTERCEPT(C4:C13,B4:B13)

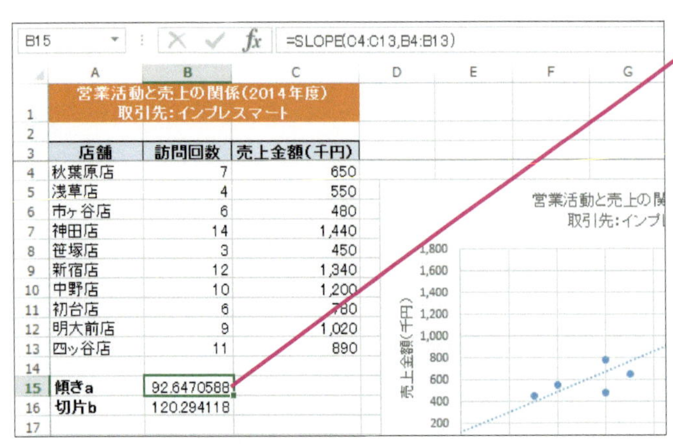

❶セルB15に「=SLOPE(C4:C13,B4:B13)」と入力

回帰直線の係数が求められた

B16 =INTERCEPT(C4:C13,B4:B13)

	A	B	C
1	営業活動と売上の関係(2014年度) 取引先:インプレスマート		
2			
3	店舗	訪問回数	売上金額(千円)
4	秋葉原店	7	650
5	浅草店	4	550
6	市ヶ谷店	6	480
7	神田店	14	1,440
8	笹塚店	3	450
9	新宿店	12	1,340
10	中野店	10	1,200
11	初台店	6	780
12	明大前店	9	1,020
13	四ッ谷店	11	890
14			
15	傾きa	92.6470588	
16	切片b	120.294118	
17			

❷セルB15に「=INTERCEPT(C4:C13,B4:B13)」と入力

回帰直線の切片が求められた

Tips

近似曲線を右クリックし［近似曲線の書式設定］を選択すると、［近似曲線の書式設定］ダイアログボックスが表示されます。そこで、［グラフに数式を表示する］をクリックしてチェックマークを付けると、グラフ内に直線の式が表示されます。

Tips

［近似曲線の書式設定］ダイアログボックスで［予測］の下の［前方補外］や［後方補外］に値を入力すれば、直線を前方（左）に延ばしたり、後方（右）に延ばしたりできます。

これらの結果から、以下のような式が求められることが分かります（小数点以下第3位を四捨五入して示してあります）。このような式を回帰式と呼びます。

$$y = 92.65x + 120.29$$

例えば、x（訪問回数）に16を入れると、y（売上金額）の値は以下のように計算されます

$$y = 92.65 \times 16 + 120.29$$

実際に計算してみると、yの値は1602.69となります。つまり、16回訪問すると売り上げは1603万円ぐらいになると予測されるわけです（実際にそうなるかはやってみなければ分かりませんが）。

Point!

ある変数をもとに別の変数の値を予測するには、SLOPE関数とINTERCEPT関数を使った回帰分析を行う。

念のため付け加えておきますが、相関係数と回帰係数は異なるものです。相関係数は-1～1の値となりますが、回帰係数は直線の傾きなのでここで見た例のように1を超える大きな値になったり、-1よりも小さな値になったりすることがあります。

もう少し厳密に言うと、回帰係数には訪問回数から売上金額を説明するというように、いわば「向き」があります。逆に、売上金額から訪問回数を説明するような回帰係数を求めることもできます。式としてはxの範囲とyの範囲を入れ替えた「=SLOPE(B4:B13,C4:C13)」となります。ちなみに、この値は0.0092です。さらに、両方向の回帰係数の幾何平均を求めると相関係数になります。つまり、「=GEOMEAN(SLOPE(B4:B13,C4:C13),SLOPE(C4:C13,B4:B13))」の結果と「=CORREL(B4:B13,C4:C13)」とは等しくなります。

なお、回帰式の当てはまりの良さはデータが回帰直線の近くに集まっているかどうかによって変わります。その値は決定係数または寄与率と呼ばれ、相関係数を2乗することによって求められます。相関係数は正の場合も負の場合もあるので、2乗して正の値にしたもの、と考えるといいでしょう。

キーワード

回帰係数…P.215
幾何平均…P.216
寄与率…P.216
決定係数…P.217
CORREL 関数…P.225
GEOMEAN 関数…P.227
SLOPE 関数…P.231

3-2 営業担当の訪問回数と経験から売り上げを予測してみよう

回帰分析を学んで、売上予測を立てる方法を手に入れたマナブくん。いつになく真面目な表情です。何かひっかかるところがあるようです。

ところで、売り上げに関係してるのって小売店への訪問回数だけじゃなくて、ほかの要因もありそうですよね。

複数の変数の関係を調べることもできるわよ。重回帰分析を使えばいいわ。

でも、何との関係を調べるといいんでしょうか。

それは営業部とか宣伝部の人に意見を聞いてみないことにはねぇ。

営業部か……あ、営業担当の年齢とかも気になります。担当がベテランだと売り上げも多いんじゃないかと思うんですよね。

では、商品の売り上げを、営業担当の訪問回数と営業担当の年齢から予測してみましょう。

練習用ファイル

3_3_2.xlsx

統計レシピ

営業担当の訪問回数と年齢から売り上げを予測するには

方法　重回帰分析を行う。LINEST 関数で得られた係数と定数項を元に一次式を作り、値を代入して予測する

利用する関数　LINEST（ライン・エスティメーション）関数

準備　1 行につき 1 件のデータを入力しておく。変数の見出しを列見出しとし、その下にデータを入力する

前項の回帰分析は、説明変数 (x) が 1 つ、目的変数 (y) が 1 つでした。**重回帰分析は、説明変数を複数個想定したものです**。

図 3-6 で回帰分析と重回帰分析の式を見てみましょう。

キーワード

重回帰分析…P.218
説明変数…P.219
LINEST 関数…P.228

図3-6

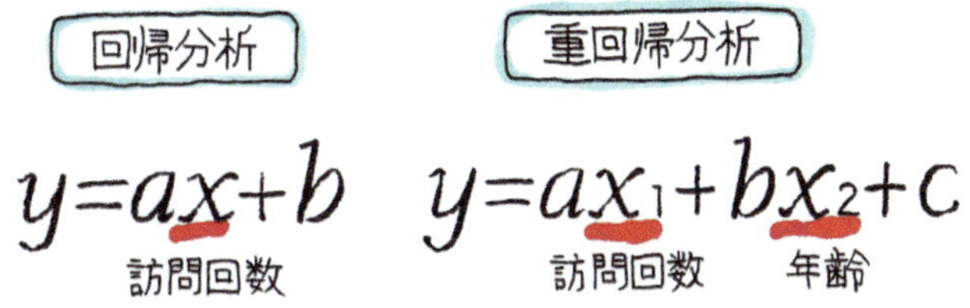

回帰分析

$$y=ax+b$$

（x：訪問回数）

重回帰分析

$$y=ax_1+bx_2+c$$

（x_1：訪問回数　x_2：年齢）

回帰分析は説明変数が 1 つ、重回帰分析は説明変数が 2 つ以上ある

マナブくんが調べたい「訪問回数」と「年齢」を式に当てはめると、

売り上げ＝a × 訪問回数＋b × 年齢 ＋c

という感じになります。

回帰分析では SLOPE 関数を使って係数を求め、INTERCEPT 関数を使って切片（定数項）を求めましたが、重回帰分析では LINEST 関数 1 つで係数 a、係数 b、定数項 c の値やそのほかの値が求められます。複数の値を 1 つの関数で求めるので、配列数式として入力します。

Tips

前項の回帰分析も LINEST 関数だけでできます。回帰分析では x の範囲が 1 列になりますが、重回帰分析では x の範囲が複数の列になります。

関数の形式　LINEST(y の範囲 , x の範囲 , 定数項の扱い , 補正項の扱い)

関数の意味　［y の範囲］を目的変数、［x の範囲］を説明変数として重回帰分析を行う。［定数項の扱い］を TRUE にするか省略すると定数項も計算する。FALSE にすると 0 と見なす。［補正項の扱い］を TRUE にするか省略すると追加情報が求められる。FALSE にすると係数と定数項だけが求められる。

入力例　=LINEST(D4:D13,B4:C13,TRUE,TRUE)

セルG4 ～ I8を選択しておく

❶「=LINEST(D4:D13,B4:C13,TRUE,TRUE)」と入力

❷ Ctrl ＋ Shift ＋ Enter キーを押す

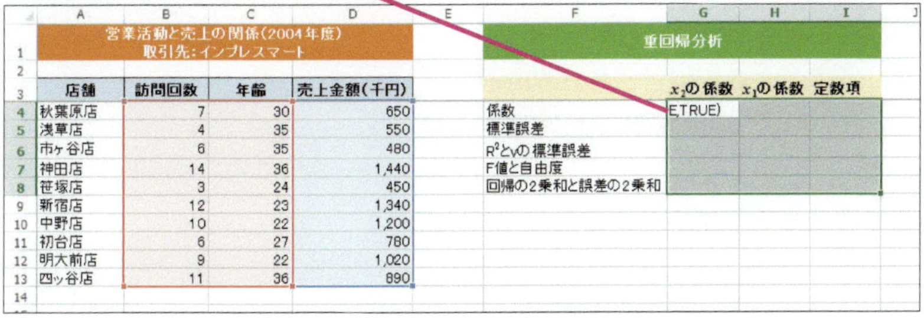

	A	B	C	D	E	F	G	H	I
1	営業活動と売上の関係(2004年度) 取引先:インプレスマート					重回帰分析			
2									
3	店舗	訪問回数	年齢	売上金額(千円)			x_2の係数	x_1の係数	定数項
4	秋葉原店	7	30	650		係数	E,TRUE)		
5	浅草店	4	35	550		標準誤差			
6	市ヶ谷店	6	35	480		R^2とyの標準誤差			
7	神田店	14	36	1,440		F値と自由度			
8	笹塚店	3	24	450		回帰の2乗和と誤差の2乗和			
9	新宿店	12	23	1,340					
10	中野店	10	22	1,200					
11	初台店	6	27	780					
12	明大前店	9	22	1,020					
13	四ッ谷店	11	36	890					
14									

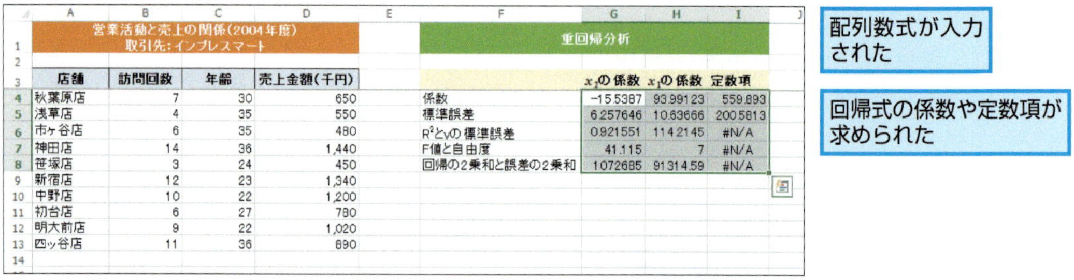

	A	B	C	D	E	F	G	H	I
1	営業活動と売上の関係(2004年度) 取引先:インプレスマート					重回帰分析			
2									
3	店舗	訪問回数	年齢	売上金額(千円)			x_2の係数	x_1の係数	定数項
4	秋葉原店	7	30	650		係数	-15.5387	93.99123	559.893
5	浅草店	4	35	550		標準誤差	6.257646	10.63666	200.5813
6	市ヶ谷店	6	35	480		R^2とyの標準誤差	0.921551	114.2145	#N/A
7	神田店	14	36	1,440		F値と自由度	41.115	7	#N/A
8	笹塚店	3	24	450		回帰の2乗和と誤差の2乗和	1072685	91314.59	#N/A
9	新宿店	12	23	1,340					
10	中野店	10	22	1,200					
11	初台店	6	27	780					
12	明大前店	9	22	1,020					
13	四ッ谷店	11	36	890					
14									

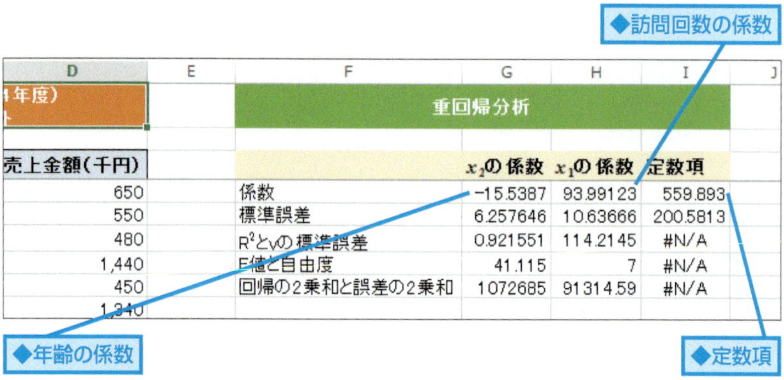

配列数式が入力された

回帰式の係数や定数項が求められた

◆訪問回数の係数

D	E	F	G	H	I
年度)		重回帰分析			
売上金額(千円)			x_2の係数	x_1の係数	定数項
650		係数	-15.5387	93.99123	559.893
550		標準誤差	6.257646	10.63666	200.5813
480		R^2とyの標準誤差	0.921551	114.2145	#N/A
1,440		F値と自由度	41.115	7	#N/A
450		回帰の2乗和と誤差の2乗和	1072685	91314.59	#N/A
1,340					

◆年齢の係数

◆定数項

セルH4の値が訪問回数の係数（a）で、セルG4の値が年齢の係数(b)です。定数項はセルI4の値です。これらの結果から、以下のような回帰式が求められることが分かります（小数点以下第3位を四捨五入して示してあります)。

$$売上金額 = 93.99 \times 訪問回数 + (-15.54) \times 年齢 + 539.89$$

この式に訪問回数と年齢を当てはめると、売上金額が予測できます。例えば、訪問回数が16回、年齢が30歳だと、売上金額は、

$$3.99 \times 16 + (-15.54) \times 30 + 539.86$$

と予測されます。実際に計算してみると、1577.5（万円）となります。

重回帰分析では、注意すべき点が2つあります。1つは、求められた係数は後ろから表示されているということです。したがって、セルG4の値は訪問回数ではなく年齢の係数です。セルH4の値が訪問回数の係数です。

もう1つの注意点は、係数が関係の強さをそのまま表しているわけではないということです。つまり、係数が大きいほど正の相関が強いというわけではありません。117ページで見た、回帰係数と相関係数の違いを思い出してください。

ちなみに、回帰式の当てはまりの良さを表す寄与率はセルG6に表示されているR^2の値です。ここでは、約0.92なので回帰式の当てはまりはかなり良さそうです。

訪問回数が多いと売り上げは大きいけど、営業担当の年齢が上がるとむしろ売り上げは小さくなっているって感じね。

え、そうなんですか！ ベテランの担当の方がダメってことなんですか！

係数がマイナスだから、年齢と売り上げは反対に動いているように見えるわね。でも、これには何か理由があるんじゃないかしら。管理職だと外回りする時間が取れないとか、あるいは、売り上げの良くない店舗だからこそ、ベテランを担当に付けてテコ入れしようとしているとか。

なるほど！ ちょっと目からうろこが落ちた感じです。先輩の話を聞かずに数字だけで判断していたら、ベテランの人に失礼なことを言ってしまいそうでした。

そうね。それに、年齢を説明変数として使うことが妥当かどうかも検討しておく必要があるわよ。

そういうのは調べられるんですか？

調べられるわよ。じゃあ、次は説明変数の決め方についての留意点を見ておきましょうか。

Point!

複数の変数と1つの変数の関係を知るにはLINEST関数を使った重回帰分析を行う。それぞれの変数の係数や定数項など、複数の値が一度に求められるので、LINEST関数は配列数式として入力する。

3-3 似たような変数を使って予測しても意味がない！

重回帰分析では、複数の説明変数を使います。しかし、それらの説明変数間に強い相関関係がある場合には、適切な結果が得られません。このような性質を「多重共線性」と呼びます。要するに、**多重共線性とは似たような説明変数を複数使っているということ**です。

練習用ファイル
3_3_3.xlsx

では、多重共線性について見ていきましょう。

うわっ、いきなりですね。タジューキョーセンセーってなんだかすごく強そうな名前です。

名前はすごいけど、考え方は単純よ。もし、訪問回数と年齢に強い相関があったとするとどうかな？

んーと、それはそれで……。

だめよ、どちらか1つで売上金額が上がることを説明できるんだから、無駄じゃない。

確かにそう言われれば。

というより、適切な結果が得られなくなるから注意しなくちゃ、ってことなの。

多重共線性は図3-7のようなイメージで表されます。多重共線性が見られる場合には、いずれかの説明変数を除外し、性質が異なると考えられるほかの説明変数を探す必要があります。

多重共線性の目安としてはVIF（分散拡大要因）やトレランス（許容度）が使われます。VIFとは、個々の説明変数間の相関係数の逆行列を求めたときの対角要素の値です。一般にVIFの値が10を超えると多重共線性の問題があると言われています。なお、トレランスとはVIFの値の逆数のことです。

いかめしい用語が並んでいますが、逆行列はMINVERSE関数を使って求められるので、計算は簡単です。

キーワード

VIF…P.215
重回帰分析…P.218
多重共線性…P.220
トレランス…P.221
CORREL関数…P.225
MINVERSE関数…P.228

統計レシピ

重回帰分析の説明変数が適切かどうかを調べるには

方法	説明変数どうしの相関行列の逆行列から、VIFやトレランスの値を求める
利用する関数	CORREL関数、MINVERSE関数
準備	説明変数どうしの相関係数をすべて求めておく

関数の形式 MINVERSE(配列)

関数の意味 [配列] で指定された正方行列（行数と列数が等しい行列）の逆行列を求める。配列数式として入力する。

入力例 =MINVERSE(G12:H13)

> **Tips**
>
> 多重共線性は Multicollinearity の訳なので、「マルチコ」と略して呼ばれることがよくあります。

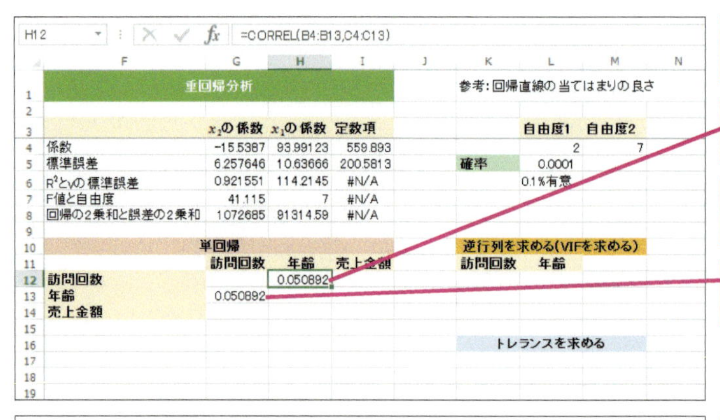

説明変数間の相関係数をすべて求める

❶セルH12に「=CORREL(B4:B13,C4:C13))」と入力

訪問回数と年齢の相関係数が求められた

❷セルG13に「=H12」と入力

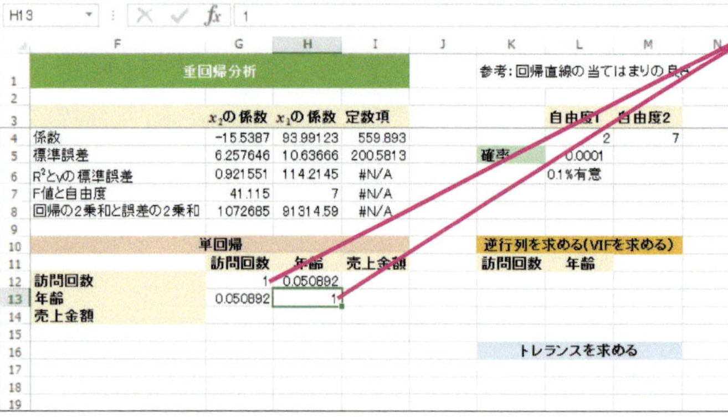

❸セルG12とセルH13に1を入力

> **Tips**
>
> 同じ変数どうしの相関係数は当然1になります。例えばセルG12に入力した値は、訪問回数と訪問回数の相関係数です。

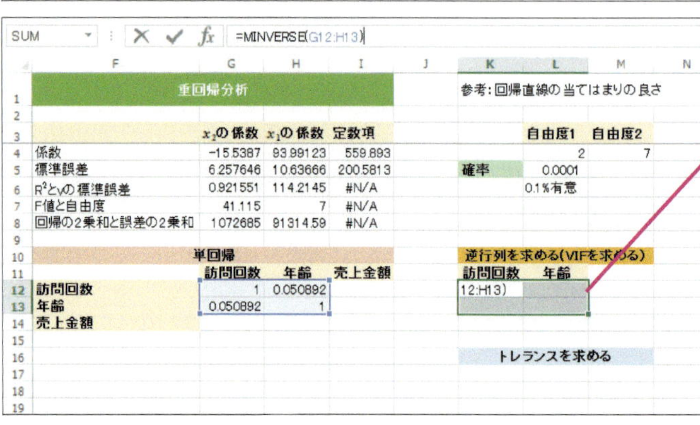

セルK12～L13をあらかじめ選択しておく

❹「=MINVERSE(G12:H13)」と入力

❺Ctrl＋Shift＋Enterキーを押す

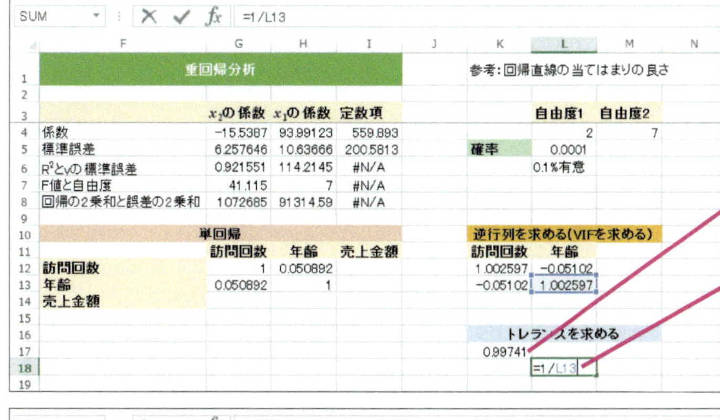

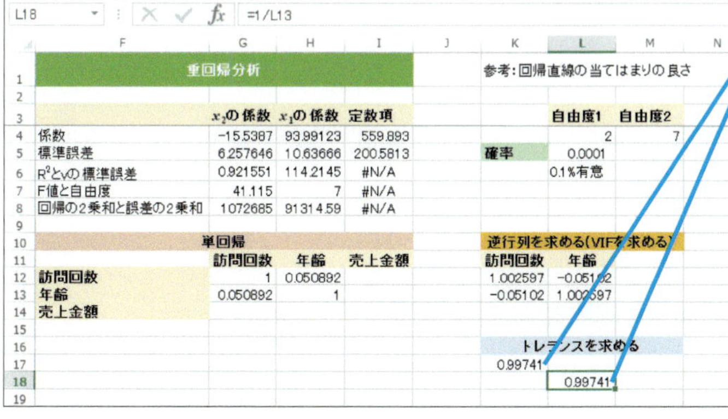

上の例では、VIF の値が小さく、トレランスの値が大きいので、多重共線性は認められません。つまり、訪問回数と年齢を説明変数として使うことには妥当性があるということです。しかし、VIF の値が大きい場合や、トレランスの値が小さい場合は多重共線性が見られるので、説明変数をほかのものに変える必要があります。もし訪問回数と年齢に強い正の相関があると多重共線性が見られます。その場合、例えば、年齢を説明変数から除外して、ほかの説明変数を探します。ほかの説明変数としては、売り場の広さ、店舗が面する道路の交通量、駐車場の収容台数など、さまざまなものが考えられますが、調査や分析に先立ち、実際の状況をよく見て、何が関係していそうかを見極めることが重要です。

Tips

逆行列を求めることのは連立方程式を解くのと同じようなことです。同じ式が複数あると、連立方程式は解けません。そういう状況に近いかどうかを調べている、というイメージです。

Point!

重回帰分析では多重共線性に注意。多重共線性が見られるときは別の説明変数を探す必要がある。多重共線性の目安としてはVIFやトレランスの値が使われる。

この章のまとめ

変数どうしの関係を知り、予測に役立てよう

この章では、営業担当の小売店訪問回数と売上金額に相関関係があるのかどうかを調べ、さらに回帰分析や重回帰分析により売り上げを予測しました。相関関係は必ずしも因果関係ではありませんが、回帰分析は予測に役立ちます。予測が正しいかどうかは検証の必要がありますが、重要な手がかりになるはずです。以下のチェックポイントで、学んだ内容を確認しておきましょう。

- □ 変数どうしの関係を相関関係と呼ぶ。それを表す値が相関係数である
  - □ 相関係数はCORREL関数やPEARSON関数で求められる
  - □ 相関係数は-1～1の値になる
  - □ 相関係数が1に近いときは強い正の相関、-1に近いときは強い負の相関がある。0に近いときは相関がない（無相関）
  - □ 相関関係は因果関係ではない
  - □ 数値ではなく、順位で表されているものどうしの関係を調べたいときには、順位相関が使える
- □ 回帰直線を求め、変数間の関係を調べたり、値を予測したりすることを回帰分析と呼ぶ
  - □ 回帰直線とはいくつかのデータの近くを通る直線のこと
  - □ 回帰直線のxにあたるものを説明変数、yにあたるものを目的変数と呼ぶ
  - □ 回帰直線の係数と切片が分かれば、説明変数の値から目的変数の値が予測できる
  - □ 回帰直線の係数はSLOPE関数で、切片はINTERCEPT関数で求められる
- □ 重回帰分析は、説明変数が複数ある回帰分析である
  - □ 重回帰分析の結果はLINEST関数で求められる
  - □ 重回帰分析では、説明変数間に強い相関があると、意味のない結果になることがある。そのような性質を多重共線性と呼ぶ
  - □ VIFの値が大きい場合やトレランスの値が小さい場合に多重共線性が見られる
  - □ 多重共線性が見られる場合は、ほかの説明変数を選ぶ必要がある

第4章

他社商品との評価の差やばらつきの差を検証しよう

第2章では商品モニターの評価から平均値を求めました。その結果、できるサブレの評価は6.35で、他社サブレの評価は6.1でした。その差はわずか0.25です。マナブくんは自社製品の評価が高いと喜んでいましたが、本当に差があるのでしょうか。この章からは検定という方法を使ってそれを確かめます。

4日目

第4章を始める前に
その差は本当に意味のある差なのか？

これまで、平均や分散、相関係数を求めたけど、どう思った？

平均値だけではなく、評価のばらつきとかがよく見えるようになりました。変数どうしの関係も見えてきましたし。

って気がするでしょ。でも、気のせいかもしれないわよ。

そんな、ちゃぶ台をひっくり返すようなことを……。

例えば、できるサプレの評価は「6.35」で、他社サプレの評価は「6.1」だったでしょ。この差はいくら？

「0.25」ですね。

それってホントに差があるといえるのかしら？

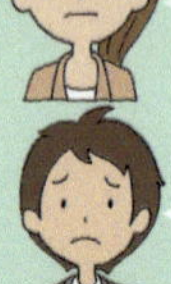
そう言われると……。ウチの勝ちだと思っていたというか、思いたいんですけど。

0.25っていう差は意味のある差にも、誤差にも見えるわね。

そうですね、どっちなんでしょう。

そういうときに「検定」を使うの。ここが山場だからがんばってね。

ときどき、名前だけは出てたアレですね。頑張ります。

こんなことが できるようになります

この章では、平均値の差があるかどうかを感覚的に判断するのではなく、検定と呼ばれる、根拠のある方法で調べます。調査や分析の結果に対する信頼性が高まるので、作成した資料やプレゼンテーションの説得力も格段に違ってきます。検定の方法だけでなく、なぜそうなるかという仕組みについても詳しく説明します。合わせて分散の差があるかどうかを検定する方法も学びましょう。

統計レシピ

- 2群の平均値に差があるかどうかを検定するには（対応のあるデータの場合）
- 2群の平均値に差があるかどうかを検定するには（対応のないデータで、母集団の分散が等しい場合）
- 2群の平均値に差があるかどうかを検定するには（対応のないデータで、母集団の分散が等しくない場合）
- 2群の中央値に差があるかどうかを検定するには
- 2群の分散に差があるかどうかを検定するには（両側検定）
- 2群の分散に差があるかどうかを検定するには（片側検定）

1 商品の評価に差があるかどうかを検証する

1-1 モニター調査で得られた評価には本当に差があるのか？

サンプルを元に、2つの母集団の平均値に差があるかどうかを調べるには、t検定と呼ばれる計算を使います。利用する関数はその名もズバリのT.TEST（ティー・テスト）関数です。母集団の分散が等しい場合やそうでない場合、対応のあるデータかそうでないかなどで引数の指定方法が変わります。

練習用ファイル
4_1_1.xlsx

統計レシピ

2群の平均値に差があるかどうかを検定するには（対応のあるデータの場合）

方法	t検定を行う
利用する関数	T.TEST関数（[検定の種類] に1を指定する）
前提	母集団の分布が正規分布に従っている
帰無仮説	母集団の平均は等しい
参照	平均値の差の検定（対応のないデータで母集団の分散が等しい場合）→ 134ページを参照 平均値の差の検定（対応のないデータで母集団の分散が等しくない場合）→ 137ページを参照 中央値の差の検定（母集団の分布が正規分布に従っていない場合：マン・ホイットニー検定）→ 154ページを参照

では、できるサブレの評価と他社サブレの評価に差があるかどうかを調べてみます。細かい話は抜きにして、T.TEST関数を入力しましょう。第2章で調べたデータをもう一度使います。

キーワード
t検定…P.215
正規分布…P.219
尾部…P.221
母集団…P.222
有意差…P.223
T.TEST関数…P.233

関数の形式 T.TEST(範囲 1, 範囲 2, 尾部(びぶ), 検定の種類)

関数の意味 [範囲 1] と [範囲 2] の母集団の平均に差があるかどうかを検定する。[尾部] に 1 を指定すると片側検定、2 を指定すると両側検定となる。[検定の種類] に 1 を指定すると、対応のあるデータの検定、2 を指定すると母集団の分散が等しいと仮定される場合の検定、3 を指定すると母集団の分散が等しいと仮定されない場合の検定ができる。

入力例 =T.TEST(C4:C23,D4:D23,1,1)

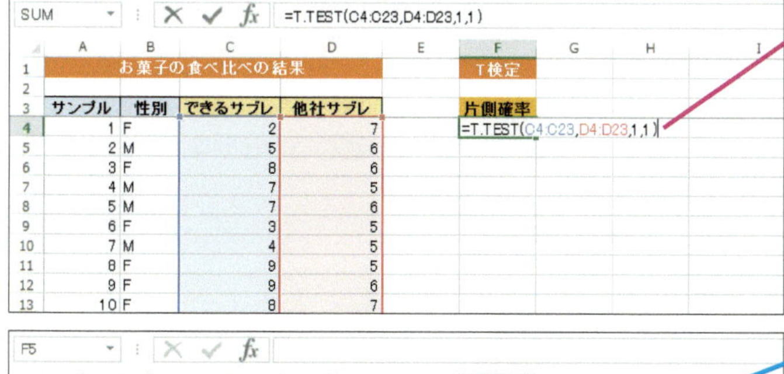

❶セルF4に「=T.TEST(C4:C23, D4:D23,1,1)」と入力

❷ Enter キーを押す

F5

	A	B	C	D	E	F
1	お菓子の食べ比べの結果					T検定
2						
3	サンプル	性別	できるサブレ	他社サブレ		片側確率
4	1	F	2	7		0.33679
5	2	M	5	6		
6	3	F	8	6		
7	4	M	7	5		
8	5	M	7	6		
9	6	F	3	5		
10	7	M	4	5		
11	8	F	9	5		
12	9	F	9	6		
13	10	F	8	7		

片側確率が求められた

確率が5%(0.05)より大きいので、「できるサブレ」と「他社サブレ」の評価に差があるとは言えない

「できるサブレ」と「他社サブレ」の平均値に差があるとは言えない

T.TEST 関数で求められた結果が 0.05 以下の場合は「5%有意」、0.01 以下の場合は「1%有意」と言います。また「有意差がある」とか「帰無仮説を棄却する」という言い方もします。その場合は差があると言えます。ここでは、約 0.34 という値なので、差があるとは言えません。

有意差というのは「意味のある差」ということです (significant の訳語です)。帰無仮説は、検定を行うにあたって立てる仮説のことですが、どちらかというと否定したい (棄却したい) 仮説なので、帰無 (なしにしてしまいたい) 仮説と呼びます。この例では、「平均は等しい」という仮説を立て、それを否定するために T.TEST 関数を使いました。ただし、今回は仮説は棄却できませんでした。したがって「差があるとは言えない」という結果になったわけです。有意差や帰無仮説などの意味については、140 ページでも詳しく説明します。

Tips

さらに、T.TEST 関数の結果が 0.001 以下の場合は「0.1%有意」と言うこともあります。数字が小さいほど、差があることがより確からしい (間違っている可能性が小さい) ということになります。これらの数字のことを有意水準と呼びます。

うーむ、別にウチの商品が勝ってるというわけではないんですね。

そうね。まあ、勝っていてもそうでなくても、結果の上にあぐらをかいたり、逆に、心配しすぎたりするのも良くないけど。少しでも良くする努力は必要ね。

確かに。ごもっともです。ところで、関数の形式の［尾部］とか［検定の種類］っていうのは何なんですか？

データの種類や前提によって、それらの引数の指定方法が変わるから要注意よ。ひと通り確認しておきましょう。

T.TEST 関数を使って平均値の差の検定をするときには、［尾部］と［検定の種類］の意味を正しく理解しておく必要があります。前ページの例では［尾部］に「1」を指定しています。これは片側検定をする、という意味です。

片側検定とはいずれかが大きいかどうかを調べるときに使う検定方法です。一方の両側検定は差があるかどうかを調べるときに使う検定方法です。ここでは、できるサブレの方が、評価が高いということを期待していたので、片側検定を使いました。

Point!

いずれかが大きいかを調べるときは片側検定。
差があるかどうかを調べるときは両側検定。

次に［検定の種類］ですが、ここでは「1」を指定しています。これは、「対応のあるデータを使う」という意味です。対応のあるデータというのは、同じ人が2回テストしたような場合のデータです。例えば、4行目のサンプル1を見てください。これは、1人の女性ができるサブレを食べて2点、他社サブレを食べて7点という評価を付けたということです。同じ人の評価なので対応のあるデータというわけです。

もし、セルC4の評価とセルD4の評価が別の人の評価であれば、対応のないデータとなります。

キーワード

片側検定…P.216
対応のあるデータ…P.220
対応のないデータ…P.220
尾部…P.221
両側検定…P.223
T.TEST 関数…P.233

図4-1 対応のあるデータと対応のないデータ

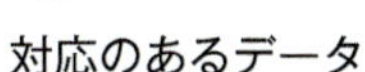

対応のあるデータ

対応のないデータ

今回は、1人が2種類のサブレを食べ比べているので、対応のあるデータとなる

●引数の指定方法

引数	指定数	意味
尾部	1	片側検定（いずれかが大きいかを調べる）
	2	両側検定（差があるかどうかを調べる）
検定の種類	1	対応のあるデータの場合
	2	母集団の分散が等しいと仮定される場合
	3	母集団の分散が等しいと仮定されない場合

なお、t検定を行うためには母集団が正規分布であることが仮定できる必要があります。実は、サンプルデータは正規分布に従っていないのですが、計算方法を確認するために、そのまま使っています。実際のところ、正規分布から多少はずれていても、サンプル数が十分多ければ（一般には30以上と言われています）、t検定の適用は可能です。その根拠については147ページで紹介する中心極限定理を参照してください。なお、気になる場合は、154ページで紹介するマン・ホイットニーのU検定を使います。

Tips

t検定のように前提を多少満たしていなくても、正しい結果が得られる性質のことを「頑健性（がんけんせい）」と呼びます。「頑健」とは簡単に言えば、不利な状況があっても大丈夫という意味です。

Point!

平均値の差の検定で、対応のあるデータの場合はT.TEST関数の［検定の種類］に1を指定する。
T.TEST関数の結果が0.05以下あるいは0.01以下なら、平均値に差があると言える。0.05より大きければ、平均値に差があるとは言えない。

1-2 研修のテキストによって資格試験の成績は異なるか

次に対応のないデータのケースで平均値の差を検定してみましょう。例えば、ある企業で異なる2種類のテキストを使って社内研修をしたとしましょう。そして、研修に参加した社員の何人かが資格試験を受けたとします。果たして、利用するテキストによって成績に差があるのでしょうか。テキスト以外は条件を同じにしないといけないので、同じ講師が何回かの研修で異なるテキストを使ったものとし、社員の能力や知識にも違いはなかったものとします。

練習用ファイル

4_1_2.xlsx

キーワード

t検定…P.215
片側検定…P.216
対応のないデータ…P.220
尾部…P.221
T.TEST関数…P.233

統計レシピ

2群の平均値に差があるかどうかを検定するには（対応のないデータで、母集団の分散が等しい場合）

方法	t検定を行う
利用する関数	T.TEST関数（[検定の種類] に2を指定する）
前提	母集団の分布が正規分布に従っている
帰無仮説	母集団の平均は等しい
参照	平均値の差の検定（対応のあるデータの場合）→130ページを参照 平均値の差の検定（対応のないデータで母集団の分散が等しくない場合）→137ページを参照 中央値の差の検定（母集団の分布が正規分布に従っていない場合：マン・ホイットニー検定）→154ページを参照

ここでは、テキストAよりもテキストBを使った方が、成績が良いかどうかを調べることにします。したがって、片側検定となるので、T.TEST関数の［尾部］に1を指定します。また、異なるテキストで研修を受けた社員は別の社員なので、対応のないデータとなります。そして、1つの企業での事例なので、母集団の分散は等しいものと考えていいでしょう。したがって、［検定の種類］には2を指定します。

ここでは手順を学ぶために、サンプル数の少ない例にしていますが、実際にはもう少しサンプルを多く取る必要があることに注意してください。

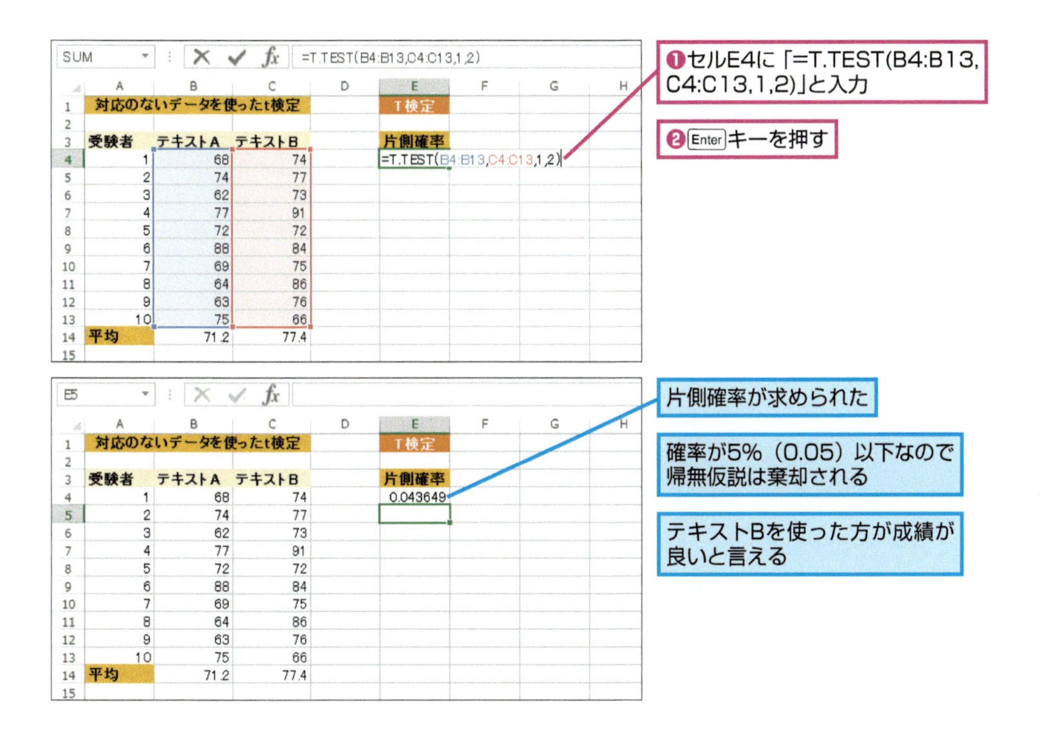

	A	B	C	D	E
1	対応のないデータを使ったt検定				T検定
2					
3	受験者	テキストA	テキストB		片側確率
4	1	68	74		=T.TEST(B4:B13,C4:C13,1,2)
5	2	74	77		
6	3	62	73		
7	4	77	91		
8	5	72	72		
9	6	88	84		
10	7	69	75		
11	8	64	86		
12	9	63	76		
13	10	75	66		
14	平均	71.2	77.4		

	A	B	C	D	E
1	対応のないデータを使ったt検定				T検定
2					
3	受験者	テキストA	テキストB		片側確率
4	1	68	74		0.043649
5	2	74	77		
6	3	62	73		
7	4	77	91		
8	5	72	72		
9	6	88	84		
10	7	69	75		
11	8	64	86		
12	9	63	76		
13	10	75	66		
14	平均	71.2	77.4		

ところで、T.TEST関数の結果って確率なんですか？

そうよ。「母集団の平均が等しい」という仮説が成り立っているのに、その仮説を棄てるのが間違いという確率よ。それが約4%しかないってことね。

なんだか、ややこしいですね。

仮説を棄てても、それほど間違いではなさそうだってことね。

ということは？

平均値は等しいという仮説を棄てるわけだから、平均値は異なると言えるわけ。

Step Up 有意差の判定を記号で表してみよう

一般に、検定の結果が1%有意の場合は「**」、5%有意の場合は「*」、有意でない場合は「n.s」と表記します。求められた確率によって、それらの文字列を表示できるようしてみましょう。

練習用ファイル
4_1_s1.xlsx

キーワード
有意差…P.223

関数の形式	IF（論理式,[真の場合],[偽の場合]）
関数の意味	論理式が TRUE であれば、[真の場合] の値を返し、FALSE であれば [偽の場合] の値を返す
入力例	=IF(E4<=0.01,"**",IF(E4<=0.05,"*","n.s."))

関数の引数にほかの関数を書くことを「ネスト」あるいは「入れ子」と呼びます。特に、IF関数を使って複数の場合分けをしたいときに、関数をネストさせることがよくあります。

以下のIF関数では、セルE4の値が0.01（つまり1%）以下の場合には「**」を表示します。そうでない場合をネストしたIF関数で、セルE4の値が0.05（つまり5%）以下の場合には「*」を表示し、そうでない場合には「n.s.」と表示します。

1%有意の場合「**」、5%有意の場合「*」、有意でない場合は「n.s」と表示されるようにする

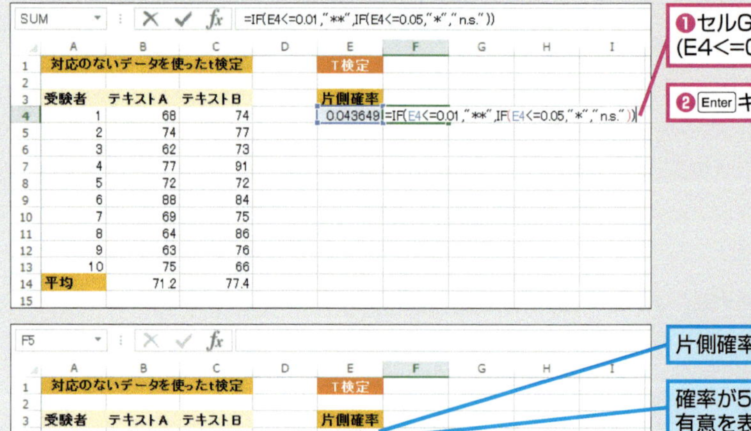

1-3 一般の顧客と専門家によってデザインの評価は異なるか

別のサンプルを使って、t 検定のもう 1 つの方法についても見ておきましょう。ここでは、対応のないデータで、母集団の分散が等しくない場合の平均値の差の検定をやってみます。

練習用ファイル

4_1_3.xlsx

統計レシピ

2 群の平均値に差があるかどうかを検定するには（対応のないデータで、母集団の分散が等しくない場合）

方法	t 検定を行う
利用する関数	T.TEST 関数（[検定の種類] に 3 を指定する）
前提	母集団の分布が正規分布に従っている
帰無仮説	母集団の平均は等しい
参照	平均値の差の検定（対応のあるデータの場合）→ 130 ページを参照 平均値の差の検定（対応のないデータで母集団の分散が等しい場合）→ 134 ページを参照 中央値の差の検定（母集団の分布が正規分布に従っていない場合：マン・ホイットニー検定）→ 154 ページを参照

例として扱うのは、パッケージデザインに対する評価です。一般の顧客の評価と、デザインの専門家の評価では、母集団の分散が等しいとは仮定できません。したがって、T.TEST 関数の［検定の種類］には 3 を指定します。ここでは、違いがあるかどうかだけを調べたいので、両側検定になります。［尾部］には 2 を指定しましょう。

キーワード

t 検定…P.215
正規分布…P.219
T.TEST 関数…P.233

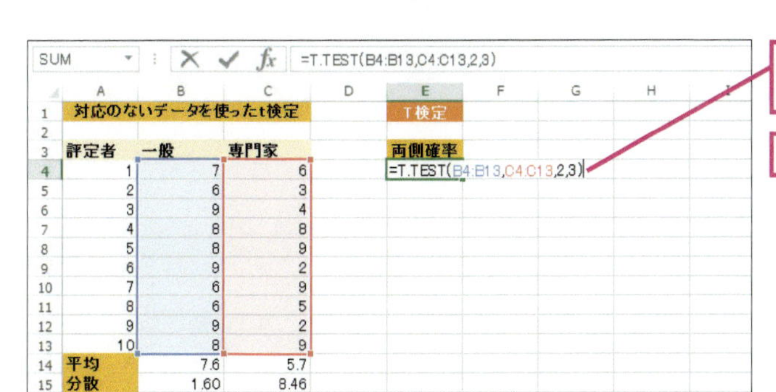

	A	B	C	D	E
1	対応のないデータを使ったt検定				T検定
2					
3	評定者	一般	専門家		両側確率
4	1	7	6		=T.TEST(B4:B13,C4:C13,2,3)
5	2	6	3		
6	3	9	4		
7	4	8	8		
8	5	8	9		
9	6	9	2		
10	7	6	9		
11	8	6	5		
12	9	9	2		
13	10	8	9		
14	平均	7.6	5.7		
15	分散	1.60	8.46		

❶セルE4に「=T.TEST(B4:B13,C4:C13,2,3)」と入力

❷Enterキーを押す

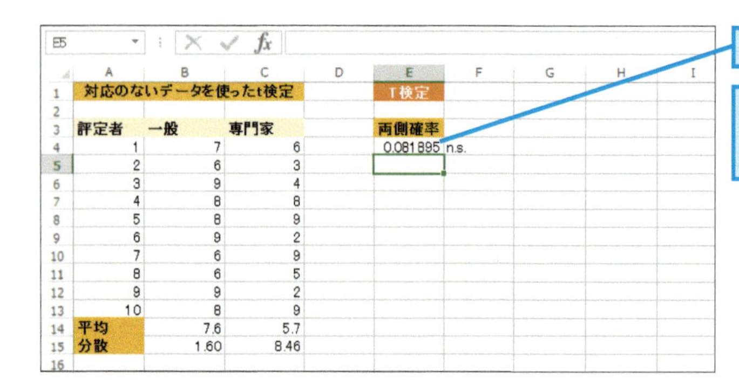

	A	B	C	D	E	F
1	対応のないデータを使ったt検定				T検定	
2						
3	評定者	一般	専門家		両側確率	
4	1	7	6		0.081895	n.s.
5	2	6	3			
6	3	9	4			
7	4	8	8			
8	5	8	9			
9	6	9	2			
10	7	6	9			
11	8	6	5			
12	9	9	2			
13	10	8	9			
14	平均	7.6	5.7			
15	分散	1.60	8.46			
16						

両側確率が求められた

確率が5％（0.05）以上なので、一般の顧客と専門家で評価に差があるとは言えない

ちょっと待ってください。専門家の方が低い評価になっていることを調べるなら、いずれかが大きいことを調べる片側検定でいいですよね。

そうよ。

あの、試しに片側検定をやってみたら、確率は約4%になったんです。片側検定だと有意差が出るから、その方がいいのかと。

それはそうなんだけど、片側検定をやってみて有意差が出たから、後で片側検定に変えるとか、有意差が出やすいから片側検定にするっていうのは邪道よ。

そんなぁ。

要するに、妥当性のある仮説を立てましょうってこと。後出しジャンケンみたいなことをしちゃだめよ。理由があって、専門家の方が評価は厳しくなるはず、という対立仮説を立てたなら、片側検定にすべきね。

対立……仮説ですか？ 帰無仮説とどう違うんですか。

じゃあ、そのあたりのことが分かるように、仮説検定の考え方について整理しておきましょう。

Point!

平均値の差の検定で、母分散が等しくない場合にはT.TEST関数の［検定の種類］に3を指定する。

1-4 帰無仮説と対立仮説を理解して検定を使いこなそう

ここで、仮説検定の考え方を確認しておきましょう。考え方を知っていれば納得して使えますし、「こういう場合はこの関数」と、場当たり的に使うよりも応用が利くようになります。先にいろんな検定の方法を知りたい人は、ここからの話を飛ばして、中項目1-9（154ページ）に進んでもらっても構いません。ただし、ひと通り方法を学んだら、ぜひここに戻ってきてください。ぐっと理解が深まるはずです。

あまり厳密に話を進めると堅苦しくなるので、身近な例で考えてみましょう。近所に小さな駄菓子屋さんがあるものとします。そこのご主人は年季の入った人なので、はかりを使わず感覚だけでお菓子の重さを量ります。店先にはそうやって量った100g分の袋がたくさん並べられています。

このとき、袋の中身がちゃんと100gになっているかどうかをどうやって調べればいいでしょう？ すべてがぴたりと100gにならなくても、平均が100gであればオーケーとします。

普通は、お菓子の袋をいくつか取り出して、重さを量ります。取り出したお菓子の重さの平均が100gに近ければ、すべてのお菓子が平均100gで袋詰めされている、と考えてもいいでしょう。

キーワード

帰無仮説…P.216
対立仮説…P.220

Tips

ここでは、話を分かりやすくするため、母集団の平均値が100と等しいかどうか（差があるか）という例で話を進めています。T.TEST関数で求められるのは2群の母集団の平均に差があるかどうかという検定の結果です。やっていることは違いますが、考え方はほとんど同じです。

図4-2 お菓子の袋の重さを量る

そこで、実際にいくつかを取り出して重さを量ってみたところ、平均がたったの70gしかなかったとしましょう。

「全体の平均は100gである」という仮説が正しいのなら、取り出したサンプルの平均もだいたい100gになるはずです。しかし、70gしかないというのはめったには起こらないことです。めったに起こらないことが起こったということは、そもそも全体の平均は100gではなかったと考えてもよさそうです。つまり、ここで仮説を棄て、「全体の平均は100gではない」となるわけです。

かなり極端な話で説明しましたが、だいたいのイメージはつかめたでしょうか。では、ここからはもう少し厳密に説明しておきましょう。

検定にあたっては、最初に仮説を立てます。その仮説のことを帰無仮説と呼びます。「帰無」というのは「無に帰する」ということで、要するに、帰無仮説とは、仮説は立てるものの、気持ち的に棄却したいような仮説である、という意味合いです。普通は「差がある」ということを言いたいので、帰無仮説は、「全体のお菓子の重さの平均値（ミュー μ）は100と等しい」となります。しかし、このように書くのは冗長なので、帰無仮説を H_0 と表し、

$$H_0：\mu=100$$

と数学的な記号を使って書くのが普通です。

Tips

μ は母集団の平均を表します。なお、サンプルの平均は $\bar{x}$ と表します。

「棄却」ということは、その考えを捨てるってことですよね。否定したい仮説をあえて立てるって何だか変ですね。

正しいことを証明するより、間違っているという方が簡単でしょ。

本心は言わないんですか。

本心の方は、対立仮説として表現するの。

帰無仮説に対して、気持ち的に言いたい仮説のことを対立仮説と言います。対立仮説は H_1 と表すので「等しくない」という対立仮説は、

H_1：$\mu \neq 100$　……①

となります。しかし、これと異なる対立仮説もあります。例えば、気持ちとして「100 より大きい」と言いたいこともあるでしょう。その場合、対立仮説は

H_1：$\mu > 100$　……②

となります。逆に、「100 より小さい」と言いたい場合は、対立仮説は

H_1：$\mu < 100$　……③

となります。①の場合には等しくないかどうかさえ分かればいいので、両側検定を使います。②と③の場合は片側検定を使います。

Tips

H_0 や H_1 の H は Hypothesis（仮説）の頭文字です。

●帰無仮説に対する対立仮説と検定の方法

帰無仮説：お菓子の重さの平均は100gと等しい　H_0: μ=100

=

対立仮説

対立仮説	式	検定の方法（尾部）
重さの平均は 100g と等しくない	H_1: $\mu \neq 100$	両側検定
重さの平均は 100g より大きい	H_1: $\mu > 100$	片側検定
重さの平均は 100g より小さい	H_1: $\mu < 100$	片側検定

Point!

仮説検定のためにはまず帰無仮説を立てる。
対立仮説によって片側検定か両側検定かが決まる。

1-5 差があるかどうかを判定するための基準とは？

続いて、帰無仮説を棄却するかどうかをどのようにして決めるかについて見ていきましょう。その中で有意差とは、有意水準とは、といったことについて確認していきます。

キーワード

正規分布…P.219
母集団差…P.222
有意差…P.223
有意水準…P.223

帰無仮説を棄却するかしないかはどうやって決めるんですか。100gと等しいという仮説なのにサンプルの平均が70gしかないっていうのは明らかに仮説がおかしいと分かりますが、どこで線を引いたらいいんでしょう？ サンプルの平均が94gぐらいだと微妙ですよね。

仮説を棄却することが間違いである、ということがめったに起こらないければ棄却ってことね。「めったに起こらない」をどう決めればいいかだけど、ちゃんと確率で求められるわよ。

もしかして、計算しちゃいます？

今はやめときましょう。大事なのは、母集団の分布が正規分布に従っていれば、という前提ね。正規分布は数式で表されるから、その数式に当てはめると、母集団の平均を100gと仮定したときに、サンプルの平均が70gしかない場合の確率が求められるわ。分かる？

ええと、正規分布であることが前提、までは。

まあ、それが分かれば十分。計算は関数でできるから。で、求めた確率が5%以下とか1%以下といった値なら、仮説を棄却するってイメージね。

これまでのお話の流れを、図4-3で確認しておきましょう。少し＋αな内容もあります。

図4-3 仮説検定の考え方

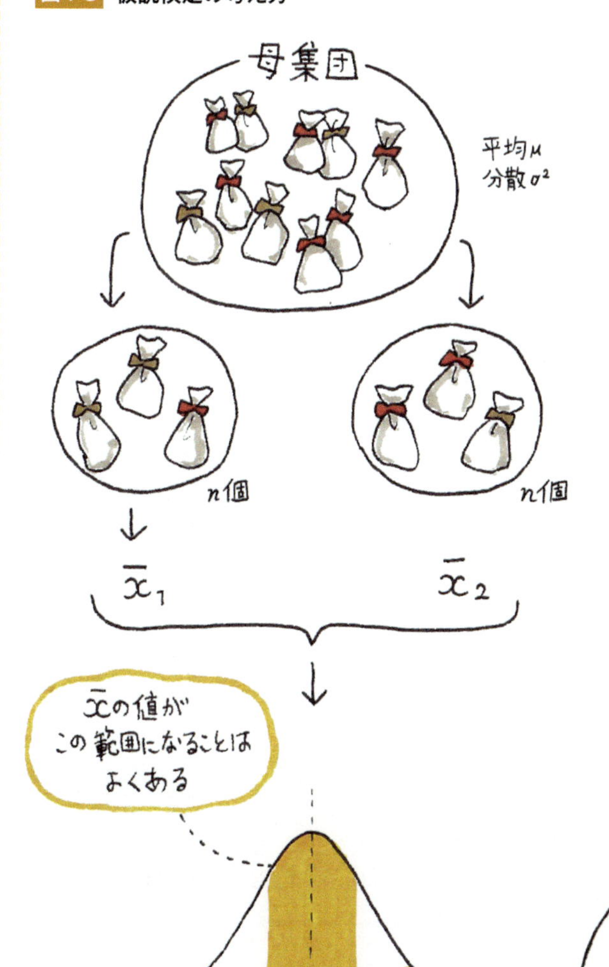

母集団の平均をμと
仮定すると・・・・

①サンプルをn個取り出す
・・・何度も取り出す

②平均を求める
・・・何度も求める

③ヒストグラムを描いてみる

お菓子の重さの平均値を
ヒストグラムにしてみる

両側検定の場合、違いがあるかどうかを知りたいので、図4-4の黄色い部分に対応する位置にサンプルの平均値があれば、帰無仮説は棄却されます。黄色い部分に対応する横軸の範囲を棄却域と呼びます。

図4-4 両側検定の棄却域

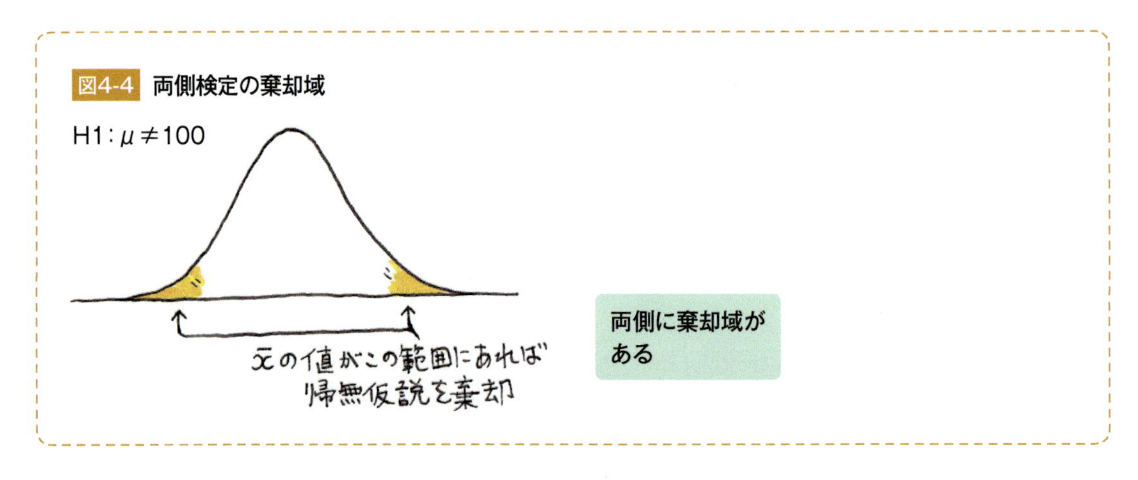

片側検定では、どちらかが大きいことを知りたいので、図4-5のいずれかの棄却域に入れば帰無仮説は棄却されます。

図4-5 片側検定の棄却域

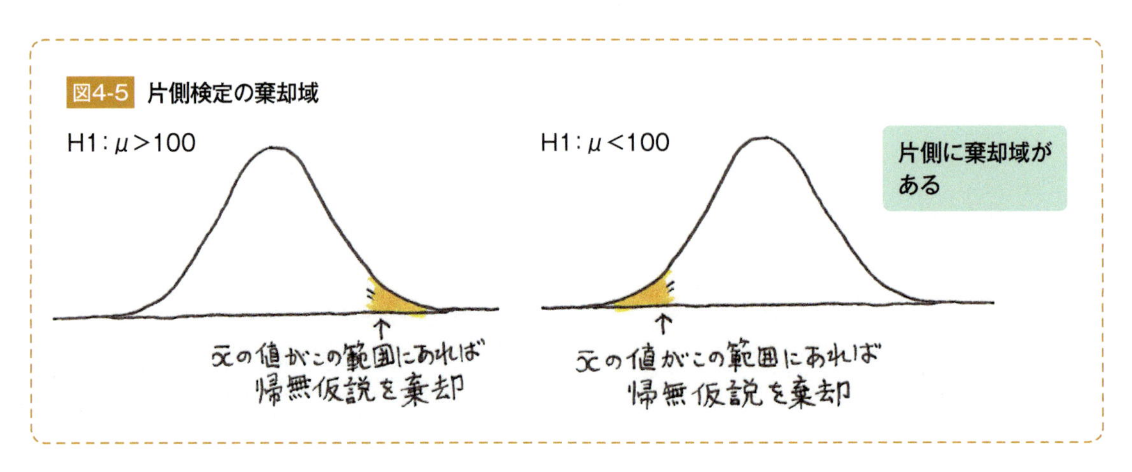

棄却域に対応する面積は全体の5%または1%になるように取るのが普通です。この5%や1%の値のことを有意水準と呼びます。そして、棄却域に入った場合には帰無仮説が棄却され「有意差がある」ことになります。

キーワード

片側検定…P.216
棄却域…P.216
有意差…P.223
両側検定…P.223

1-6 差があるかどうかを判定するための値をどうやって求めるの？

イメージ的には、何となく分かりました。

今は、それでいいわよ。どういうイメージが得られた？

ええと、棄却域に入れば有意、ということだけは……。

まあ、それでいいわ。棄却域に入るということは、帰無仮説を捨てることが間違いである確率が低いってことね。「帰無仮説が正しいとしたら、めったに起こらないはずのこと」が起こったわけだから。

そこまでは何となく分かったんですが、取り出したサンプルの平均がどれぐらいの値になれば「めったにない」のかという確率を求める方法が……。

あら、すでにT.TEST関数で求めたじゃない。

そういえば、T.TEST関数の結果は確率でした。

ここで説明した話はT.TEST関数で求められる確率とは違う話だけど、基本的な考え方は同じよ。そこまで分かれば、目的に合った関数を使って確率を求めるだけで検定はできるわよ。

ホントですか！

もちろん。でも、もうちょっと仕組みを知っておきたいわね。検定に使われる関数がどういう計算をして、確率を求めているかって話。

ここからは、検定で使われる確率をどのようにして求めるかを見ていきましょう。実際の検定では、平均が 0、分散が 1^2 になるようにサンプルの値を調整します。そのような操作を正規化あるいは標準化と呼びます。母集団の分散 σ^2 が分かっている場合には、以下の値を使います。

$$\frac{\bar{x}-\mu}{\frac{\sigma}{\sqrt{n}}}$$

この値のことを検定統計量と呼びます。この検定統計量の分布が標準正規分布（平均が 0、分散が 1^2 の正規分布）になっています。例えば、片側検定の場合のイメージは図 4-6 のようになります。これまでに登場してきた用語もまとめて図解します。

キーワード

棄却域…P.216
検定統計量…P.217
自由度…P.218
標準正規分布…P.221

Tips

正規化するのは確率の計算を簡単にするためです。正規化すると全体の面積が 1 になるので、棄却域の面積がそのまま確率になります。

図4-6 検定統計量と棄却域

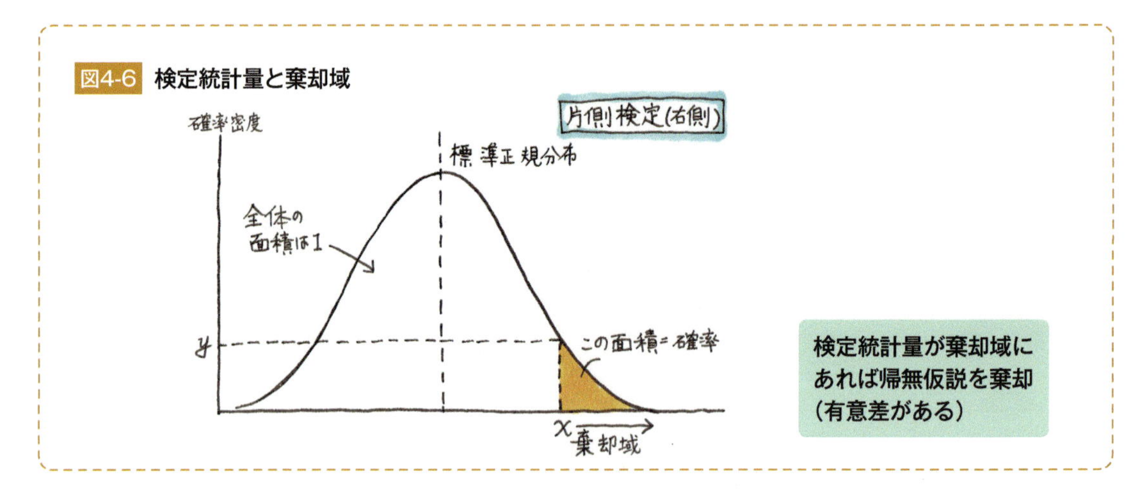

母集団の分散が分からない場合は、代わりに不偏分散 s^2 を使います。このとき、以下の検定統計量の分布は自由度 n-1 の t 分布になります。

$$\frac{\bar{x}-\mu}{\frac{s}{\sqrt{n}}}$$

念のため追記しておきますが、ここで見た例は、母集団の平均値と特定の値に差があるかどうかを検定する場合のお話です。最初に T.TEST 関数を使って検定した例は 2 つの母集団の平均に差があるかどうかを検定する例です。検定の方法は異なりますが、考え方は基本的に同じです。153 ページの図 4-9 も参照してください。

よく使われる検定では、検定のための関数が用意されています。その場合、関数が検定統計量を計算し、その値に対する確率を求めてくれます。T.TEST 関数はそのような関数の 1 つです。

しかし、検定のための関数が用意されていない場合には、自分で検定統計量を計算し、その値に対する棄却域の確率を求める必要があります。152 ページの図 4-8 も参照してください。確率が直接求められない場合やあまりにも複雑な計算になる場合には、あらかじめ作られた数表を使って棄却域に対する値を求め、検定統計量と比較して有意差があるかどうかを調べます。203ページの表も参照してください。

Point!

検定を行うには、まず検定統計量を求める。次に、検定統計量が分布の棄却域にあるかどうかを調べる。検定の方法によって検定統計量の求め方と利用する分布が異なる。

1-7 中心極限定理はすべての基礎！

正規分布する母集団からサンプルをいくつか取り出して平均値を求めるという作業を何回も繰り返したとします。すると、求められた平均値も正規分布に近づくことが分かっています。実は、この性質は正規分布する母集団だけでなく、サンプル数が十分に大きければ、どんな分布でも（単純な乱数でも）成り立つことが知られています。この性質は中心極限定理と呼ばれています。次ページの図4-7を見てみましょう。

キーワード

正規分布…P.219
第一種の過誤…P.220
第二種の過誤…P.220
中心極限定理…P.220

Column

第一種の過誤と第二種の過誤

仮説検定には、第一種の過誤と第二種の過誤と呼ばれる2つの誤りの可能性があります。第一種の過誤とは、仮説が正しいのにもかかわらず棄却してしまう誤りです。これはよく警報器の動作にたとえられます。火事が起こっているにもかかわらず、警報器が鳴らないのが第一種の過誤というわけです。以下の表ではその確率をαと表しています。

一方、第二種の過誤は仮説が誤っているのにもかかわらず採用してしまう誤りです。火事が起こっていないのに、警報器が鳴るといった事例です。以下の表ではその確率をβと表しています。

T.TEST関数での検定では、第二種の過誤については考慮されていません。つまり、平均値が実際には異なっているのに平均値は等しいと言ってしまう誤りもあります。平均値の差が小さい場合には第二種の過誤を犯す確率が高くなります（そのような場合には、サンプル数を多く取る必要があります）。なお、第二種の過誤を犯さない確率、つまり1-βのことを検出力と呼びます。

●第一種の過誤と第二種の過誤

		実際	
		仮説は正しい（火事）	仮説は誤り（火事ではない）
検定	仮説を採用（警報が鳴った）	正しい（1-α）	第二種の過誤（β）
	仮説を棄却（警報が鳴らなかった）	第一種の過誤（α）	正しい（1-β）

図4-7 中心極限定理

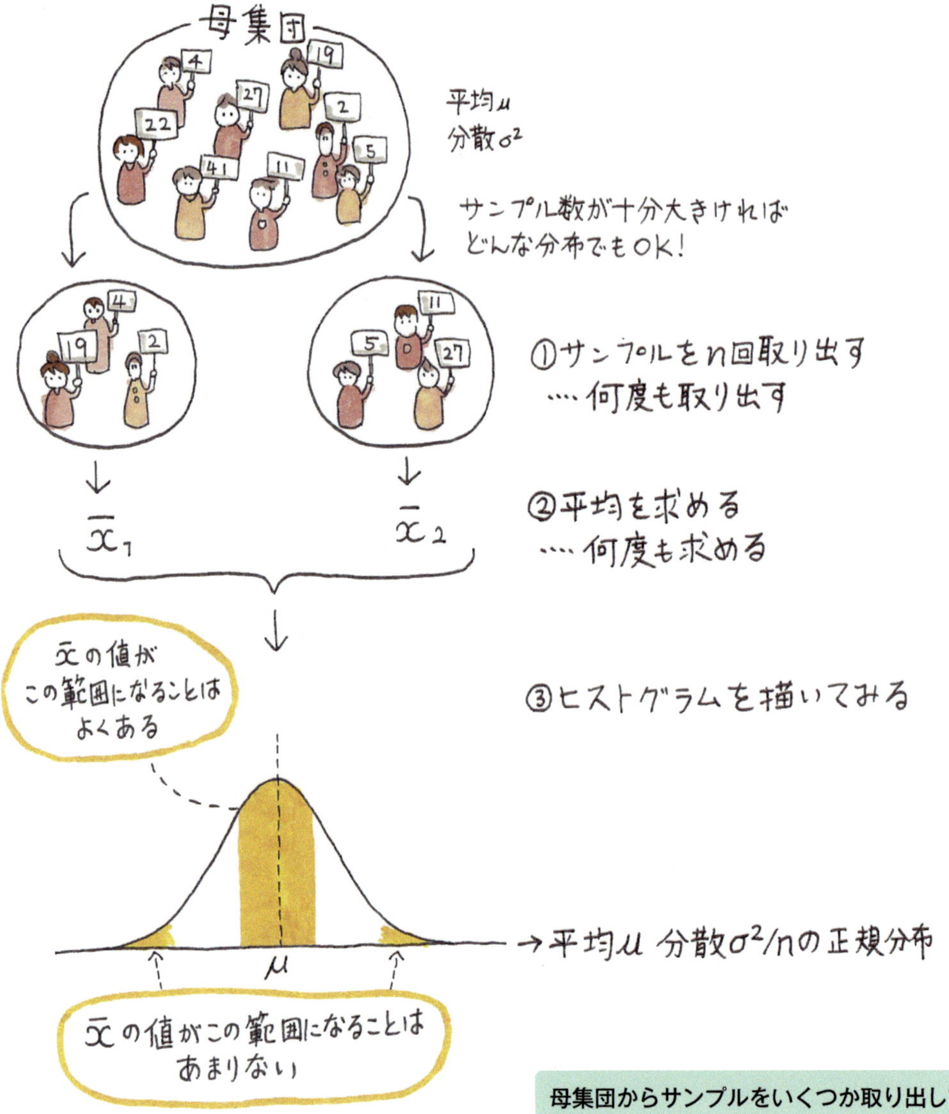

母集団
平均μ
分散σ^2
サンプル数が十分大きければどんな分布でもOK!
①サンプルをn回取り出す
……何度も取り出す
②平均を求める
……何度も求める
$\bar{x}_1$
$\bar{x}_2$
③ヒストグラムを描いてみる
$\bar{x}$の値がこの範囲になることはよくある
$\bar{x}$の値がこの範囲になることはあまりない
μ
→平均μ 分散σ^2/nの正規分布

母集団からサンプルをいくつか取り出して平均を求めると、正規分布に近づく

サンプル数が十分あれば（通常は30以上）、母集団が正規分布でなくても、t検定はある程度使えると言われていますが、中心極限定理がその根拠となっています。

なお、中心極限定理をシミュレーションした例を練習用ファイルに用意しているので、ぜひ参考にしてください。

練習用ファイル

4_1_7.xlsx

1-8 平均値の差の検定を手作業でやってみよう

検定とは、検定統計量を求め、その値が分布の棄却域にあるかどうかを調べることです。前項ではその考え方を説明しました。

ここでも、分散や相関係数を手作業で求めたのと同じように、検定の考え方に沿って、平均値の差の検定を手作業でやってみましょう。T.TEST関数を使えば簡単に結果が得られますが、一度、手作業で計算してみると、仕組みがよく分かります。計算そのものは簡単ですが、手順が長くなるので数式が苦手な人は、この項を飛ばしてもらっても構いません。

では、母集団の分散が等しい場合の平均値の差の検定を例として見てみましょう。134ページの中項目1-2と同じデータを使って、テキストの違いによって資格試験の平均値に差があるかどうかを調べてみましょう。ただし、データ数が異なる場合の例も見たいので、少しだけ、データを変更してあります（セルC13の値を削除しています）。

準備として基本的な統計量を求めておきましょう。以下の図の操作はこれまでの知識でできます。

練習用ファイル
4_1_8.xlsx

キーワード
棄却域…P.216
検定統計量…P.217
不偏分散…P.222

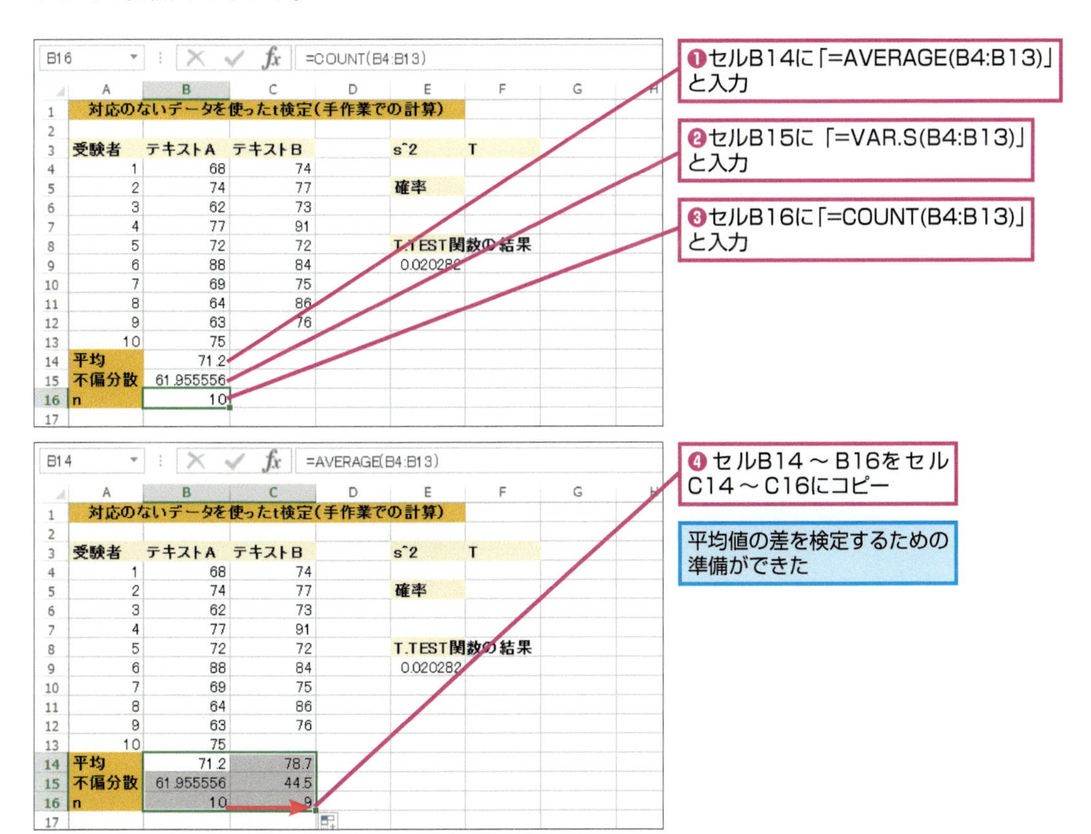

	A	B	C
3	受験者	テキストA	テキストB
4	1	68	74
5	2	74	77
6	3	62	73
7	4	77	91
8	5	72	72
9	6	88	84
10	7	69	75
11	8	64	86
12	9	63	76
13	10	75	

手順は以下の通りです。

- 母集団 1 から取った n_1 個のサンプルの平均値（$\bar{x}_1$）と不偏分散（s_1^2）を求める。
- 母集団 2 から取った n_2 個サンプルの平均値（$\bar{x}_2$）と不偏分散（s_2^2）を求める。

ここまでは前ページの準備ですでに済ませてあります。続けましょう。

- 上記の結果から、次の式に従って s^2 の値を求める。

$$s^2 = \frac{(n_1-1)s_1^2+(n_2-1)s_2^2}{n_1+n_2-2}$$

複雑な式のように見えますが、母集団 1 の不偏分散と母集団 2 の不偏分散の平均を求めている、と考えればいいでしょう。

- 上記の結果から、次の式に従って検定統計量を求める。

$$T = \frac{\bar{x}_1 - \bar{x}_2}{\sqrt{\left(\frac{1}{n_1}+\frac{1}{n_2}\right)s^2}}$$

これは平均値の差を「標準偏差÷データの個数」で割ったものと考えられます。数式の細かい部分は異なりますが、146 ページの考え方と同じです。これが検定統計量になります。なお、この例では、「新しいテキスト（テキスト B）の方が平均値は高い」という対立仮説を立てるのが自然なので、片側検定になります。そのため、実際に検定統計量を求めるときには、上の式とは逆に、x_2 から x_1 を引いておく必要があります。

- T.DIST.RT 関数を使って T に対する t 分布の右側確率を求める。
自由度は n_1+n_2-2 となる。

関数の形式	T.DIST.RT(x, 自由度)（ティー・ディストリビューション・ライトテイルド）
関数の意味	[x] の値を元に、[自由度] で指定された t 分布の右側確率を求める。
入力例	=T.DIST.RT(F4,B16+C16-2)

キーワード

t 分布…P.215
片側検定…P.216
検定統計量…P.217
標準偏差…P.221
不偏分散…P.222
T.DIST.RT 関数…P.232

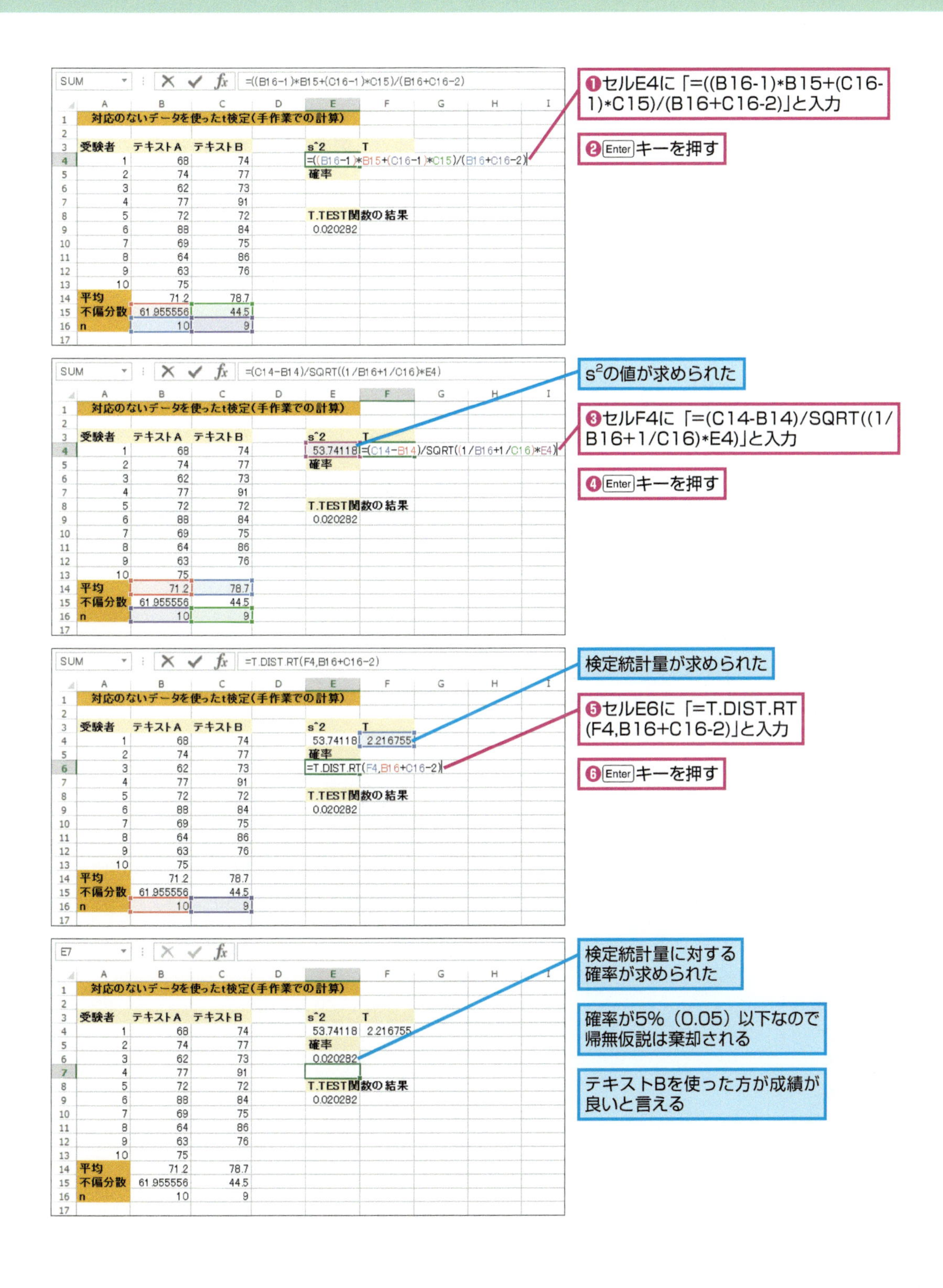
❶セルE4に「=((B16-1)*B15+(C16-1)*C15)/(B16+C16-2)」と入力
❷Enterキーを押す
s²の値が求められた
❸セルF4に「=(C14-B14)/SQRT((1/B16+1/C16)*E4)」と入力
❹Enterキーを押す
検定統計量が求められた
❺セルE6に「=T.DIST.RT(F4,B16+C16-2)」と入力
❻Enterキーを押す
検定統計量に対する確率が求められた
確率が5%（0.05）以下なので帰無仮説は棄却される
テキストBを使った方が成績が良いと言える

数式の数はたくさんありますが、ほとんどがこれまでに出てきたものと四則演算の組み合わせです。新しい関数はT.DIST.RT関数だけです。検定統計量とT.DIST.RT関数で求められた値の関係を図にすると、図4-8のようになります。

キーワード

t検定…P.215
t分布…P.215
検定統計量…P.217

図4-8 検定統計量とT.DIST.RT関数で求められた値

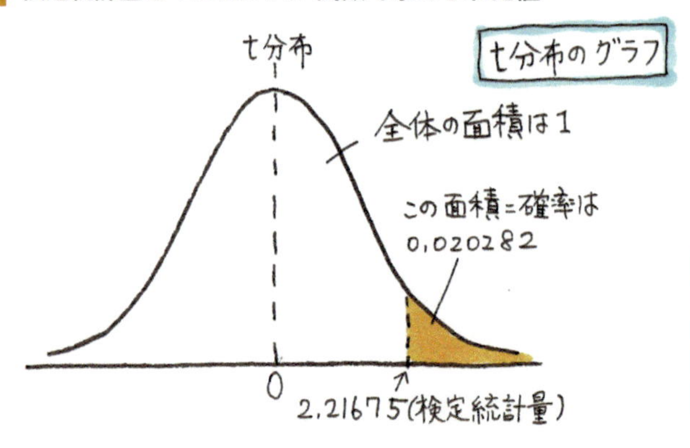

検定統計量を元にT.DIST.RT関数で求める。または、元のデータからT.TEST関数で求める

セルE9には130ページで見たT.TEST関数を使って「=T.TEST(B4:B13,C4:C13,1,2)」と入力してあります。ここで見た多くの計算がT.TEST関数1つでできてしまうことが分かります。

おお、ちゃんと自分で計算できました！ ちょっと感動しました。

ほかの検定も計算方法は違うけど、基本的な考え方や手順はほとんど同じよ。

帰無仮説を立てて、サンプルから検定統計量を求める、ですね。

そう、検定の方法によって検定統計量の求め方は違うけど。やり方は決まってるからその手順に従って求めるだけね。

で、検定統計量に対する正規分布とかt分布の確率を求めるわけですね。

念のため、母分散が等しい場合のｔ検定の方法を見ておきましょう。

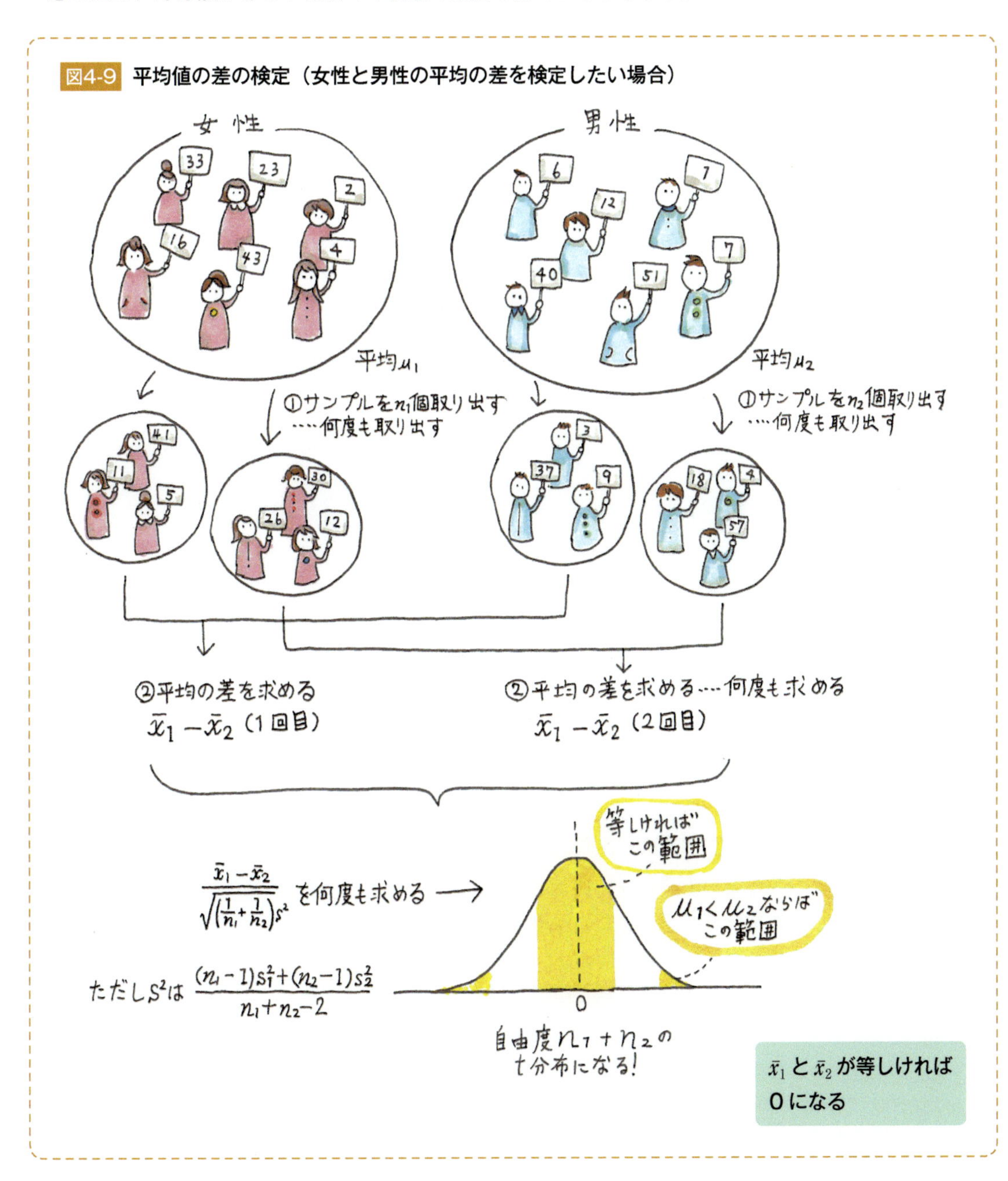

図4-9 平均値の差の検定（女性と男性の平均の差を検定したい場合）

重要なのはサンプルの平均を$\bar{x}_1$、$\bar{x}_2$としたとき、サンプルを何度も取り出すと、それらの差（$\bar{x}_1-\bar{x}_2$）を$\sqrt{\left(\frac{1}{n_1}+\frac{1}{n_2}\right)s^2}$で割ったもの（検定統計量）が、自由度$n_1+n_2-2$のｔ分布になるということです。T.DIST.RT関数は得られた検定統計量から、確率（帰無仮説を棄却しても誤りではない確率）を求めます。

1-9 母集団が正規分布していない場合の平均値の差の検定は？

平均値の検定や平均値の差の検定を適用するには、母集団が正規分布しているという前提を満たしている必要があります。正規分布から多少はずれていても、t検定などには頑健性があるので適用は可能なのですが、極端な値があって影響が大きい場合などにはt検定が使えません。

そのような場合に使われるのがマン・ホイットニー検定と呼ばれる方法です。実際にはマン・ホイットニー検定では、平均値ではなく中央値の差を検定することになります。この検定では、サンプルの値そのものではなく、順位を使って検定統計量を求めます。マン・ホイットニー検定はU検定とも呼ばれます。

練習用ファイル

4_1_9.xlsx

キーワード

t検定…P.215
頑健性…P.216
正規分布…P.219
マン・ホイットニー検定…P.223

統計レシピ

2群の中央値に差があるかどうかを検定するには

方法	マン・ホイットニー検定を行う
帰無仮説	母集団の中央値は等しい
参照	平均値の差の検定（対応のあるデータの場合）→130ページを参照 平均値の差の検定（対応のないデータの場合）→134ページを参照 平均値の差の検定（母集団の分散が等しくない場合）→137ページを参照

一般に、母集団の分布などのモデルを前提とする検定をパラメトリック検定と呼び、そういった前提を必要としない検定をノンパラメトリック検定と呼びます。マン・ホイットニー検定はノンパラメトリック検定の1つです。母集団が正規分布に従っていない場合はノンパラメトリック検定を使います。

残念ながら、マン・ホイットニー検定を一度で実行できる関数はありません。しかし、計算方法は単純なので数式そのものは難しくはありません。ただ、少し操作が多いので、途中で間違えないように一歩ずつきちんと進めていく必要があります。

平均値の差の検定で見たのと似たデータを使ってやってみましょう。このデータは、同じ順位の点数がないデータです。同じ順位がある場合には、数値を少し補正する必要があるので、ここでは単純なものだけを取り上げます。

キーワード

ノンパラメトリック検定…P.221
パラメトリック検定…P.221
RANK.EQ関数…P.230

●検定に使うデータ

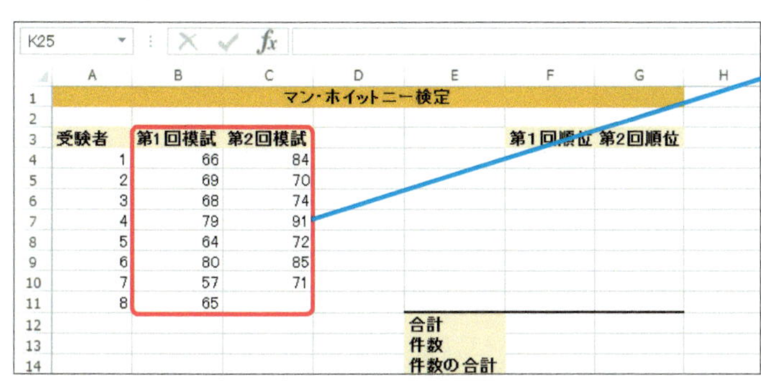

	A	B	C	D	E	F	G
1	マン・ホイットニー検定						
2							
3	受験者	第1回模試	第2回模試			第1回順位	第2回順位
4	1	66	84				
5	2	69	70				
6	3	68	74				
7	4	79	91				
8	5	64	72				
9	6	80	85				
10	7	57	71				
11	8	65					
12					合計		
13					件数		
14					件数の合計		

手順は以下の通りです。

・2つの群のすべてのデータを対象として、順位を求める。

・各群の順位の総和を求める（これを R_1、R_2 とします）。

・以下の計算をする。1つ目の群のデータ数を n_1、2つ目の群のデータ数を n_2、全体のデータ数をNとします。

$$U_1 = n_1 n_2 + \frac{n_1(n_1+1)}{2} - R_1$$

$$U_2 = n_1 n_2 + \frac{n_2(n_2+1)}{2} - R_2$$

・分布の平均と分散を以下の式で求める。

$$平均 = \frac{n_1 n_2}{2}$$

$$分散 = \frac{n_1 n_2 (N+1)}{12}$$

・検定統計量を以下の式で求める。

$$\frac{|U_1とU_2の小さい方 - 平均| - \frac{1}{2}}{\sqrt{分散}}$$

・検定統計量に対する確率（ここでは両側確率）をNORM.S.DIST関数で求める（データが十分あれば、検定統計量は標準正規分布に従う）。

関数の形式 RANK.EQ（ランク・イコール）(数値 , 参照 , 順序)

関数の意味 関数の意味［数値］が［参照］の範囲の中で何番目に位置するかを返す。［順序］に0を指定するか、省略したときは降順に並べたときの順位、0以外（通常は1を指定する）のときは昇順に並べたときの順位となる。同じ値には同じ順位が付けられ、次の値は順位が飛ばされた値になる（例えば、3位が2つあれば、次の順位は5位となる）。

入力例 =RANK.EQ(B4,B4:C11,1)

Tips

Excel 2007では、RANK.EQ関数の代わりに、RANK関数を使います。引数の指定方法は同じです。

関数の形式 NORM.S.DIST(z, 関数形式)（ノーマル・スタンダード・ディストリビューション）

関数の意味 標準正規分布で［z］の値に対する確率を返す。［関数形式］にFALSEを指定すると確率密度関数の値を返し、TRUEを指定すると累積分布関数の値を返す。

入力例 =NORM.S.DIST(F18,TRUE)

Tips

Excel 2007では、NORM.S.DIST関数の代わりに、NORMSDIST関数を使います。NORMSDIST関数では累積分布関数の値が返されるので、［関数形式］という引数はありません。

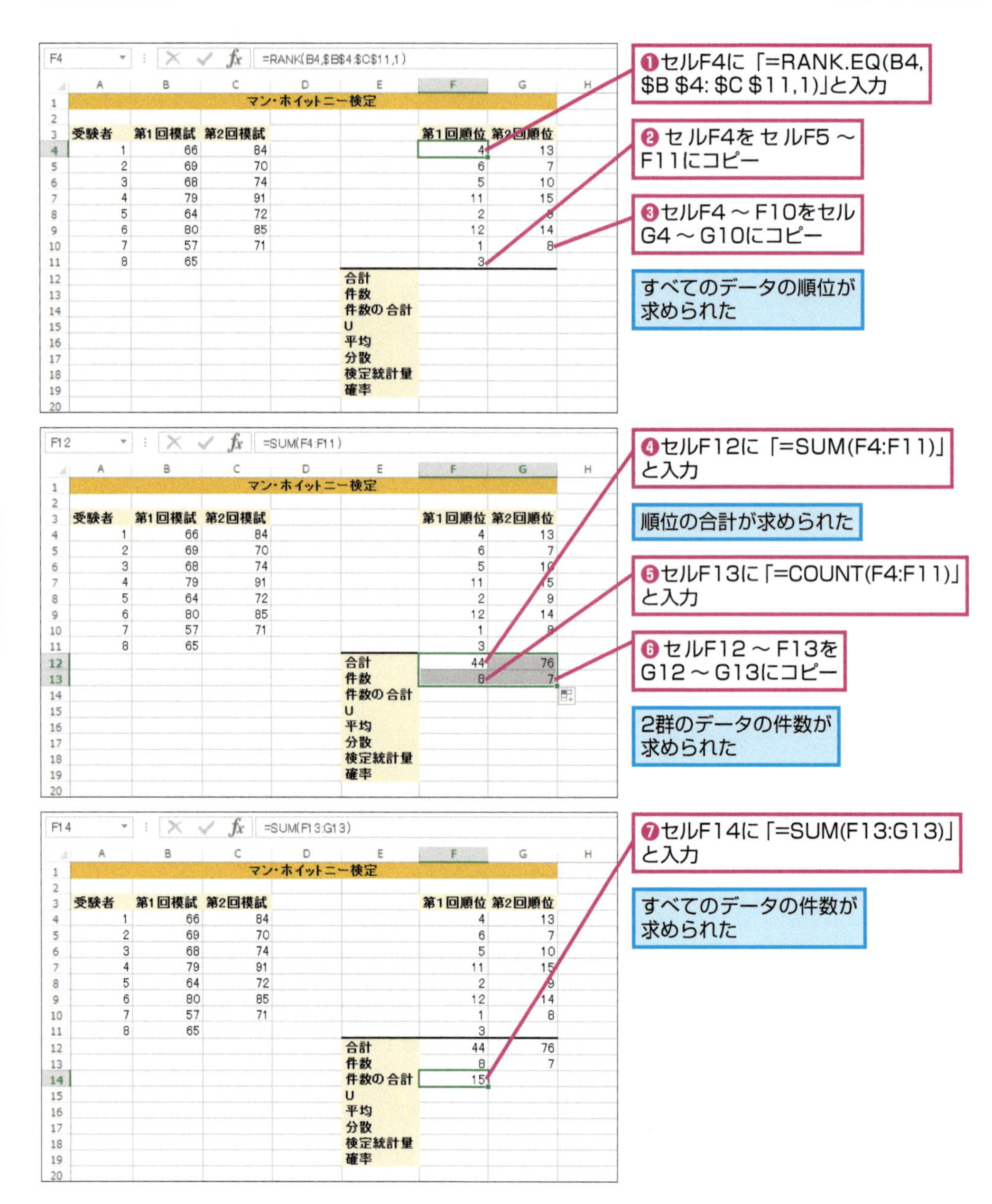

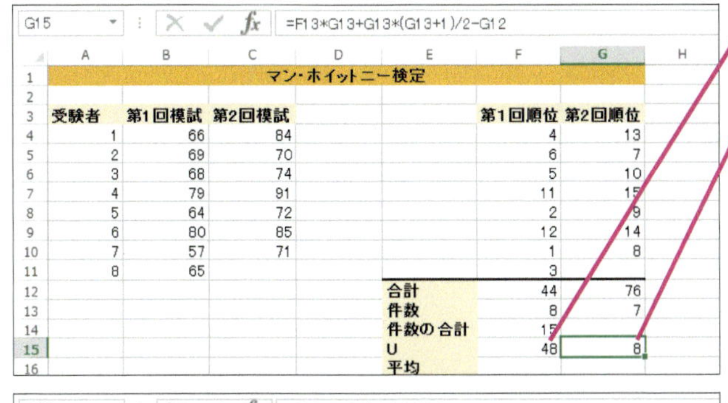

G15 =F13*G13+G13*(G13+1)/2-G12

	A	B	C	D	E	F	G	H
1	マン・ホイットニー検定							
2								
3	受験者	第1回模試	第2回模試			第1回順位	第2回順位	
4	1	66	84			4	13	
5	2	69	70			6	7	
6	3	68	74			5	10	
7	4	79	91			11	15	
8	5	64	72			2	9	
9	6	80	85			12	14	
10	7	57	71			1	8	
11	8	65				3		
12					合計	44	76	
13					件数	8	7	
14					件数の合計	15		
15					U	48	8	
16					平均			

❽セルF15に「=F13*G13+F13*(F13+1)/2-F12」と入力

❾セルG15に「=F13*G13+G13*(G13+1)/2-G12」と入力

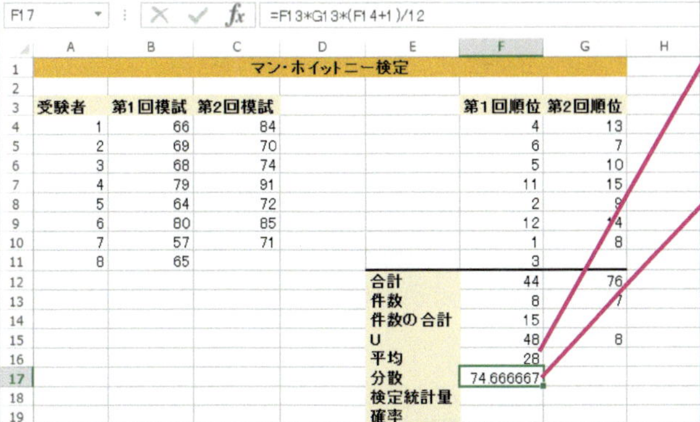

F17 =F13*G13*(F14+1)/12

	A	B	C	D	E	F	G	H
1	マン・ホイットニー検定							
2								
3	受験者	第1回模試	第2回模試			第1回順位	第2回順位	
4	1	66	84			4	13	
5	2	69	70			6	7	
6	3	68	74			5	10	
7	4	79	91			11	15	
8	5	64	72			2	9	
9	6	80	85			12	14	
10	7	57	71			1	8	
11	8	65				3		
12					合計	44	76	
13					件数	8	7	
14					件数の合計	15		
15					U	48	8	
16					平均	28		
17					分散	74.666667		
18					検定統計量			
19					確率			

❿セルF16に「=(F13*G13)/2」と入力

平均が求められた

⓫セルF17に「=F13*G13*(F14+1)/12」と入力

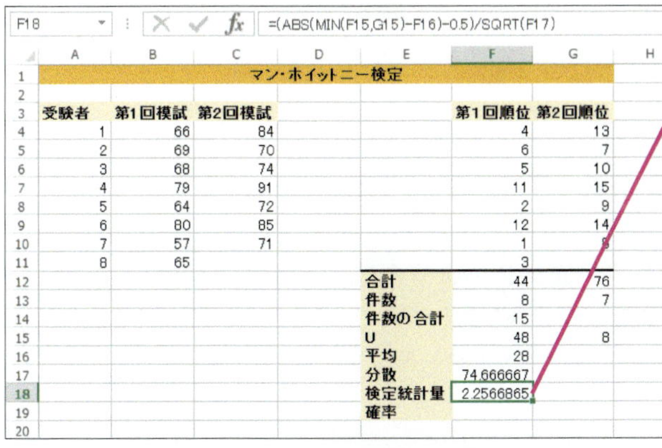

F18 =(ABS(MIN(F15,G15)-F16)-0.5)/SQRT(F17)

	A	B	C	D	E	F	G	H
1	マン・ホイットニー検定							
2								
3	受験者	第1回模試	第2回模試			第1回順位	第2回順位	
4	1	66	84			4	13	
5	2	69	70			6	7	
6	3	68	74			5	10	
7	4	79	91			11	15	
8	5	64	72			2	9	
9	6	80	85			12	14	
10	7	57	71			1	8	
11	8	65				3		
12					合計	44	76	
13					件数	8	7	
14					件数の合計	15		
15					U	48	8	
16					平均	28		
17					分散	74.666667		
18					検定統計量	2.2566865		
19					確率			
20								

⓬セルF18に「=(ABS(MIN(F15,G15)-F16)-0.5)/SQRT(F17)」と入力

検定統計量が求められた

F19 =(1-NORM.S.DIST(F18,TRUE))*2

	A	B	C	D	E	F	G	H
1	マン・ホイットニー検定							
2								
3	受験者	第1回模試	第2回模試			第1回順位	第2回順位	
4	1	66	84			4	13	
5	2	69	70			6	7	
6	3	68	74			5	10	
7	4	79	91			11	15	
8	5	64	72			2	9	
9	6	80	85			12	14	
10	7	57	71			1	8	
11	8	65				3		
12					合計	44	76	
13					件数	8	7	
14					件数の合計	15		
15					U	48	8	
16					平均	28		
17					分散	74.666667		
18					検定統計量	2.2566865		
19					確率	0.0240277		
20								

⓭セルF19に「=(1-NORM.S.DIST(F18,TRUE))*2」と入力

両側確率が求められた

5%有意で帰無仮説は棄却される

2回の試験結果には差があると言える

NORM.S.DIST関数の関数形式にTRUEを指定すると累積分布関数の値が求められます。この値は左側確率なので、1から引いて右側確率を求めます。さらにそれを2倍すると両側確率が求められます。

Point!

母集団が正規分布に従っていない場合には、マン・ホイットニー検定を使って中央値の差を検定する。

Step Up 同順位がある場合のマン・ホイットニー検定

練習用ファイル

4_1_s2.xlsx

キーワード

マン・ホイットニー検定…P.223
RANK.AVG関数…P.230

マン・ホイットニー検定で同順位（タイ）がある場合は、それらのデータに順位の平均値を与えます。例えば、3位が2つある場合には、両方が3.5位となり、その次が5位となります。それだけならRANK.AVG（ランク・アベレージ）関数を使って順位を求めればいいので手間は掛からないのですが、以下の式で分散を調整する必要があります。

$$分散 = \frac{n_1 n_2}{N(N-1)} \times \frac{N^3 - N - (同順位の個数^3 - 同順位の個数)の総和}{12}$$

式が少し分かりづらいかもしれませんが、例えば、2位が2つ、8位が3つ、15位が2つあったとすると、

(同順位の個数^3- 同順位の個数)の総和

の部分は、$(2^3-2)+(3^3-3)+(2^3-2)$となります。数式が複雑なので、何段階かに分けて計算するのが確実です。

以下の例では、2位が2つ、8位が2つ、12位が2つあるので、$(2^3-2)+(2^3-2)+(2^3-2)$となります。ただし、同じ値を3つ足しているので、数式を短くするために$(2^3-2)*3$という計算にしてあります。練習用ファイルで確認してください。

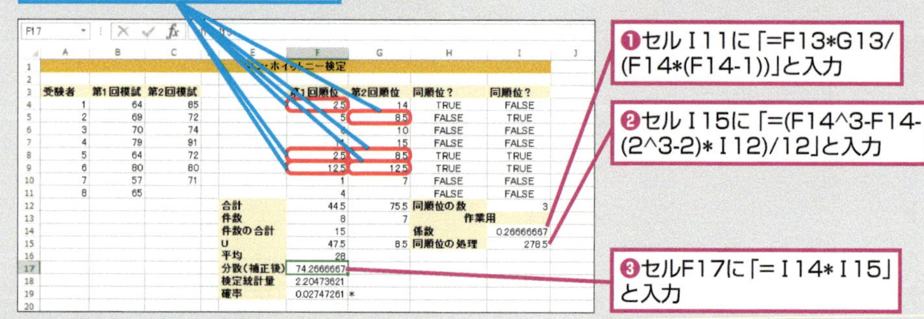

	A	B	C	D	E	F	G	H	I
1					・ホイットニー検定				
2									
3	受験者	第1回模試	第2回模試			第1回順位	第2回順位	同順位？	同順位？
4	1	64	85			2.5	14	TRUE	FALSE
5	2	69	72			5	8.5	FALSE	TRUE
6	3	70	74			[illegible]	10	FALSE	FALSE
7	4	79	91			[illegible]	15	FALSE	FALSE
8	5	64	72			2.5	8.5	TRUE	TRUE
9	6	80	80			12.5	12.5	TRUE	TRUE
10	7	57	71			1	7	FALSE	FALSE
11	8	65				4		FALSE	FALSE
12					合計	44.5	75.5	同順位の数	3
13					件数	8	7	作業用	
14					件数の合計	15		係数	0.26666667
15					U	47.5	8.5	同順位の処理	278.5
16					平均	28			
17					分散(補正後)	74.2666667			
18					検定統計量	2.20473621			
19					確率	0.02747261	*		
20									

2 商品の評価のばらつきに違いがあるかどうかを検証する

2-1 評価のばらつきの差も検定できる！

2群のデータを元に母集団の分散の差を検定するには、F検定という方法を使います。利用する関数はF.TEST関数です。第2章の中項目3-1（77ページ）で求めたできるサブレの評価の不偏分散は4.871、他社サブレの評価の不偏分散は1.358でした。この結果を見ると、分散が異なっているように思えます。その検定をやってみましょう。

練習用ファイル

4_2_1.xlsx

統計レシピ

2群の分散に差があるかどうかを検定するには（両側検定）

方法	F検定を行う
利用する関数	F.TEST（エフ・テスト）関数
前提	母集団の分布が正規分布に従っている
帰無仮説	母集団の分散は等しい

分散の差の検定では、帰無仮説は「2群の分散は等しい」です。ここでは、対立仮説は「2群の分散は等しくない」です。したがって、両側検定となります。F.TEST関数は両側確率を返すので、そのまま使えます。

キーワード

F検定…P.215
不偏分散…P.222
両側検定…P.223
F.TEST関数…P.227

関数の形式	F.TEST(範囲1, 範囲2)
関数の意味	[範囲1]と[範囲2]の母集団の分散に差があるかどうかを検定する。両側確率を返す。
入力例	=F.TEST(C4:C23,D4:D23)

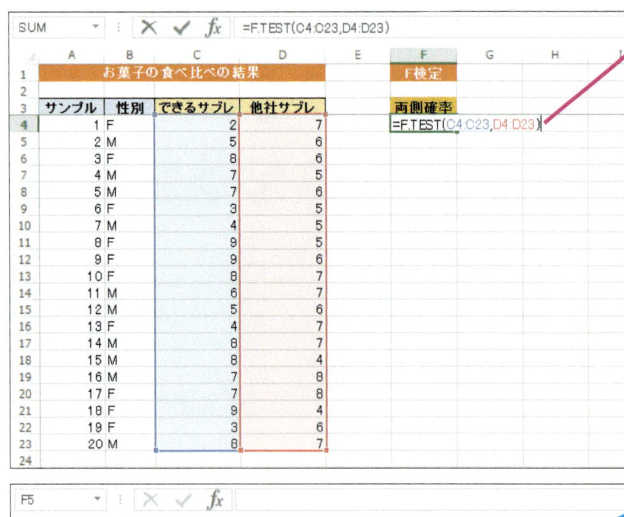

SUM | =F.TEST(C4:C23,D4:D23)

	A	B	C	D	E	F
1	お菓子の食べ比べの結果					F検定
2						
3	サンプル	性別	できるサブレ	他社サブレ		両側確率
4	1	F	2	7		=F.TEST(C4:C23,D4:D23)
5	2	M	5	6		
6	3	F	8	6		
7	4	M	7	5		
8	5	M	7	6		
9	6	F	3	5		
10	7	M	4	5		
11	8	F	9	5		
12	9	F	9	6		
13	10	F	8	7		
14	11	M	6	7		
15	12	M	5	6		
16	13	F	4	7		
17	14	M	8	7		
18	15	M	8	4		
19	16	M	7	8		
20	17	F	7	8		
21	18	F	9	4		
22	19	F	3	6		
23	20	M	8	7		
24						

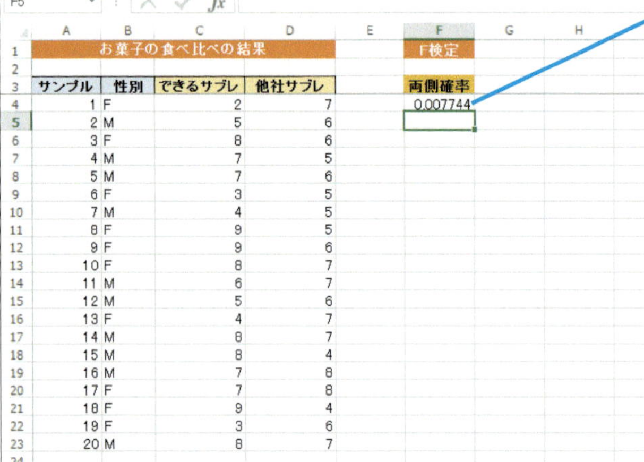

F5

	A	B	C	D	E	F
1	お菓子の食べ比べの結果					F検定
2						
3	サンプル	性別	できるサブレ	他社サブレ		両側確率
4	1	F	2	7		0.007744
5	2	M	5	6		
6	3	F	8	6		
7	4	M	7	5		
8	5	M	7	6		
9	6	F	3	5		
10	7	M	4	5		
11	8	F	9	5		
12	9	F	9	6		
13	10	F	8	7		
14	11	M	6	7		
15	12	M	5	6		
16	13	F	4	7		
17	14	M	8	7		
18	15	M	8	4		
19	16	M	7	8		
20	17	F	7	8		
21	18	F	9	4		
22	19	F	3	6		
23	20	M	8	7		
24						

分散が違うってことはばらつきが違うってことですよね。

そうね。尖度を調べたときに、できるサブレの評価がいい評価と悪い評価に分かれてるんじゃないかって考えたけど、その裏付けが得られたわね。

評価が高いのはいいんですけど、悪いのは困ったなあ。

可もなく不可もなくっていうより、むしろ評価が分かれるっていうのがいいところかもしれないわよ。問題点があるとしても、発見のきっかけになるからいいじゃない。

F 分布のグラフは左右対称なグラフではありません。棄却域は図 4-10 の黄色い部分に対応する位置になります。

図4-10 F 分布のグラフと棄却域

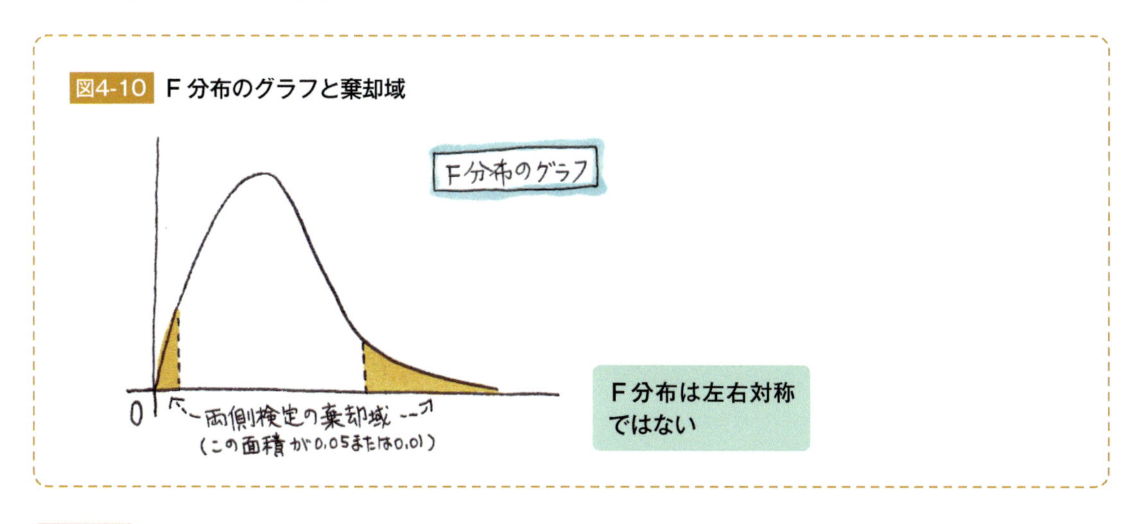

Point!

分散の差の検定にはF.TEST関数を使う。両側検定となることに注意。

2-2 分散が大きいか小さいかを検定したい

練習用ファイル
4_2_2.xlsx

F.TEST 関数を使えば両側検定が簡単にできます。しかし、F.TEST 関数は片側確率を返しません。片側確率を求めるには、検定統計量を計算して、その値を元に F.DIST 関数で確率を求める必要があります。

統計レシピ

2 群の分散に差があるかどうかを検定するには（片側検定）

方法	F 検定を行う。検定統計量として 2 群の分散の比を求め、F 分布の左側確率または右側確率を求める。
利用する関数	F.DIST（エフ・ディストリビューション）関数、F.DIST.RT（エフ・ディストリビューション・ライトテイルド）関数
前提	母集団の分布が正規分布に従っている
帰無仮説	母集団の分散は等しい

同じデータを使って、片側検定の例を見てみましょう。分散の比（s_1^2/s_2^2）は、自由度１が n_1-1、自由度２が n_2-1 のＦ分布に従います。したがって、手順は次のようになります。

- できるサブレの分散 (s_1^2) を求める。
- 他社サブレの分散 (s_2^2) を求める。
- s_1^2/s_2^2 の値を求める。これが検定統計量となる。
- 対立仮説が $\sigma_1^2 < \sigma_2^2$ のときは F.DIST 関数に検定統計量を指定して左側確率を求める。
- 対立仮説が $\sigma_1^2 > \sigma_2^2$ のときは F.DIST.RT 関数に検定統計量を指定して右側確率を求める。

σ_1^2、σ_2^2 はそれぞれの群の母分散です。

キーワード

F 分布…P.215
片側検定…P.216
検定統計量…P.217
自由度…P.218
F.DIST 関数…P.226
F.DIST.RT 関数…P.226

関数の形式 F.DIST (x, 自由度 1, 自由度 2, 関数形式)

関数の意味 [x] の値を元に [自由度 1] と [自由度 2] で表されるＦ分布の左側確率を返す。[関数形式] に FALSE を指定すると確率密度関数の値を返し、TRUE を指定すると累積分布関数の値を返す

関数の形式 F.DIST.RT(x, 自由度 1, 自由度 2)

関数の意味 [x] の値を元に [自由度 1] と [自由度 2] で表されるＦ分布の右側確率を返す。

入力例 =F.DIST.RT(G6,G4-1,H4-1)

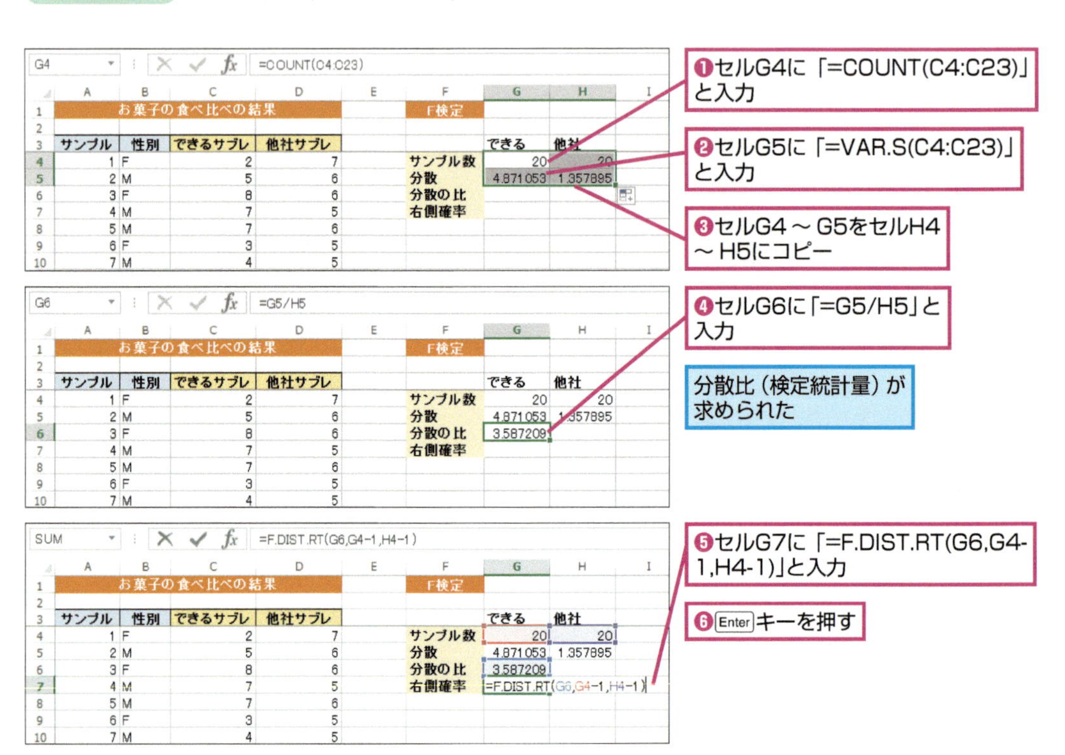

	A	B	C	D	E	F	G	H	I
1	お菓子の食べ比べの結果					F検定			
2									
3	サンプル	性別	できるサブレ	他社サブレ			できる	他社	
4	1	F	2	7		サンプル数	20	20	
5	2	M	5	6		分散	4.871053	1.357895	
6	3	F	8	6		分散の比	3.587209		
7	4	M	7	5		右側確率	0.003872		
8	5	M	7	6					
9	6	F	3	5					
10	7	M	4	5					

当然のことですが、**両側検定で有意にならなかったからといって、片側検定に変えるのは正しいやり方ではありません**。対立仮説によってどちらの方法を使うかをあらかじめ決めておくべきです。

Point!

分散の差の検定で、片側検定を行う場合には、検定統計量を元にF.DIST関数やF.DIST.RT関数を使って片側確率を求める。

当然のことだけど、両側検定で有意にならなかったからといって、片側検定にするっていうのはダメよ。仮説が違うんだから。

ちょっと思ったんですが、平均値の差を検定したときに、母分散が等しいかどうかによって方法が変わりましたよね。F検定でそれを確認してから、t検定を実行すれば確実ですよね。

そう考えてしまいがちなんだけど、F検定で分散に差があるとは言えないという結果が出ても、それが誤りである可能性もあるから、それを前提にすると誤りの可能性が増えちゃうわね。

なるほど、そう言われれば確かに。じゃあどうしたらいいんでしょう？

F検定の棄却域を大きめに取って（有意水準を10%ないし20%にする）、分散が等しいと言いにくくしたり、最初から分散に差がある場合のt検定にしたりするのが普通ね。

この章のまとめ

平均値の差や分散の差を検定する

この章では、2つの母集団の平均値に差があるかどうかを検定するためのt検定について学びました。また、2つの母集団の分散に差があるかどうかを検定するためのF検定についても学びました。以下のチェックポイントで、学んだ内容を確認しておきましょう。

- □ 検定では帰無仮説を立て、それを棄却することが誤りである確率を求める
- □ 確率が小さいときは帰無仮説が棄却できる
- □ 帰無仮説を棄却するときの基準となる確率は5%または1%で、これらの確率のことを有意水準と呼ぶ
- □ 求められた確率が有意水準以下の場合（帰無仮説が棄却される場合）には「有意差がある」と言う
- □ 帰無仮説を棄却したときに採用したい仮説のことを対立仮説と呼ぶ
- □ 対立仮説の立て方によって、両側検定か片側検定かが決まる（等しくないと言いたいときは両側検定、どちらかが大きいと言いたいときは片側検定となる）
- □ 2群の母集団の平均に差があるかどうかを検定したいときにはt検定を行う
  - □ t 検定では T.TEST 関数を使う
  - □ 2 群のデータが対応のあるデータの場合、対応がなく母分散が等しいと仮定できる場合、対応がなく母分散が等しくないと仮定される場合で、検定の方法が異なる（T.TEST 関数に指定する引数が異なる）
- □ 平均の差を検定したいときに母集団が正規分布に従っていないと考えられる場合にはマン・ホイットニー検定などのノンパラメトリック検定を使う
- □ 2群の母集団の分散に差があるかどうかを検定したいときにはF検定を行う
  - □ F 検定で両側検定を行う場合には F.TEST 関数を使う
  - □ F 検定で片側検定を行う場合には、検定統計量を求め、F.DIST 関数や F.DIST.RT を使って検定統計量に対する片側確率を求める

第5章

性別によって好みに違いがあるかどうかを調べてみよう

第4章では平均値や分散に差があるかどうかを検定しました。つまり、2つのグループに違いがあるかどうかを見てきたわけです。ここでは、値に差があるかどうかではなく、何らかの性質が違いに影響しているのかという検定を行います。例えば、犬好きと猫好きの割合は性別によって異なるのか、それとも、性別とは関係なく一定なのかということを検定で調べます。また、相関係数に関する検定も、この章で合わせて見ていきます。

5日目

第5章を始める前に
マーケティングやターゲティングに役立つ検定

最初は平均や分散を調べて、グラフの結果から「だいたいの感触」で考えていたけど、検定を使えばはっきりとした根拠を元に「差がある」とか「差があるとは言えない」などと言えるわね。

はい。でも、もうちょっとパターンが読めるようになればいいんですが。

例えば、どういうパターン？

例えば……ええと、新商品のキャラクターに関するアイデアを考えるときに、「女性には猫派が多いよね」とか「男性は犬派が多いだろう」といった話になるんですが、みんな自分の感覚でしかモノを言わないんですよ。

なるほどね、根拠が欲しいのね。

そうなんです。性別によって好きなペットが違うとか、職業によって好きなテレビ番組のジャンルが違うとか、そういう違いが明確に出せるといいなと思うんですけど……。

それなら、独立性の検定が使えるわ。簡単なクロス集計表を使って、グループの違いが好みの違いに影響しているかどうかを調べてみましょう。

それは、何検定なんですか？

χ^2検定よ、「カイ、ジジョウ」ね。ウチの社名の由来でもあるのよ。それと、相関係数もまだ検定していないから、ついでに見ておきましょうか。

こんなことができるようになります

第４章では、検定という強力な道具を手に入れました。この章では、値に差があるかどうかということよりも「関係があるかどうか」という視点で、さまざまな検定に取り組みます。１つ目は２つの要因が影響しあっているかどうかを調べるためのχ^2（カイジジョウ）検定です。性別による違いや職業による違いが分かれば商品やサービスのセグメント化に役立ちます。合わせて、相関があるかどうかの検定や回帰直線の当てはまりの良さなどの検定方法も紹介します。

統計レシピ

- クロス集計表を作るには
- ２つの属性が独立であるかどうかを検定するには
- 母集団がある離散分布に従っているかどうかを検定するには
- ２つの変量に関係があるかどうかを検定するには
- 重回帰分析で回帰直線の当てはまりの良さを検定するには
- 重回帰分析で係数の有効性を検定するには

5日目 χ^2検定

1 性別によって好きなペットは異なるか

1-1 性別とペットの好みをクロス集計表で確認しよう

犬が好きか猫が好きかというアンケート結果を入力したデータがあるとします。図5-1の左側（A列～C列）が入力したデータです。これだけでは好きなペットが異なるかどうかは分かりませんが、右側（E列～H列）のような集計表にすると傾向がよく分かります。さらに、グラフ化すると違いが視覚的に分かります。

練習用ファイル

5_1_1.xlsx

図5-1 男女別のペットの好みのアンケートの集計表とグラフ

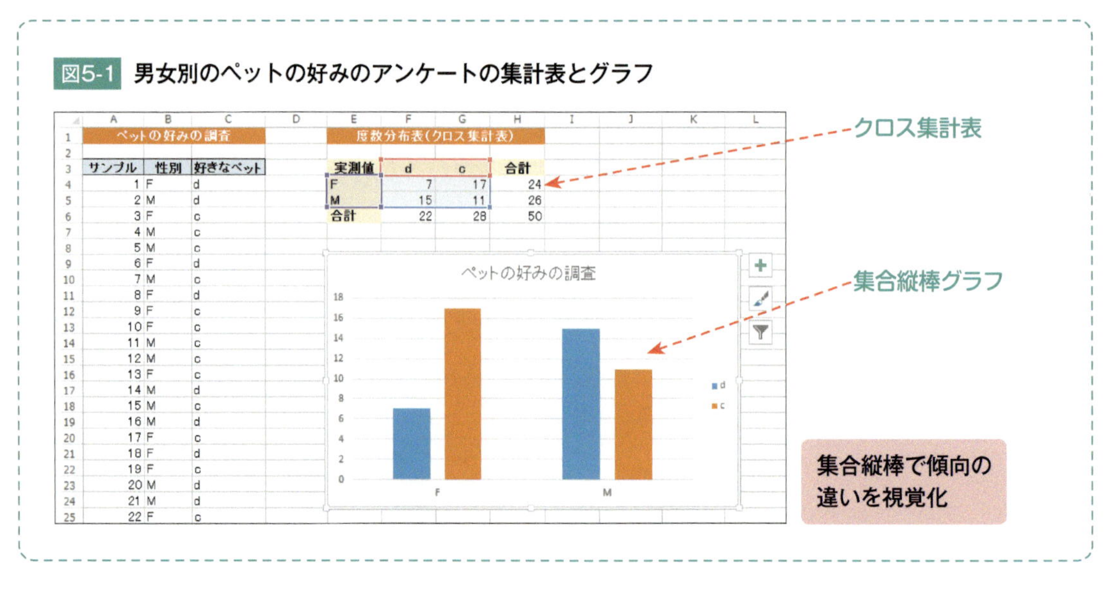

このように**縦横に項目を置いて、交わるセルにデータの個数を集計した表のことをクロス集計表と呼びます**。早速、クロス集計表とグラフを作成して、性別によってペットの好みが異なるかどうかを見てみましょう。

なお、データは4行目～53行目に入力されています。次の操作では絶対参照と相対参照をうまく使って、数式をコピーできるようにします。やや複雑ですが、セルF4に入力された数式をすべて相対参照で書くと「=COUNTIFS(B4:B53,E4,C4:C53,F3)」になり、セルB4～B53がセルE4の値（"F"）に等しく、セルC4～C53がセルF3の値（"d"）に等しい（つまり女性で犬派の）データの個数を求めていることが分かります。

キーワード

クロス集計表…P.217
COUNTIFS関数…P.226

統計レシピ

クロス集計表を作るには

方法	行と列に項目の見出しを入れ、COUNTIFS 関数などを使って各セルの度数を求める
利用する関数	COUNTIFS（カウント・イフ・エス）関数
参照	グラフの作成→ 32 ページを参照

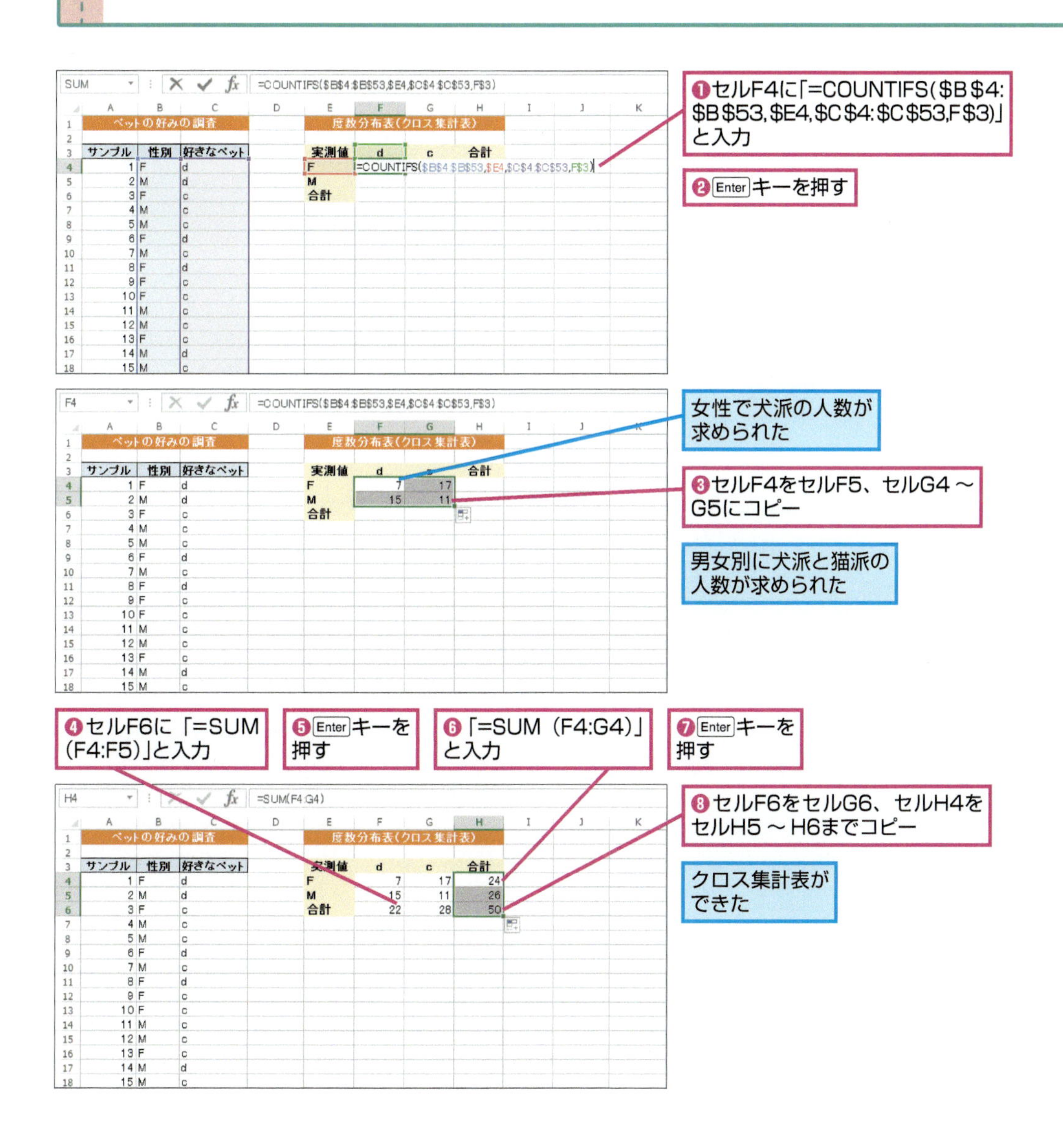

5日目 1
χ^2検定

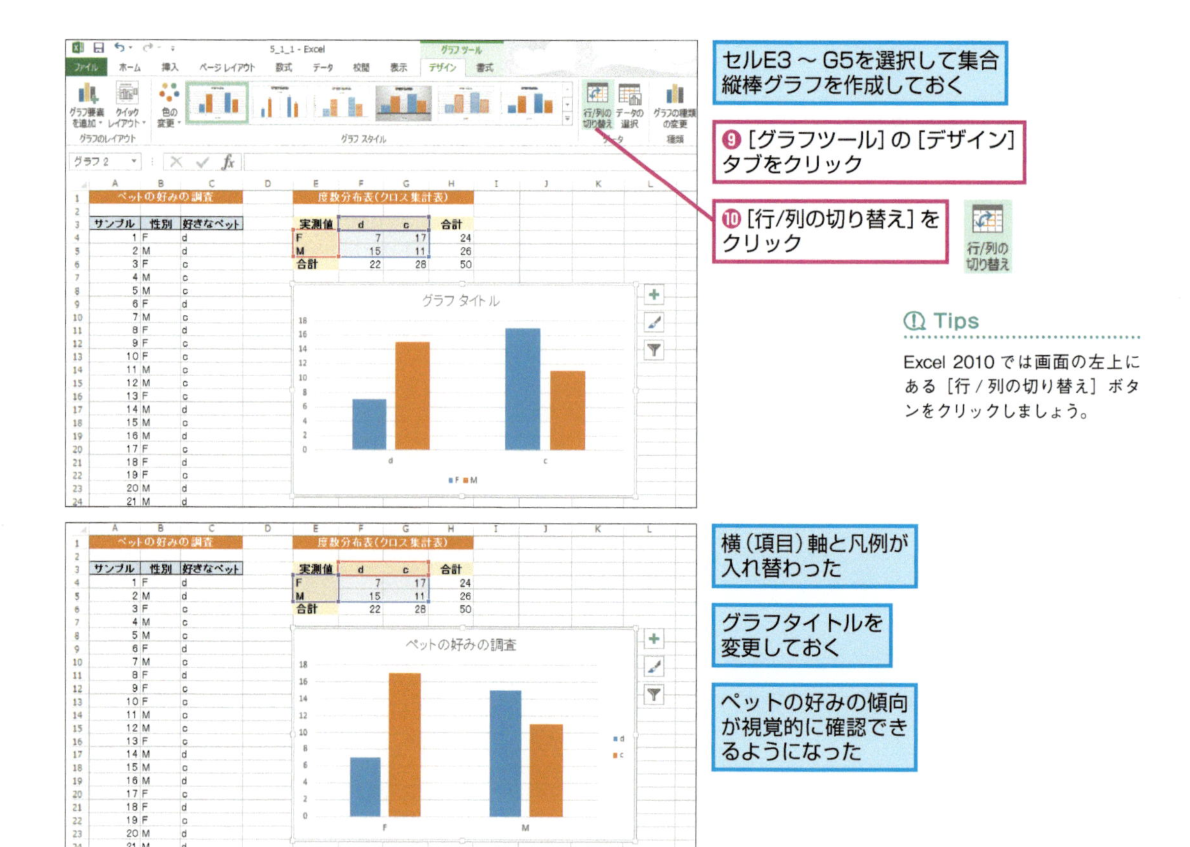

Tips

Excel 2010では画面の左上にある［行/列の切り替え］ボタンをクリックしましょう。

クロス集計表やグラフを見ると、どうやら女性の方が猫好きのような印象です。χ^2検定を使ってそれが正しいかどうかを調べてみましょう。

1-2 女性は猫好き、男性は犬好きって本当？

クロス集計表やグラフを見ると、女性の方が猫好きだってことがよく分かりますね。

ちょっと待って。ホントにそう言えるの？

一目瞭然（りょうぜん）じゃないですか。

そうじゃなくて、ちゃんと検定しないとダメでしょ。そう見えるだけで、誤差の範囲かも知れないわよ。

あ、そうでした。マナブなのにちゃんと学んでませんでした。

分布のパターンの違いを見るには、χ^2 検定（カイ二乗検定）を使います。この検定は独立性の検定と呼ばれ、2つの性質が独立かどうかを調べるために使われます。

練習用ファイル

5_1_2.xlsx

統計レシピ

2つの属性が独立であるかどうかを検定するには

方法	χ^2 検定を行う
利用する関数	CHISQ.TEST（カイ・スクエアド・テスト）関数
帰無仮説	2つの属性は独立である
準備	あらかじめクロス集計表を作り、期待値を求めておく

帰無仮説は、性別と好きなペットという2つの属性が「独立である」です。帰無仮説が棄却されるということは、独立ではないということで、何らかの関係があるということを示します。

キーワード

χ^2 検定…P.215
期待値…P.216
独立性の検定…P.220
CHISQ.TEST 関数…P.224

検定の手順は以下の通りです。CHISQ.TEST 関数を使う前に、あらかじめ期待値を求めておく必要があります。

Tips

χ はギリシャ文字Xの小文字で、カイと読みます（アルファベットのエックスではありません）。

- 実測値の縦横の合計を求める（すでに見た通りです）。
- 期待値を求める。すべてのセルについて、横の合計の値を縦の合計の比で分ける。
- CHISQ.TEST 関数に実測値の範囲と期待値の範囲を指定する。

期待値の意味については 173 ページで詳しく説明しますが、犬好きと猫好きの割合が性別と関係がないなら、それぞれのセルの人数は何人になるはずだ、という値を求めたものと考えられます。ここでは、どういう計算をしているかをしっかり確認しておいてください。

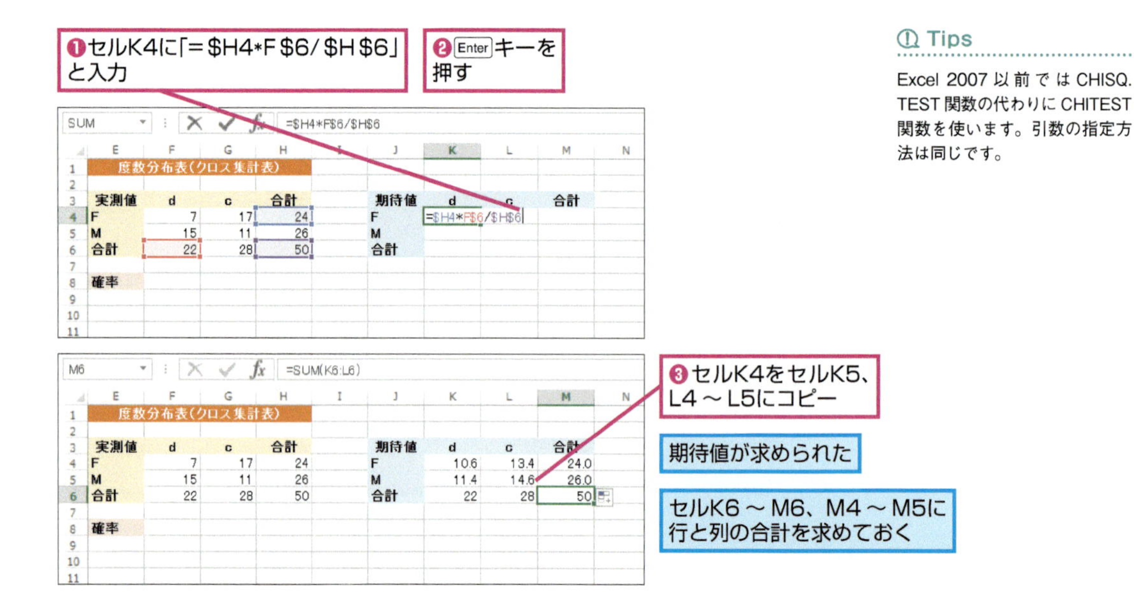

これで準備完了です。CHISQ.TEST 関数を入力しましょう。

関数の形式 CHISQ.TEST(実測値範囲 , 期待値範囲)

関数の意味 [実測値範囲] と [期待値範囲] の値を元に χ^2 検定を行う。

入力例 =CHISQ.TEST(F4:G5,K4:L5)

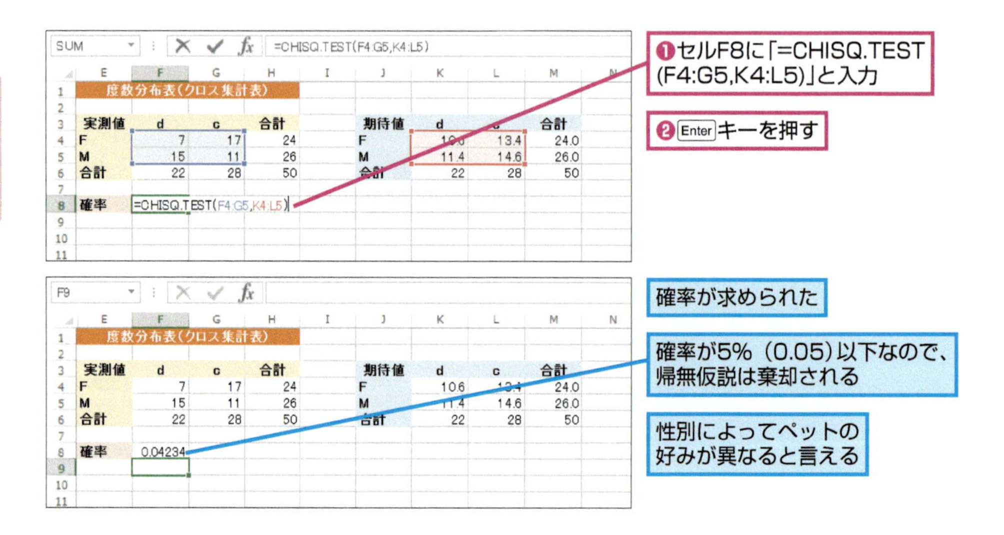

> **Tips**
> Excel 2007 以前では CHISQ.TEST 関数の代わりに CHITEST 関数を使います。引数の指定方法は同じです。

なお、χ^2検定では、度数の小さなセルがある場合には補正するか直接確率計算法と呼ばれる別の方法を使う必要があります。場合によっては、似たような項目をまとめて度数の小さなセルを作らないようにしたり、度数分布表の階級の幅を広げて（階級を少なくして）、度数の小さなセルをまとめたりします。

χ^2検定は、簡単に言えば、実測値と期待値のズレを見ているって感じね。同じ比率なら期待値のようになるはずだけど、それと比べて実測値にどれだけデコボコがあるかってことね。

なるほど、確かにパターンの違いが分かりますね。今回のデータでは、女性は猫好きが多くて、男性は犬好きが多いようですね。

インターネットだと男性も女性も猫好きの人が多いって印象もあるけど、できる製菓さんのお客様はちょっと違うようね。

商品のパッケージやCM、アプリにどういうキャラやアイテムを登場させたらいいかを検討するときの参考にできそうです。

じゃあ、応用できそうね。

では、少し棚上げにしていた期待値の考え方について詳しく説明しましょう。期待値とは「帰無仮説の通りならその値になるはず」という値のことです。帰無仮説は「性別とペットの好みは独立である」ということでしたが、分かりやすく言うと「性別によって犬好きと猫好きの割合に違いはないはずだ」ということです。

全体の人数を見ると、50人のうち、犬好きは22人、猫好きは28人です。割合に違いはないとすると、女性も男性も犬好きは$\frac{22}{50}$、猫好きは$\frac{28}{50}$の割合になるはずです。女性は24人いるので、この24人を$\frac{22}{50}$と$\frac{28}{50}$に分ければ、全体の割合と同じになります。こうして求めた値が期待値です。男性についても同様にして求めます。なお、期待値は理論値や理論度数と呼ばれることもあります。

図5-2 ペットの好みの割合と期待値

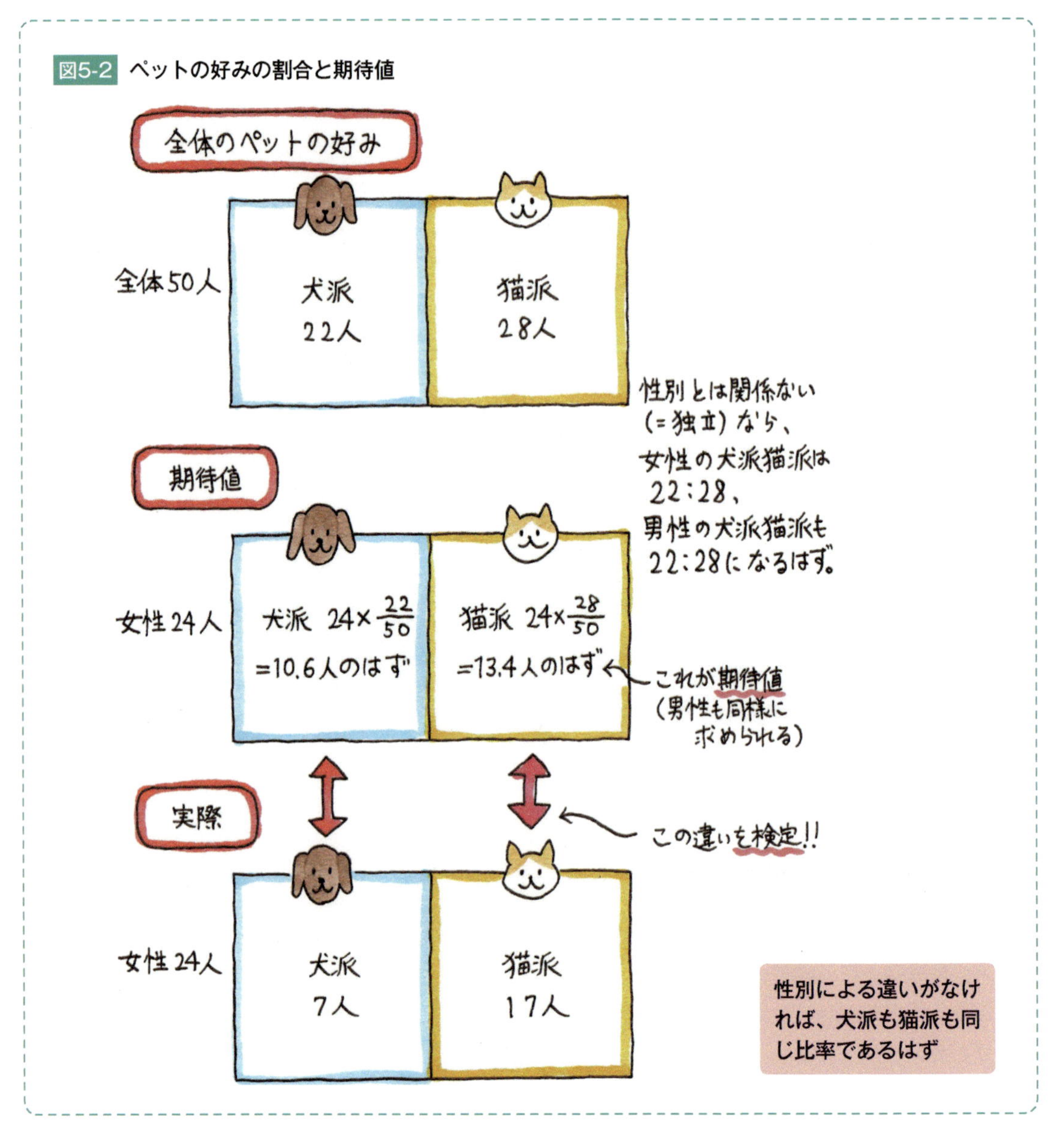

χ^2検定は、この期待値と実測値の差がどれぐらいあるかを検定しています。差が大きいということは、期待値からはずれている（つまり割合が一定ではない）ので、性別が何らかの影響を及ぼしていると考えられる、というわけです。

Point!

独立性の検定を行うには、あらかじめ期待値を求めておき、実測値と期待値をCHISQ.TEST関数に指定する。

Step Up 一瞬で縦横の合計を求める！

縦横の合計を入力するときには SUM 関数をたくさん入力する必要があります。オートフィルを使って数式をコピーすれば手間が減らせますが、オート SUM 機能を使えばもっと簡単です。

練習用ファイル
5_1_s1.xlsx

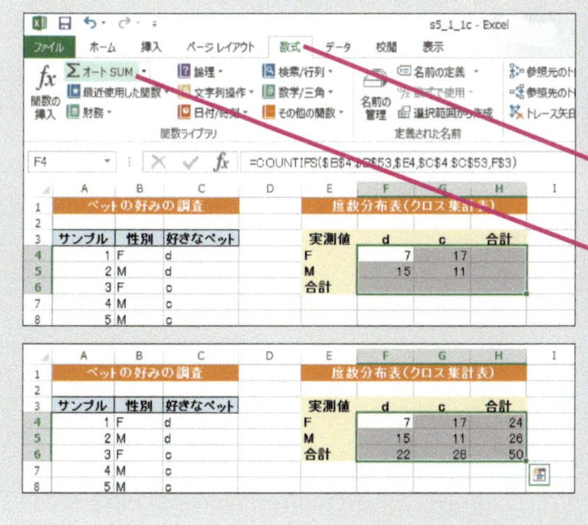

合計を表示したいセルを含めて範囲を選択しておく

❶［数式］タブをクリック

❷［オートSUM］をクリック

Σオート SUM

すべての空白セルにSUM関数が入力された

1-3 返品の回数は特定のパターンを持つのか？

χ^2検定って便利ですね。パターンが見つかるというかなんというか。

期待値とのズレを見てるわけだから、何かに当てはまっているかどうかが調べられるってことね。

「何か」って？例えば何ですか？

そうね……。例えば、返品の回数が特定の分布に当てはまっているかどうかを調べるとかね。

χ^2検定では、実測値と期待値（理論度数）とのズレを調べるので、実測値を元に母集団がある分布に従っているかを検定できます。ただし、**χ^2検定ができるのは離散分布に限ります**。簡単な例で見てみましょう。離散分布と連続分布については、179ページのColumnを参照してください。

キーワード
離散分布…P.223
連続分布…P.223

統計レシピ

母集団がある離散分布に従っているかどうかを検定するには

方法	適合度の検定を行う
利用する関数	POISSON.DIST（ポアソン・ディストリビューション）関数、CHISQ.TEST関数
帰無仮説	母集団はその離散分布に従っている

検定の手順は独立性の検定と基本的には同じです。あらかじめ、目的とする離散分布の度数を期待値として求めておき、それとのズレを見るといった感じです。ここでは、返品があった店舗数がポアソン分布に従っているかどうかを調べてみましょう。**ポアソン分布はめったに起こらないことが起こる確率を求めるのによく使われる**もので、POISSION.DIST関数を使えば簡単に期待値が求められます。

練習用ファイル
5_1_3.xlsx

キーワード
期待値…P.216
ポアソン分布…P.222
CHISQ.TEST関数…P.224
POISSON.DIST関数…P.230

・事象が起こった回数×実測値を求める。
・上記の合計を求める。
・それを実測値の合計で割る（これがポアソン分布の平均となる）。
・POISSON.DIST関数を使って、実測値と平均値を元に期待値（理論度数）を求める。
・CHISQ.TEST関数に実測値と期待値を指定して確率を求める。

Tips
ポアソン分布に関しては、19世紀のプロシアで、馬にけられて死亡した兵士の数がポアソン分布に従っている、という事例が有名です。

以下の例では、返品の回数が0回であった店舗が何店あったか、1回であった店舗が何店あったか……というようなデータが入力されています。それがポアソン分布に従っているかどうかを検定します。

関数の形式	POISSON.DIST(事象の数 , 事象の平均 , 関数形式)
関数の意味	事象が起こる確率が［事象の平均］であるポアソン分布で、［関数形式］に FALSE を指定するとその事象が［事象の数］だけ起こる確率（確率質量関数の値）が求められ、TRUE を指定するとその事象が［事象の数］まで起こる累積確率（累積分布関数の値）が求められる
入力例	=POISSON.DIST(A1,C11,FALSE)

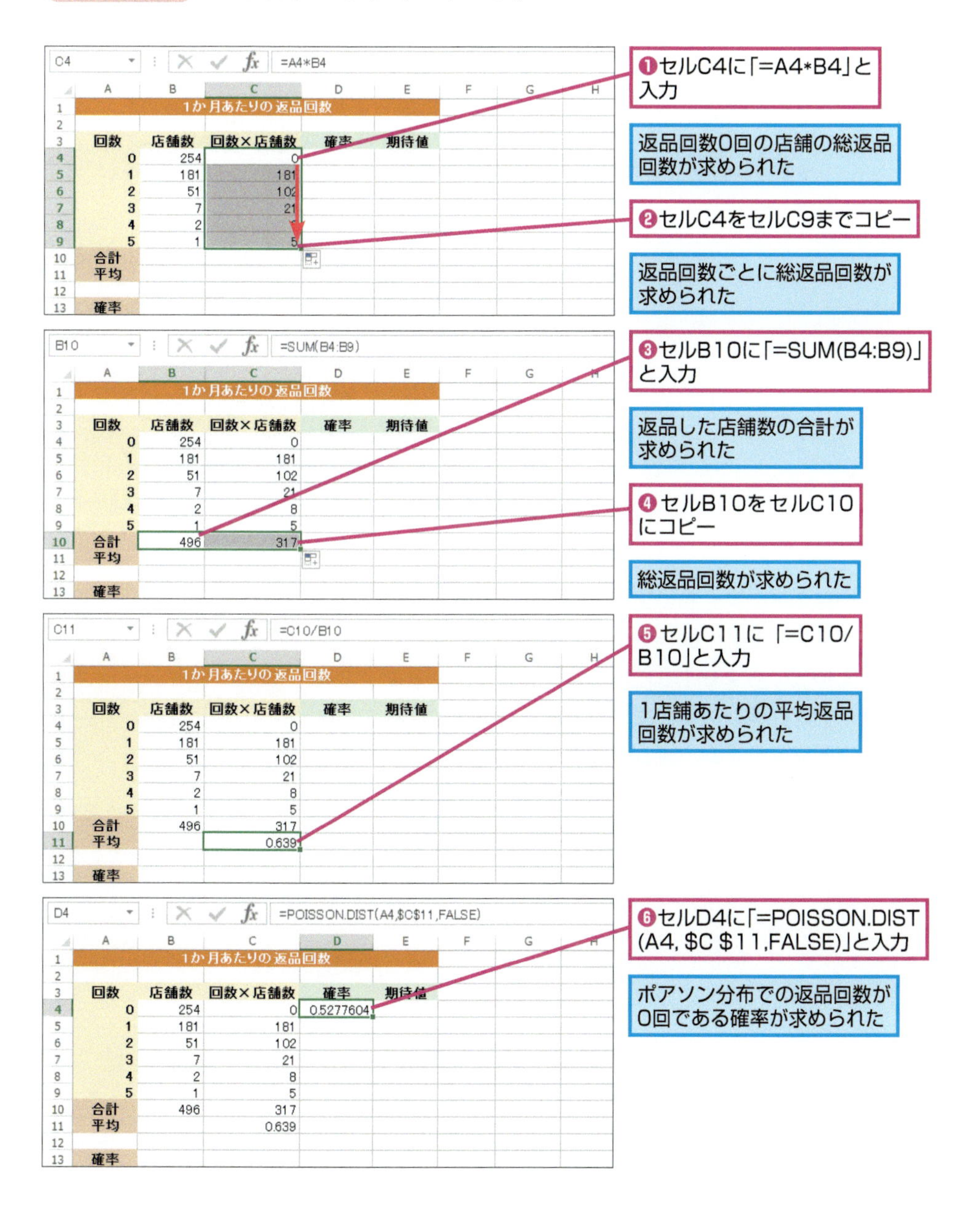

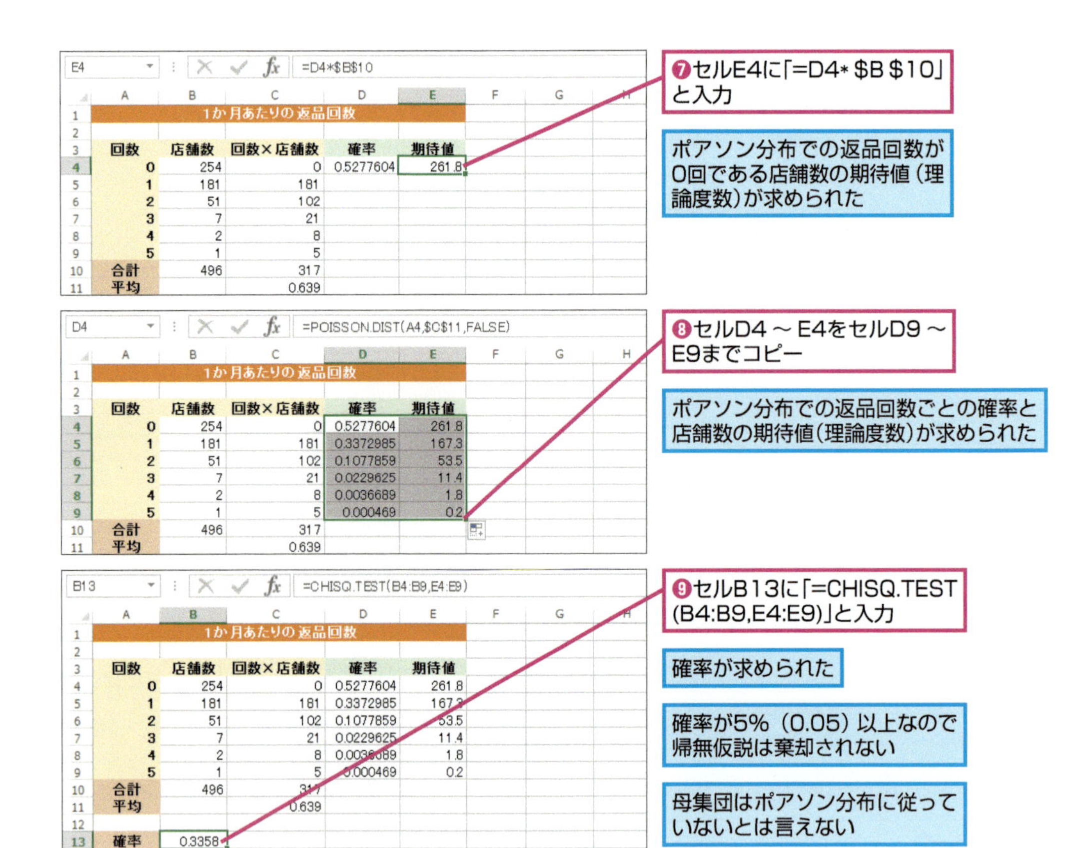

回数	店舗数	回数×店舗数	確率	期待値
0	254	0	0.5277604	261.8
1	181	181	0.3372985	167.3
2	51	102	0.1077859	53.5
3	7	21	0.0229625	11.4
4	2	8	0.0036689	1.8
5	1	5	0.000469	0.2
合計	496	317		
平均		0.639		
確率	0.3358			

　この結果から、母集団はポアソン分布に従っていないとは言えないことが分かります。ちょっと奥歯にモノの挟まったような言い方ですが、ポアソン分布に従っているといってもよさそうだ、と言うことです。どのような分布に従っているかが分かれば、ある程度、予測にも役立ちます。

　ちなみに、実測値とポアソン分布から得られる期待値をグラフにしてみると、以下のようになり、視覚的にも適合度が確認できます。

●実測値と期待値のグラフ

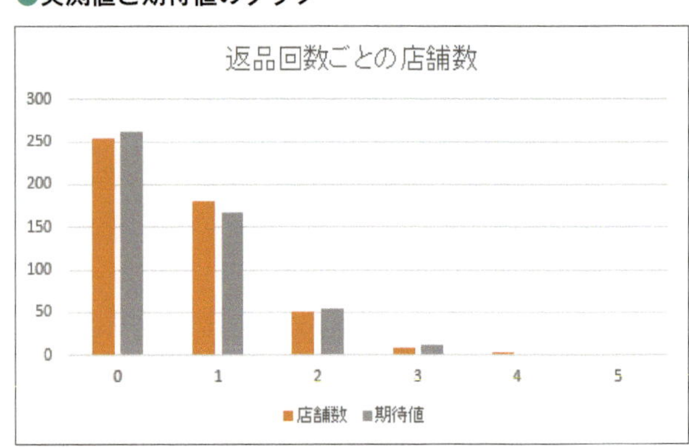

どういう分布に従っているかが分かれば、予測にも使えそうですね！

「平均してどれぐらいの返品があるか」と大ざっぱにとらえるんじゃなくて、「返品回数が1回の店舗は何店ぐらいありそうだ」といったことが分かると、きめ細かな対応ができるわね。

そもそも返品がないっていうのが理想なんですけどね……。

配送中にパッケージが破損するとか、そういうトラブルは避けられないリスクだけど、さらに原因を追及して解決策を考えれば、コストを減らすことができるわね。

Point!

適合度の検定では、あらかじめ離散分布の期待値を求めておき、実測値と期待値をCHISQ.TEST関数に指定する。

Column

離散分布と連続分布

これまで詳しく触れていませんでしたが、分布には離散分布と連続分布があります。離散分布とは変数が飛び飛びの値を取るような分布で、連続分布とは変数が連続した値を取るような分布です。

例えば、サイコロを投げたときの目は、1とか2とかの飛び飛びの値です。これらの目がでる確率の分布は離散分布になります。離散分布には、二項分布、ポアソン分布などがあります。離散分布をグラフにすると棒グラフになります。

一方、身長や体重などは飛び飛びの値ではなく連続した値です。これらの確率分布は連続分布になります。連続分布には、正規分布、t分布、F分布、χ^2分布などがあります。連続分布は滑らかなグラフ（散布図（平滑線）で作られるようなグラフ）になります。

2 店舗への訪問回数と売り上げの関係を検定する

2-1 相関係数が大きいとホントに相関があると言っていいのか？

第３章では変数の間に関係があるかどうかを知るために相関係数を求めました。また、複数の変数の影響を調べるために重回帰分析を使って回帰直線の係数を求めたりもしました。その時点では、相関がありそうだとかなさそうだとかは数字の大きさの印象でしか言えませんでしたが、根拠のある判断をするためには検定が必要です。

練習用ファイル

5_2_1.xlsx

統計レシピ

２つの変量に関係があるかどうかを検定するには

方法	無相関の検定を行う
利用する関数	T.DIST.2T（ティー・ディストリビューション・ツー・テイルド）関数
帰無仮説	２つの変量に相関はない
準備	あらかじめ相関係数を求めておく

検定の手順は以下の通りです。n はデータの個数（入力されたデータの行数）です。

・相関係数 r を求める。

・以下の式で検定統計量を求める。

$$T = \frac{r\sqrt{n-2}}{\sqrt{1-r^2}}$$

・検定統計量は自由度 n-2 の t 分布に従うので、T.DIST.2T 関数に検定統計量と自由度を指定して確率を求める。

このような、相関があるかどうかの検定のことを「無相関の検定」と呼びます。普通は相関があることを言いたいのですが、帰無仮説が「相関は

キーワード

t 分布…P.215
検定統計量…P.217
自由度…P.218
相関係数…P.219
無相関の検定…P.223
TDIST 関数…P.232
T.DIST.2T 関数…P.232

Tips

Excel 2007 では T.DIST.2T 関数の代わりに TDIST 関数を使います。「TDIST(値,自由度,尾部)」の形式になり、［尾部］に１を指定すると右側確率が求められ、２を指定すると両側確率が求められます。

ない」なので、そう呼ばれるわけです。第３章では、営業担当者の訪問回数と店舗の売り上げとの相関係数を求めました。その値を使って無相関の検定をやってみましょう。

関数の形式	T.DIST.2T(値 , 自由度)
関数の意味	t 分布で［値］と［自由度］に対する両側確率を返す。
入力例	=T.DIST.2T(F4, 8)

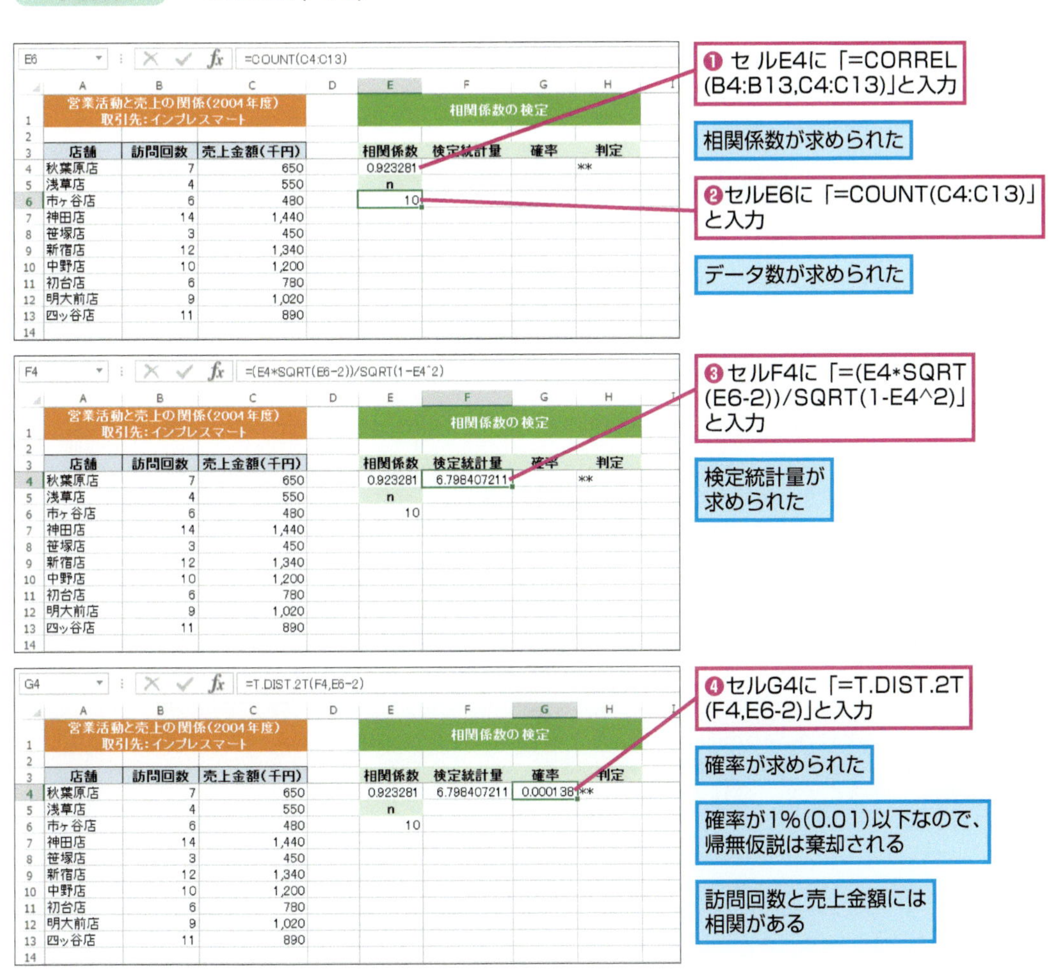

	A	B	C	D	E	F	G	H
1	営業活動と売上の関係(2004年度) 取引先:インプレスマート				相関係数の検定			
2								
3	店舗	訪問回数	売上金額(千円)		相関係数	検定統計量	確率	判定
4	秋葉原店	7	650		0.923281	6.798407211	0.000138	**
5	浅草店	4	550		n			
6	市ヶ谷店	6	480		10			
7	神田店	14	1,440					
8	笹塚店	3	450					
9	新宿店	12	1,340					
10	中野店	10	1,200					
11	初台店	6	780					
12	明大前店	9	1,020					
13	四ッ谷店	11	890					
14								

相関がないという帰無仮説が棄却されたので、訪問回数と売上金額には相関があると言えます。繰り返しになりますが、あくまで何らかの関係があるということであって、原因と結果を表しているわけではないことに注意してください。また、104ページで触れたような疑似相関の問題にも注意が必要です。

Point!

相関があるかどうかは、無相関の検定で調べる。
帰無仮説が棄却されたら相関はあると言える。

検定にもだいぶ慣れてきました。

じゃあ、検定の手順を言ってみて。

データから確率が求められる関数を利用するときは、求められた確率が5%とか1%以下なら有意ですね。

そうそう。例えばT.TEST関数とかF.TEST関数ね。じゃあ、そういう関数がないときは？

ええと……、あれ？

データから検定統計量を求めて、その検定統計量に対する確率を求める、でしょ。今やったとこじゃない。

あ、そうでした。

じゃあ、重回帰分析についても、同じような手順で見ていくわよ。回帰直線の当てはまりの良さと、係数の有効性の検定をやってみましょう。

3 訪問回数と経験で売り上げが本当に説明できるのか

3-1 その回帰直線はホントに役に立つ？

練習用ファイル
5_3_1.xlsx

第３章の中項目3-2（118ページ）では、店舗への訪問回数と営業担当の年齢が売り上げにどのように影響するかを重回帰分析を使って調べました。訪問回数が多いと売り上げは大きくなり、営業担当の年齢が上がると売り上げは小さくなるという傾向が見られました（ただし、因果関係があるとは言い切れません）。

重回帰分析に関しては、回帰直線の当てはまりの良さと係数の有効性の検定ができます。まず、回帰直線の当てはまりの良さを見てみましょう。

図5-3 重回帰分析の当てはまりの良さ

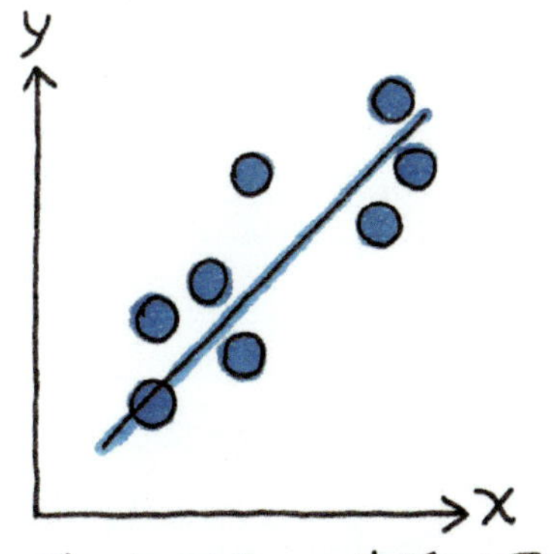

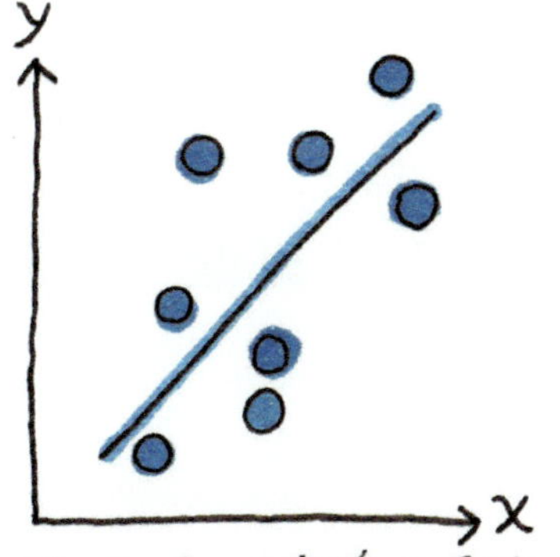

重回帰式が予測に役立つかを検定する

統計レシピ

重回帰分析で回帰直線の当てはまりの良さを検定するには

方法	重回帰分析で得られた F 値が棄却域に入る確率を求める
利用する関数	LINEST（ライン・エスティメーション）関数、F.DIST.RT（エフ・ディストリビューション・ライトテイルド）関数
帰無仮説	得られた回帰直線に当てはまっていない
準備	LINEST 関数を使ってあらかじめ重回帰分析を行っておく

重回帰分析の検定を定義通りにやるのはかなり面倒ですが、LINEST 関数を使えば、結果を得るための値がほとんど求められているので、実質的な作業は F.DIST.RT 関数で確率を求めるだけです。

この場合の帰無仮説は「回帰直線に当てはまっていない」です。つまり、回帰直線が予測に役立たない、というのが帰無仮説です。このとき、LINEST 関数で得られた F 値は、自由度 1 が p、自由度 2 が $n\text{-}p\text{-}1$ の F 分布に従います（p は説明変数の数です）。手順を確認してからやってみましょう。

キーワード
回帰直線…P.215
重回帰分析…P.218
F.DIST.RT 関数…P.226
LINEST 関数…P.228

・LINEST 関数を入力して F 値を得る
・F.DIST.RT 関数を入力して右側確率を得る

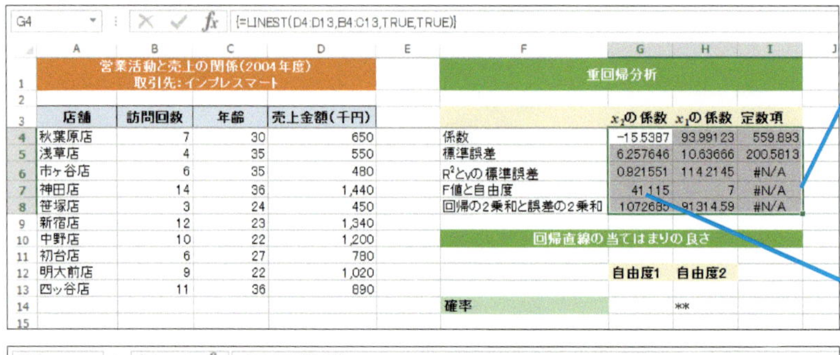

G4 {=LINEST(D4:D13,B4:C13,TRUE,TRUE)}

営業活動と売上の関係(2004年度) 取引先：インプレスマート

店舗	訪問回数	年齢	売上金額(千円)
秋葉原店	7	30	650
浅草店	4	35	550
市ヶ谷店	6	35	480
神田店	14	36	1,440
笹塚店	3	24	450
新宿店	12	23	1,340
中野店	10	22	1,200
初台店	6	27	780
明大前店	9	22	1,020
四ッ谷店	11	36	890

重回帰分析

	x_2の係数	x_1の係数	定数項
係数	-15.5387	93.99123	559.893
標準誤差	6.257646	10.63666	200.5813
R^2とyの標準誤差	0.921551	114.2145	#N/A
F値と自由度	41.115	7	#N/A
回帰の2乗和と誤差の2乗和	1072685	91314.59	#N/A

回帰直線の当てはまりの良さ

	自由度1	自由度2
確率		**

119ページを参考に、セルG4～I8に「=LINEST(D4:D13,B4:C13,TRUE,TRUE)」という配列数式を入力しておく

重回帰分析の結果が求められた

F値はセルG7に表示されている

G13 =COUNTA(B3:C3)

営業活動と売上の関係(2004年度) 取引先：インプレスマート

店舗	訪問回数	年齢	売上金額(千円)
秋葉原店	7	30	650
浅草店	4	35	550
市ヶ谷店	6	35	480
神田店	14	36	1,440
笹塚店	3	24	450
新宿店	12	23	1,340
中野店	10	22	1,200
初台店	6	27	780
明大前店	9	22	1,020
四ッ谷店	11	36	890

重回帰分析

	x_2の係数	x_1の係数	定数項
係数	-15.5387	93.99123	559.893
標準誤差	6.257646	10.63666	200.5813
R^2とyの標準誤差	0.921551	114.2145	#N/A
F値と自由度	41.115	7	#N/A
回帰の2乗和と誤差の2乗和	1072685	91314.59	#N/A

回帰直線の当てはまりの良さ

	自由度1	自由度2
	2	
確率		**

自由度1は説明変数の数となる

❶セルG13に「=COUNTA(B3:C3)」と入力

自由度1が求められた

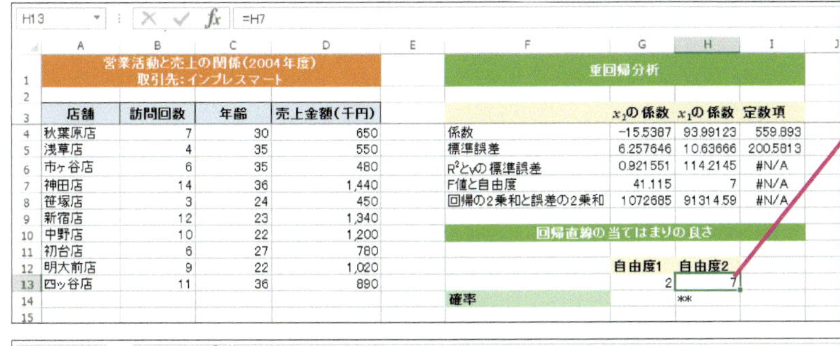

H13 =H7

	A	B	C	D	E	F	G	H	I
1	営業活動と売上の関係(2004年度) 取引先:インプレスマート					重回帰分析			
2									
3	店舗	訪問回数	年齢	売上金額(千円)			x_2の係数	x_1の係数	定数項
4	秋葉原店	7	30	650		係数	-15.5387	93.99123	559.893
5	浅草店	4	35	550		標準誤差	6.257646	10.63666	200.5813
6	市ヶ谷店	6	35	480		R^2とyの標準誤差	0.921551	114.2145	#N/A
7	神田店	14	36	1,440		F値と自由度	41.115	7	#N/A
8	笹塚店	3	24	450		回帰の2乗和と誤差の2乗和	1072685	91314.59	#N/A
9	新宿店	12	23	1,340					
10	中野店	10	22	1,200		回帰直線の当てはまりの良さ			
11	初台店	6	27	780					
12	明大前店	9	22	1,020			自由度1	自由度2	
13	四ッ谷店	11	36	890			2	7	
14						確率		**	
15									

G14 =F.DIST.RT(G7,G13,H13)

	A	B	C	D	E	F	G	H	I
1	営業活動と売上の関係(2004年度) 取引先:インプレスマート					重回帰分析			
2									
3	店舗	訪問回数	年齢	売上金額(千円)			x_2の係数	x_1の係数	定数項
4	秋葉原店	7	30	650		係数	-15.5387	93.99123	559.893
5	浅草店	4	35	550		標準誤差	6.257646	10.63666	200.5813
6	市ヶ谷店	6	35	480		R^2とyの標準誤差	0.921551	114.2145	#N/A
7	神田店	14	36	1,440		F値と自由度	41.115	7	#N/A
8	笹塚店	3	24	450		回帰の2乗和と誤差の2乗和	1072685	91314.59	#N/A
9	新宿店	12	23	1,340					
10	中野店	10	22	1,200		回帰直線の当てはまりの良さ			
11	初台店	6	27	780					
12	明大前店	9	22	1,020			自由度1	自由度2	
13	四ッ谷店	11	36	890			2	7	
14						確率	0.0001	**	
15									

❸セルG14に「=F.DIST.RT(G7,G13,H13)」と入力

F分布の右側確率が求められた

1%（0.01）以下なので帰無仮説は棄却される

回帰直線の当てはまりは良いと言える

この例では、p=2（説明変数の数）、n=10（データの数）なので、自由度1が2、自由度2が7（n-p-1の値）になります。

F値はLINEST関数で求められているものをそのまま使えばいいのですが、「回帰の二乗和」を自由度1で割った値と「誤差の二乗和」を自由度2で割った値の比でも求められます。

ここで求められている二乗和というのは各データと平均の差の二乗の和です。それを自由度で割ったものとはいったい何でしょう？ 85ページの内容を思い出してください。この値は分散にほかなりません。分かりやすく言うと、回帰直線の分散÷誤差の分散がF値だというわけです。つまり、誤差の分散が小さければF値は大きくなるので、右側確率は小さくなります（有意差がある→帰無仮説が棄却される→当てはまりは良い）。

試しに、空いているいくつかのセルに「=G8/2」と「=H8/7」を入力して、最初の値を次の値で割ってみてください。F値と同じ値になるはずです。

Point!

回帰直線の当てはまりの良さは重回帰分析で得られたF値を使って検定する。

3-2 予測に役立つ係数は訪問回数それとも年齢？

続いて、係数の有効性を検定しましょう。重回帰分析において、どの係数が予測に役立っているかを検定できます。方法は簡単です。係数を標準誤差で割った値が検定統計量になります。この値を元に、T.DIST.2T関数で両側確率を求めます。

練習用ファイル

5_3_2.xlsx

キーワード

LINEST 関数…P.228
T.DIST.2T 関数…P232

重回帰分析で係数の有効性を検定するには

方法	重回帰分析で得られた結果から係数÷標準誤差を求め、この値がt分布の棄却域（両側）に入る確率を求める
利用する関数	T.DIST.2T（ティー・ディストリビューション・ツー・テイルド）関数
帰無仮説	係数は有効ではない
準備	LINEST 関数を使ってあらかじめ重回帰分析を行っておく

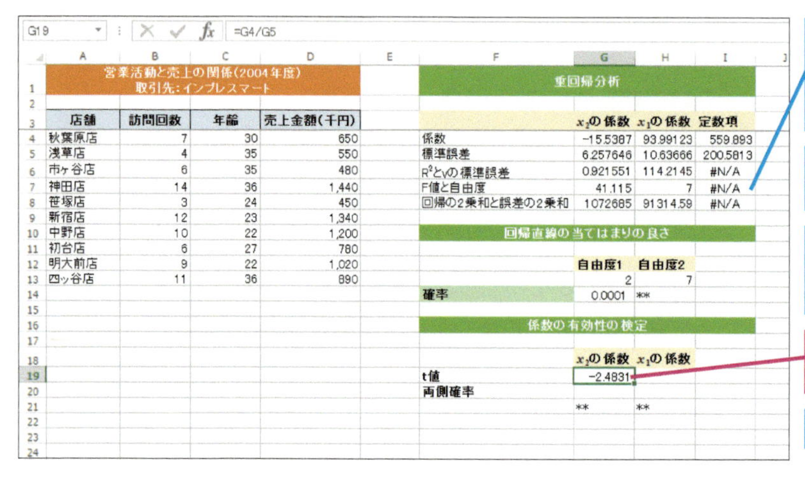

119ページを参考に、セルG4～I8に「=LINEST(D4:D13,B4:C13,TRUE,TRUE)」という配列数式を入力しておく

重回帰分析の結果が求められた

係数はセルG4、H4に、標準誤差はセルG5、H5に表示されている

❶セルG19に「=G4/G5」と入力

検定統計量が求められた

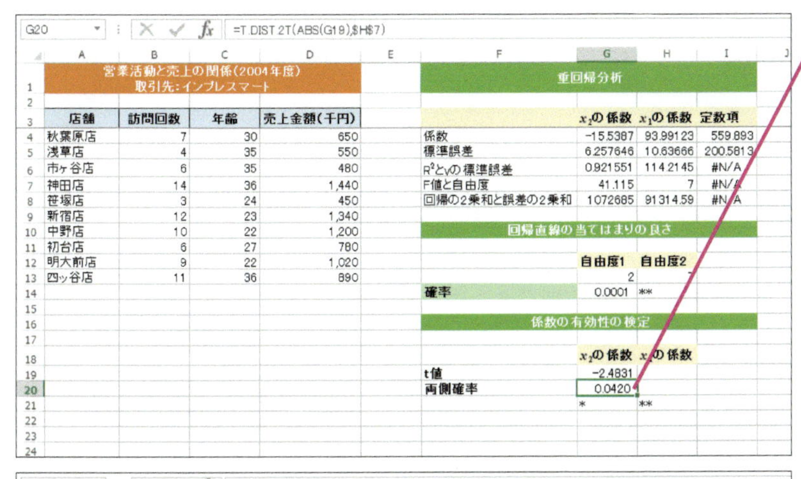
G20 =T.DIST.2T(ABS(G19),$H$7)

営業活動と売上の関係(2004年度)
取引先:インプレスマート

店舗	訪問回数	年齢	売上金額(千円)
秋葉原店	7	30	650
浅草店	4	35	550
市ヶ谷店	6	35	480
神田店	14	36	1,440
笹塚店	3	24	450
新宿店	12	23	1,340
中野店	10	22	1,200
初台店	6	27	780
明大前店	9	22	1,020
四ッ谷店	11	36	890

重回帰分析

	x_2の係数	x_1の係数	定数項
係数	-15.5387	93.99123	559.893
標準誤差	6.257646	10.63666	200.5813
R^2とyの標準誤差	0.921551	114.2145	#N/A
F値と自由度	41.115	7	#N/A
回帰の2乗和と誤差の2乗和	1072685	91314.59	#N/A

回帰直線の当てはまりの良さ

	自由度1	自由度2
	2	7
確率	0.0001	**

係数の有効性の検定

	x_2の係数	x_1の係数
t値	-2.4831	
両側確率	0.0420	
	*	**

❷ セルG20に「=T.DIST.2T(ABS(G19), $H$7)」と入力

t分布の両側確率が求められた

係数2については5%（0.05）以下なので、帰無仮説は棄却される

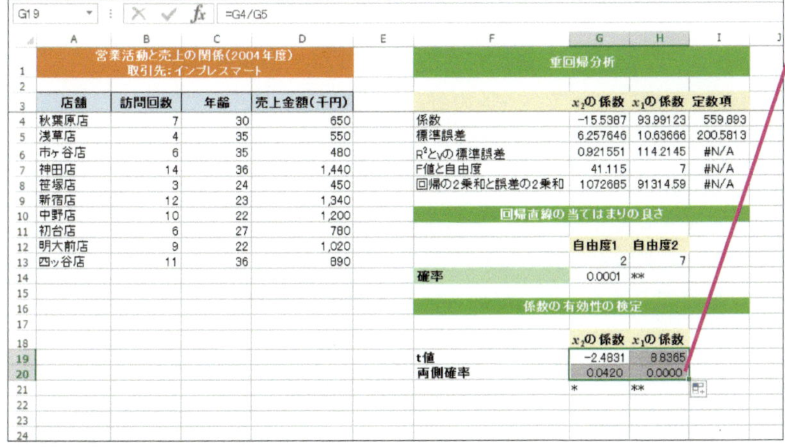
G19 =G4/G5

営業活動と売上の関係(2004年度)
取引先:インプレスマート

店舗	訪問回数	年齢	売上金額(千円)
秋葉原店	7	30	650
浅草店	4	35	550
市ヶ谷店	6	35	480
神田店	14	36	1,440
笹塚店	3	24	450
新宿店	12	23	1,340
中野店	10	22	1,200
初台店	6	27	780
明大前店	9	22	1,020
四ッ谷店	11	36	890

重回帰分析

	x_2の係数	x_1の係数	定数項
係数	-15.5387	93.99123	559.893
標準誤差	6.257646	10.63666	200.5813
R^2とyの標準誤差	0.921551	114.2145	#N/A
F値と自由度	41.115	7	#N/A
回帰の2乗和と誤差の2乗和	1072685	91314.59	#N/A

回帰直線の当てはまりの良さ

	自由度1	自由度2
	2	7
確率	0.0001	**

係数の有効性の検定

	x_2の係数	x_1の係数
t値	-2.4831	8.8365
両側確率	0.0420	0.0000
	*	**

❸ セルG19～G20をセルH19～H20にコピー

係数1については1%（0.01）以下なので、帰無仮説は棄却される

いずれの係数も有効であると言える

Point!

回帰直線の係数の有効性の検定では、係数を標準誤差で割った値がt値となる。この値を使って検定する。

手順は比較的簡単ね。どちらの係数も有効ってことだから、訪問回数や営業担当の年齢が何らかの形で売り上げを説明できると言えそうね。ただし、前にも話したけど、疑似相関かもしれないし、因果関係ではないってことにも注意しないといけないわね。

はい。それと多重共線性にも注意ですね。会社に戻ったら、営業部にヒアリングして訪問回数や年齢の裏に隠れた理由を探してみます。

この章のまとめ

独立性や適合度の検定、相関や回帰の検定

この章では、2つの要因が独立であるかどうかを検定するためのχ^2検定について学びました。χ^2検定では母集団がある離散分布に当てはまっているかどうかの検定（適合度の検定）もできます。また、相関係数と回帰分析・重回帰分析に関する検定についても学びました。以下のチェックポイントで、学んだ内容を確認しておきましょう。

- □ 2つの要因が独立というのは、1つの要因にもう1つの要因が影響されないということ。例えば、性別によってペットの好みに違いがあるとすれば独立ではない。性別にかかわらずペットの好みが一定の割合であれば独立
- □ 独立性の検定にはχ^2検定を使う
  - □ χ^2検定では、あらかじめ「独立だとすればこうなるはず」という期待値を求めておき、実測値との差を検定する
- □ 適合度の検定もχ^2検定でできる。やはり期待値と実測値の差を検定する
- □ 相関係数の検定は「無相関の検定」と呼ばれる
  - □ 検定統計量から求めた確率が有意水準以下であれば、無相関であるという帰無仮説が棄却される
- □ 重回帰分析での回帰直線の当てはまりの良さは、LINEST関数で求められたF値を使えば簡単に検定できる
- □ 重回帰分析での係数の有効性も、LINEST関数で求められた標準誤差を使えば簡単に検定できる

第6章

性別や職業による購入数の差を調べよう

第4章で見たt検定では2群の平均値の差の検定しかできません。3群以上ある場合や、性別の違いと職業の違いのように複数の要因がある場合には、分散分析という方法を使って平均値の差を検定します。

6日目

第6章を始める前に

「会社員」「学生」「無職」の平均値の差を検定する

いよいよ統計の勉強も今日で最後ね。

いろんな分析手法が学べて、とてもタメになりました。ただ、ちょっと気になっていることが。

おや、何かしら？

気になっているというか、まだ分析できていないことがあって、どうしたらいいのかが分からないんです。「1週間に購入するお菓子の個数」という調査をしているんですが、「会社員」「学生」「無職」という3つの項目に分かれているんです。

平均値の差を検定したいのね？

そうなんですが、t検定だと2つの項目の平均値の差しか検定できないですよね……。あ、思い付きました！会社員と学生でt検定をやって、学生と無職でt検定をやればいいんだ。

……と思うでしょ。仮説を棄却したときの誤りの確率が累積されてしまうから、普通はそういうことはやらないの。t検定を繰り返すのではなくて、分散分析っていう方法を使うの。

そうなんですか……。3つ以上の項目でも検定できるんですか？

できるわよ。それと性別と職業のように要因が2つあってもできるわ。Excelには分散分析のための関数がないから、ちょっと手作業が必要になるけど。

今日で最終日ですし、頑張ります！

こんなことができるようになります

この章では、分散分析という手法を使って、3群以上の平均値の差を検定します。また、どの群とどの群に差があるかを多重比較によって調べます。さらには、性別と職業によって平均値がどう異なるかといった、要因が複数ある場合の検定にも取り組みます。単純に差があるかどうかを調べるだけでなく、さまざまな要因が絡み合った場合の比較ができます。

統計レシピ

- 3群以上の群間で平均値の差を検定するには（対応のないデータの場合）
- 平均値の差がどこにあるのかを詳しく検定するには（対応のないデータの場合）
- 2要因の分散分析をするには（繰り返し数が等しい場合）
- 交互作用を視覚化するには

1 職業によってお菓子の購入数が異なるかどうかを検証する

1-1 3群以上の場合は平均値の差の検定が使えない？

性別なら「男性」と「女性」のように２つの群に分けられるのでｔ検定が使えますが、職業の場合、２つの群には分けられません。「学生」「主婦」「会社員」「自営業」など、いろいろな職業があるからです。

３群以上の平均値の差の検定には、一元配置の分散分析を使います。「一元」というのは、要因が１つという意味です。ここでは「職業別」というのが要因にあたります。なお、「男女別、職業別」だと二元になります。以下の表で違いをみてみましょう。群は水準と呼ばれることもあります。

キーワード

ｔ検定…P.215
一元配置…P.215
繰り返し数…P.217
群…P.217
水準…P.218
二元配置…P.221
分散分析…P.222

●2群の場合……ｔ検定が使える
要因……性別のみ（1要因）

群の数（水準数）＝2

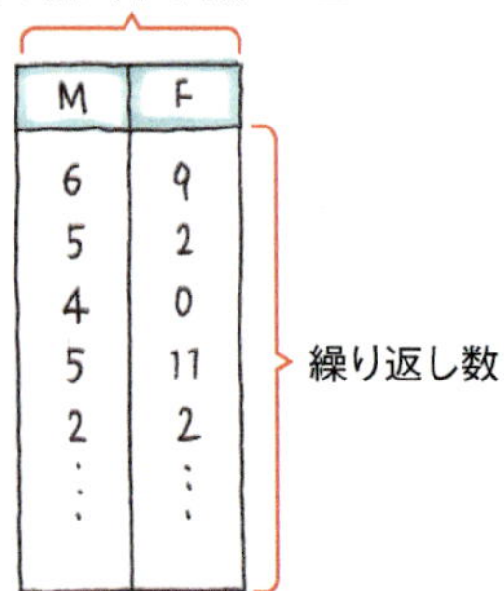

M	F
6	9
5	2
4	0
5	11
2	2
⋮	⋮

繰り返し数

Tips

2群の場合でもｔ検定の代わりに一元配置の分散分析を使っても構いません。

●一要因で3群以上の場合……一元配置の分散分析を使う
要因……職業のみ（1要因）

群の数（水準数）＝3

会社員	学生	無職
6	6	9
5	5	4
5	5	11
2	2	6
7	7	4
⋮	⋮	⋮

繰り返し数

Tips

繰り返し数とは試行の回数（データの個数）のことです。群によって異なることもあります。

●2要因の場合……二元配置の分散分析を使う
要因……性別と職業（2要因）

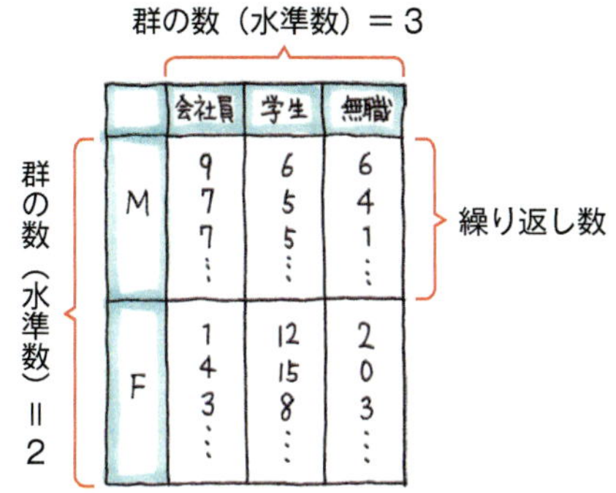

群の数（水準数）＝3

	会社員	学生	無職
M	9 7 7 ⋮	6 5 5 ⋮	6 4 1 ⋮
F	1 4 3 ⋮	12 15 8 ⋮	2 0 3 ⋮

群の数（水準数）＝2

繰り返し数

> **Tips**
>
> 二元配置の場合は性別による平均値の差と職業による平均値の差を一度に検定できます。

Point!

3群以上の平均値の差の検定には、t検定ではなく一元配置の分散分析を使う。
要因が2つある場合、平均値の差の検定には二元配置の分散分析を使う。

1-2 職業によって購入数に差があるか

まずは理屈抜きで実際に一元配置の分散分析をやってみましょう。「1週間にお菓子を何個買うか」というアンケート調査の中に「職業」という項目があったものとします。Excel に入力したデータは以下の通りです。左のように「職業」で並べ替えた表をそのまま分析に使うこともできますが、見やすくするために、右のように、職業を項目名として、データを抜き出した表を使うことにします。

> **練習用ファイル**
>
> 6_1_2.xlsx

●一元配置の分散分析のデータ

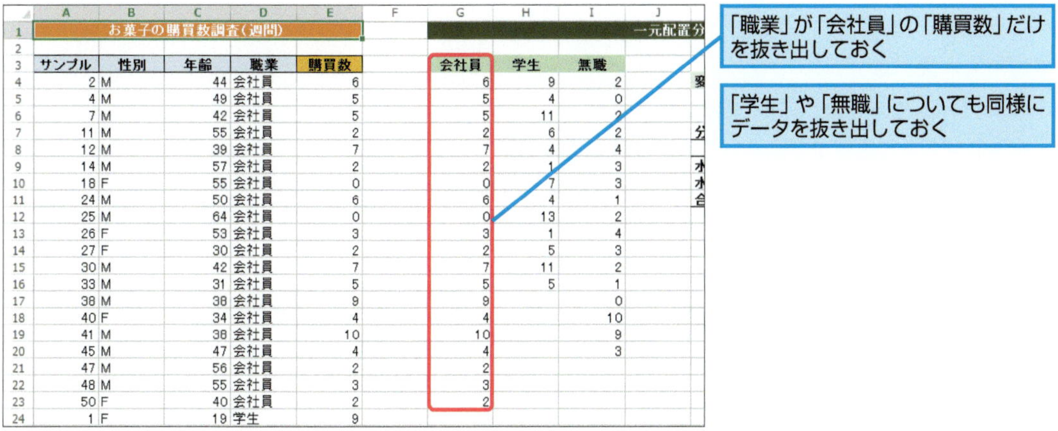

	A	B	C	D	E	F	G	H	I	J
1	お菓子の購買数調査（週間）									一元配置分
2										
3	サンプル	性別	年齢	職業	購買数		会社員	学生	無職	
4	2	M	44	会社員	6		6	9	2	
5	4	M	49	会社員	5		5	4	0	
6	7	M	42	会社員	5		5	11	2	
7	11	M	55	会社員	2		2	6	2	
8	12	M	39	会社員	7		7	4	4	
9	14	M	57	会社員	2		2	1	3	
10	18	F	55	会社員	0		0	7	3	
11	24	M	50	会社員	6		6	4	1	
12	25	M	64	会社員	0		0	13	2	
13	26	F	53	会社員	3		3	1	4	
14	27	F	30	会社員	2		2	5	3	
15	30	M	42	会社員	7		7	11	2	
16	33	M	31	会社員	5		5	5	1	
17	38	M	38	会社員	9		9		0	
18	40	F	34	会社員	4		4		10	
19	41	M	38	会社員	10		10		9	
20	45	M	47	会社員	4		4		3	
21	47	M	56	会社員	2		2			
22	48	M	55	会社員	3		3			
23	50	F	40	会社員	2		2			
24	1	F	19	学生	9					

「職業」が「会社員」の「購買数」だけを抜き出しておく

「学生」や「無職」についても同様にデータを抜き出しておく

なお、ここでは計算の方法を分かりやすくするため、職業の種類を「会社員」「学生」「無職」の3つにしています。職業にはさまざまな人が含まれますが、会社員は自営業なども含めて、労働に対する一定の収入がある人を表すものとします。学生は文字通りです。また無職は主婦や年金生活者も含めた、いわゆる「勤め人」にも学生にも属さない人とします。

3群以上の群間で平均値の差を検定するには（対応のないデータの場合）

方法	一元配置の分散分析を行う
前提	各群の母集団は正規分布に従っている。分散は等しい（ただし、頑健性があるので多少崩れても構わない）
利用する関数	DEVSQ（ディビエーション・スクエア）関数、F.DIST.RT（エフ・ディストリビューション・ライトテイルド）関数
帰無仮説	平均値に差はない

手順は以下の通りです。少し長いですが、単純な計算ばかりです。といっても、新しい用語がたくさん出てきますね。今は軽く目を通しておくだけで構いません。数式が苦手な人は気にせず操作に進んでください。

●水準内変動と全変動を求める
- DEVSQ 関数を使って、各群の変動を求める
- DEVSQ 関数を使って、全データの変動を求める（これが全変動となる）
- 各群の変動の総和を求める（これが水準内変動となる）

●水準間変動を求める
- 全変動－水準内変動を求める（これが水準間変動となる）

●平均平方を求める
- 水準数－1を求める（これが自由度1となる）
- 水準間変動を自由度1で割る（これが水準間の平均平方になる）……①
- データ数－水準数－1を求める（これが自由度2となる）
- 水準内変動を自由度2で割る（これが水準内の平均平方になる）……②

●検定統計量をもとに、確率を求める
- ①を②で割る。これが検定統計量（F 値）となる
- F.DIST.RT 関数に F 値、自由度1、自由度2を指定して右側確率を求める

キーワード
水準間変動…P.219
水準内変動…P.219
全変動…P.219
変動…P.222
DEVSQ 関数…P.226
F.DIST.RT 関数…P.226

「水準」は「群」とか「グループ」と同じ意味です。また「変動」とは、各データと平均値の差の二乗和です。つまり、変動とはばらつきの大きさのことです。水準内変動とは同じ群（水準）の中でのばらつきのことです。具体的に言うと、会社員内のばらつき、学生内のばらつき、無職内のばらつきの合計が水準内変動です。

一方、水準間変動は、群間のばらつきの大きさです。具体的には職業間のばらつきです。これは全変動（全体のばらつき）から水準内変動を引けば求められます。

ここでは、各群の変動を求めるのにどの範囲を指定すればいいのか、全変動を求めるのにどの範囲を指定すればいいのか、といったことだけをきちんと確認しておいてくださいさい。それ以外の細かなことについては、やり方を見た後で、詳しく説明します。繰り返しになりますが、まずは操作してみてください。その後で説明を読めばどういう計算をしているのかが良く分かります。

Tips

変動をnやn-1で割ったものが分散と考えられます。86ページでは変動を手作業で計算しましたが、DEVSQ関数を使えば簡単に求められます。

関数の形式	DEVSQ(数値 1, 数値 2,…, 数値 255)
関数の意味	［数値］を元に変動の値を求める
入力例	=DEVSQ(G4:G23)

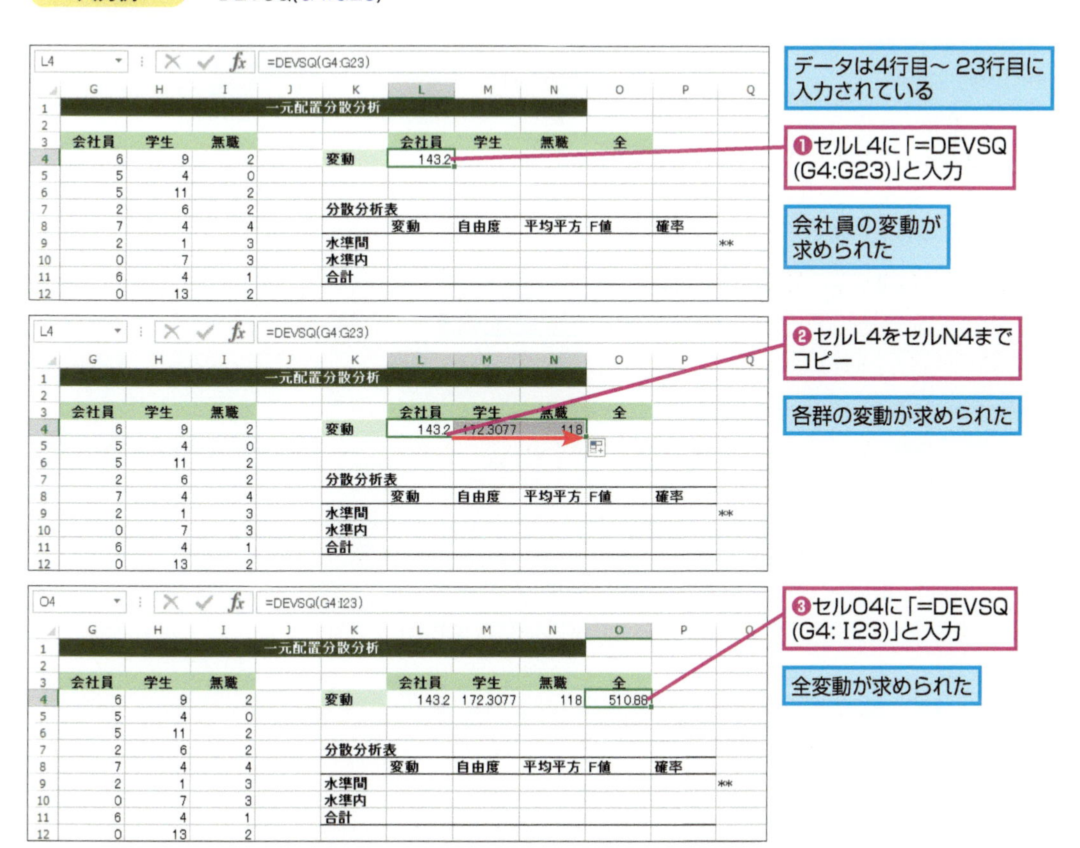

SUM関数やAVERAGE関数と同じようにDEVSQ関数は空白のセルを無視するので、データ数が異なるからといって個別に範囲を指定する必要はありません。セルL4の数式をセルM4とN4にコピーするだけで各群の変動が求められます。

ここまでで、各群の変動（セルL4～N4）と全変動（セルO4）が求められました。続いて、水準内変動と水準間変動を求めます。水準内変動は各群の変動の総和なのでセルL4～N4の合計となります。水準間変動は全変動－水準内変動で求められます。

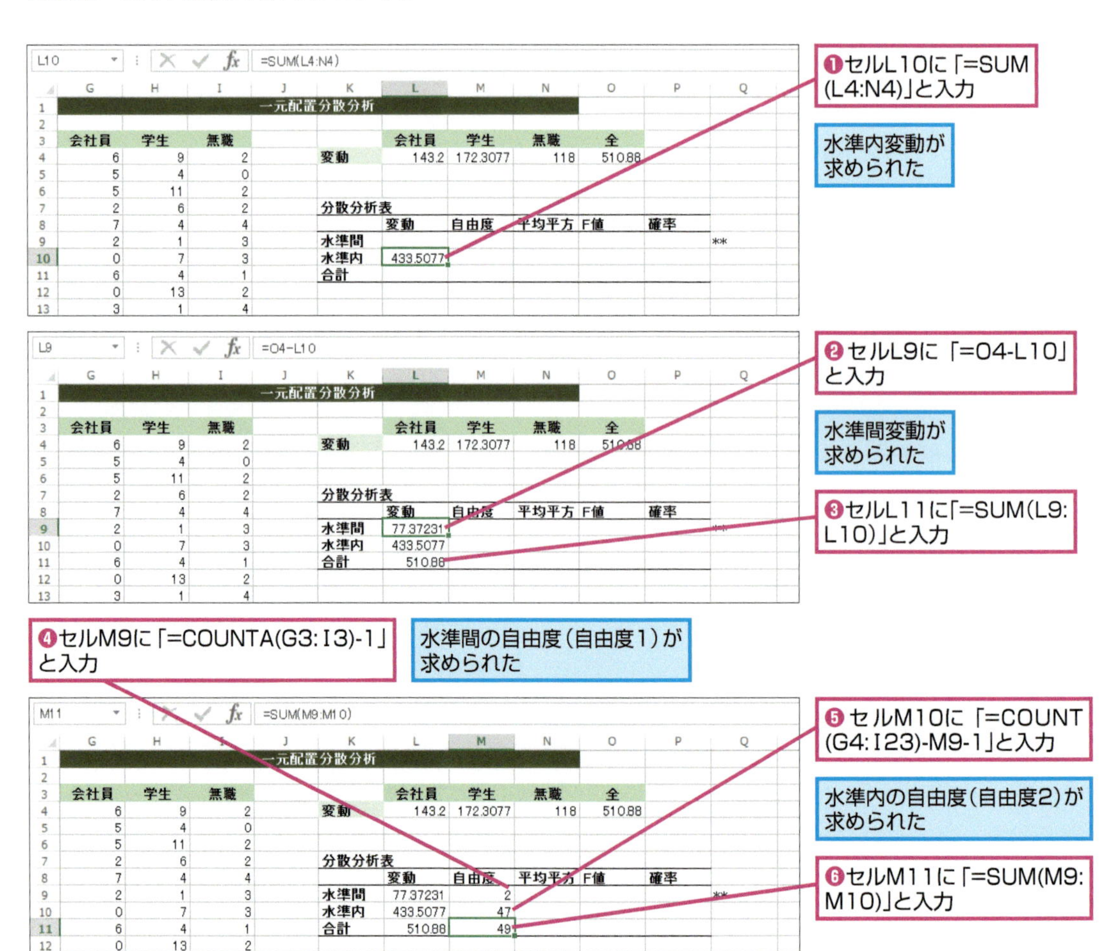

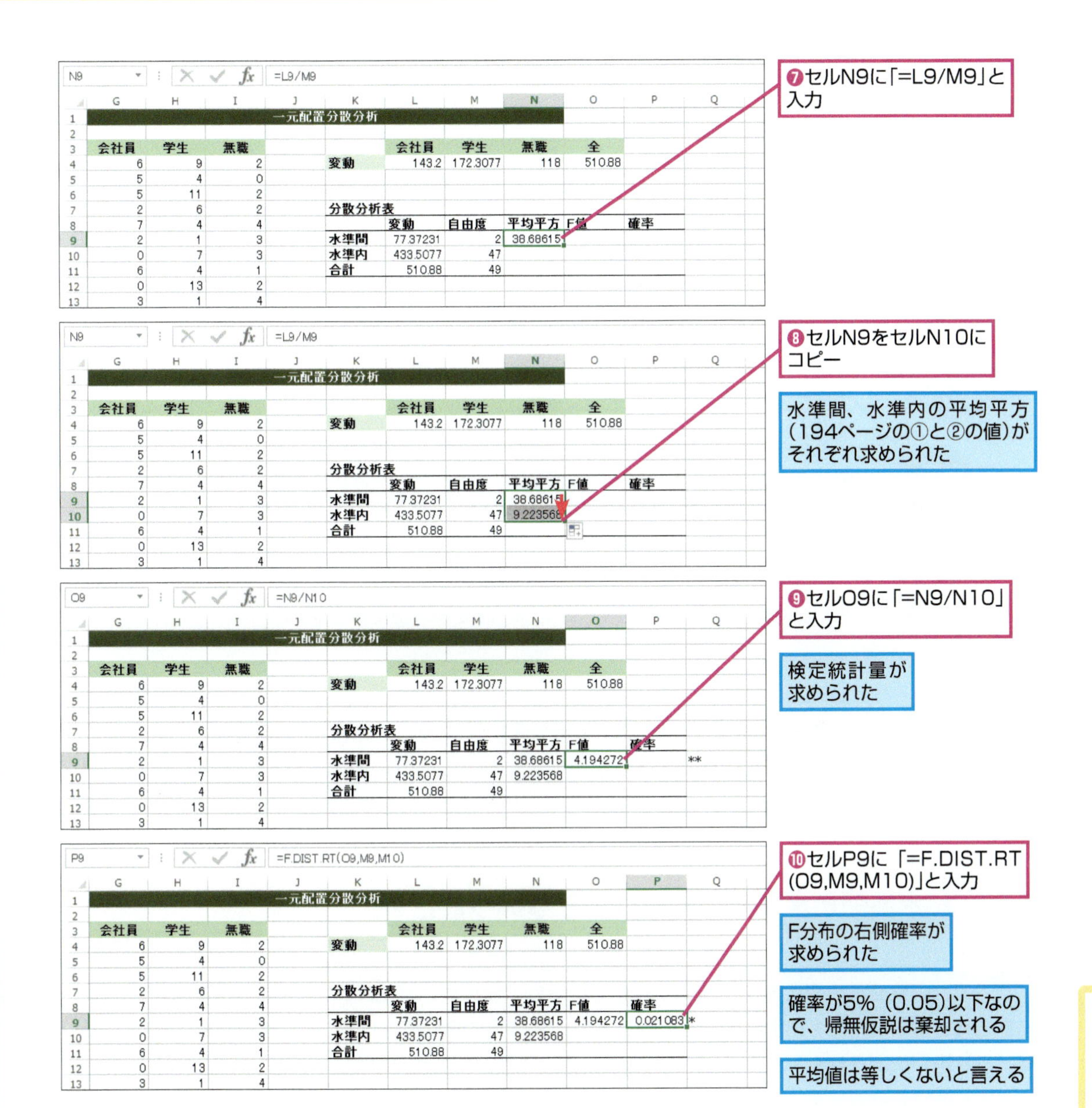

平均平方は変動を自由度で割ったものです。つまり分散と同じようなものです。水準間の平均平方（＝職業によるばらつき）が、水準内の平均平方（＝個人によるばらつき）に比べて十分に大きければ、F値が大きくなり、確率が小さくなります。その場合は職業による違いがあると言えるわけです。

キーワード

F分布…P.215
平均平方…P.222

変動って、また謎の値が出てきて、頭がパンクしそうです。DEVSQ関数で求められるのは分かったんですが。

あら、分散を計算するときにやったじゃない。各データから平均値を引いて2乗したものを全部足した値よ。

あれ、そういえばやったようなやらなかったような。

要するにばらつきの大きさね。分散を求めるときは手計算で変動を求めてそれをnやn-1で割ったけど、DEVSQ関数を使うと変動が一発で求められるの！

そんな便利な関数があったら、先に言ってくれればよかったのに。

仕組みを理解するためにあえて手計算でやったの。ともあれ、一元配置の分散分析の方法だけは分かったわね。

1-3 水準間と水準内の変動ってどういうこと？

ここで、分散分析の考え方をもう少し詳しく説明しておきましょう。平均平方は分散のようなものでした。ということは、水準間の平均平方は職業による違いにあたります。また、水準内は個人による違いにあたります。F値は水準間の平均平方÷水準内の平均平方で求められますね。したがって、職業による違いが個人による違いに比べて大きければF値が大きくなることが分かります。

キーワード

検定統計量…P.217
水準間変動…P.219
水準内変動…P.219
分散分析…P.222

図6-1 分散分析ってこういうこと！

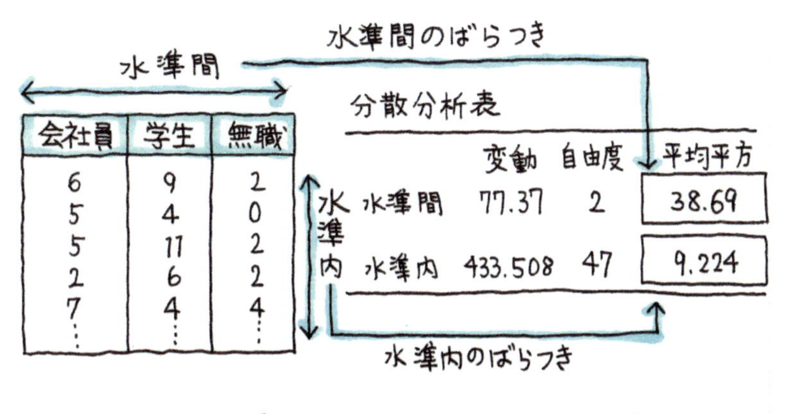

F値は、$\frac{\text{水準間のばらつき}}{\text{水準内のばらつき}}$ …職業による違い／…個人による違い

水準内変動(個人差)

水準内変動が小さいと…
→会社員らしさ、
学生らしさが
はっきりしている

水準間変動は
水準内変動が小さいほど際立つ ⇒F値が大きくなる
→有意差が出る

水準内変動が小さいほど、群の特徴がはっきりしている

話を簡単にするために会社員と学生だけを引き合いに出して、たとえ話をします。水準内変動が小さいということは会社員らしさや学生らしさがはっきりしているということです。そういう場合に水準間変動（会社員と学生の違い）が大きければ、明確に違うと言えるでしょう。一方、水準内変動が大きくて会社員らしさや学生らしさのようなものがはっきりしない場合には、水準間変動が多少大きくても、職業による違いがあるのかどうかがよく分かりません。水準内変動が小さくて会社員らしさや学生らしさがはっきりしていても、水準間変動そのものが小さい場合もやはり差があるとは言いづらいでしょう。分散分析で水準間変動を水準内変動で割ってF値（検定統計量）を求めるのはそういう意味合いなのです。

なるほど、分散分析のイメージがつかめてきました。

これで3群以上あっても平均値の差の検定ができるわね。

あ、でも、平均に差がある、と分かったのはいいんですが、会社員と学生に差があるのか、学生と無職に差があるのか、それとも会社員と無職に差があるのか、はっきりしませんね。

有意差が出たら、次にやるべきことは多重比較ね。どこに差があるのかを知るための計算よ。

Point!

水準間の分散が水準内の分散に比べて十分に大きければ、F値も大きくなり、有意となる。

1-4 差があるのは会社員と学生？ 学生と無職？

練習用ファイル
6_1_4.xlsx

一元配置の分散分析で平均値の差があることが分かったら、やはりどの群とどの群に差があるかが気になるでしょう。しかし、2群の比較だからといってすべての組み合わせについてt検定を使うことはできません。検定は誤りである可能性もあり、それが積み重なるからです。

そこで、各群の平均値の差を検定するために、多重比較と呼ばれる方法を使います。多重比較にはテューキー（Tukey）の方法やシェッフェ（Scheffe）の方法などがあります。ここでは、テューキーの方法を使ってみましょう。

統計レシピ

平均値の差がどこにあるのかを詳しく検定するには（対応のないデータの場合）

方法	テューキーの方法やシェッフェの方法を使う
前提	各群の母集団は正規分布に従っている分散は等しい（ただし、頑健性があるので多少崩れても構わない）。また、あらかじめ分散分析を行い、平均値に差があることを確認しておく
利用する関数	SQRT（スクエア・ルート）関数、ABS（アブソリュート）関数
帰無仮説	2つの水準の平均値に差はない

手順は以下の通りです。数式が苦手な人は実際の操作を先に追いかけた方が分かりやすいでしょう。

●検定統計量を求める

・比較したい水準の平均値の差の絶対値を求める……①

・①の値÷$\sqrt{水準内の平均平方\times(\frac{1}{n_1}+\frac{1}{n_2})}$の値を求める。これが検定統計量になる
（n_1とn_2は水準内のデータ数）

●判定する

・全データ数-水準数を求める。これが自由度となる

・数表（203ページ）から、水準数と自由度の交わる位置にある値を読み取る（この値をqとする）

・検定統計量≧$q/\sqrt{2}$であれば有意差がある

ここでは、検定統計量から確率を求めるのが難しいので、あらかじめ作られた数表を引いて有意かどうかを判定します。なお、2群のデータ数が等しいときは、検定統計量は

①の値÷$\sqrt{水準内の平均平方\times(\frac{2}{n})}$

で求められます（nは水準内のデータ数）。

通常は、このような計算をすべての水準の組み合わせに対して行うのですが、取りあえず「学生」と「無職」についてだけ比較してみましょう。学生のデータ数は13、無職のデータ数は17です。また水準内の平均平方は9.223568です。

キーワード

一元配置…P.215
シェッフェの方法…P.218
テューキーの方法…P.220
SQRT関数…P.231

Tips

ここで使われている方法は繰り返し数が異なる場合のテューキー法で、テューキー・クレーマー法とも呼ばれます。

Tips

ここで使う数表は、ステューデント化された範囲と呼ばれるもので、平均値の範囲を標準偏差で割った標準化したような値を一覧にしたものです。計算が複雑になるので、本書では取り扱いませんが、203ページにその一部が掲載してあります。

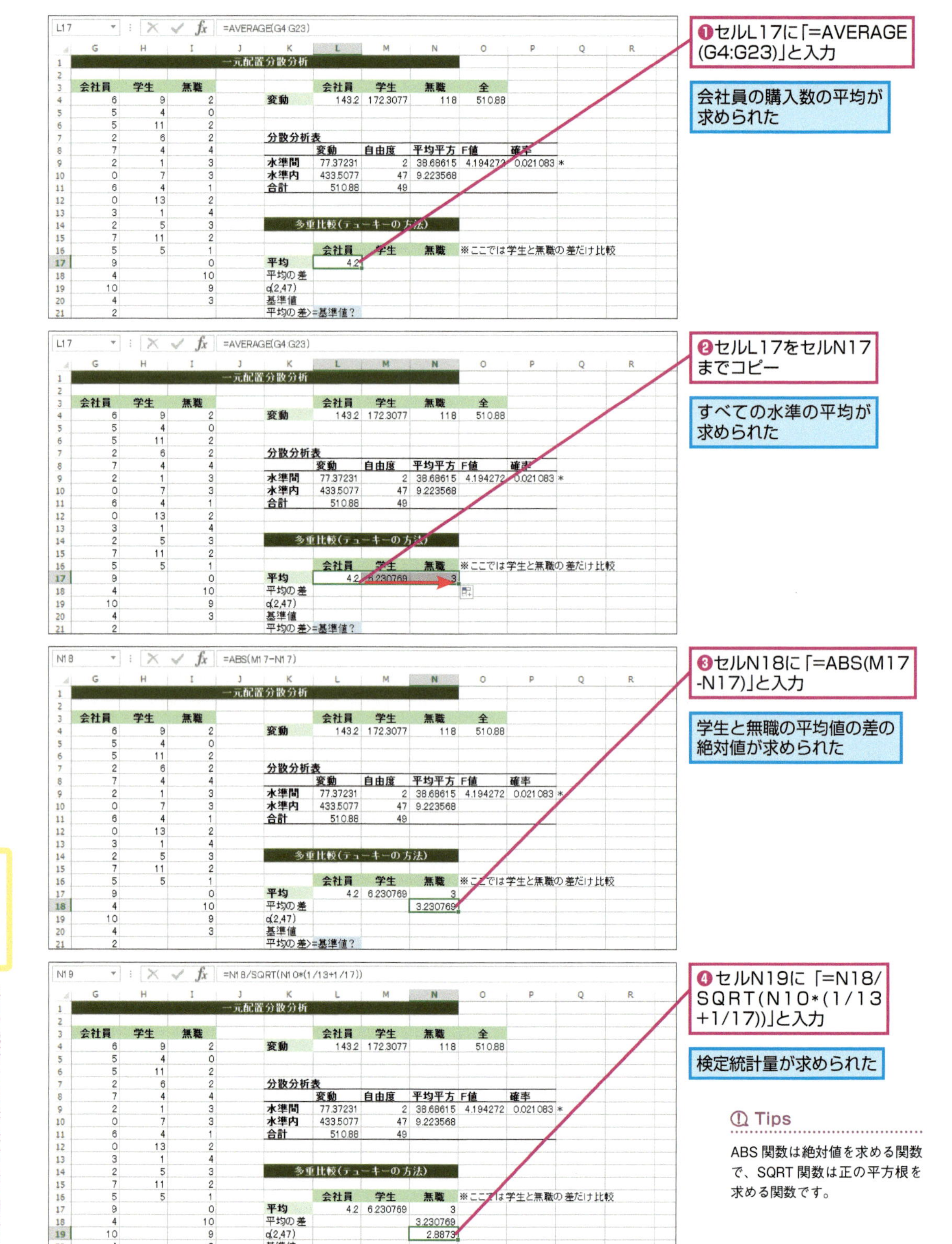

Tips

ABS関数は絶対値を求める関数で、SQRT関数は正の平方根を求める関数です。

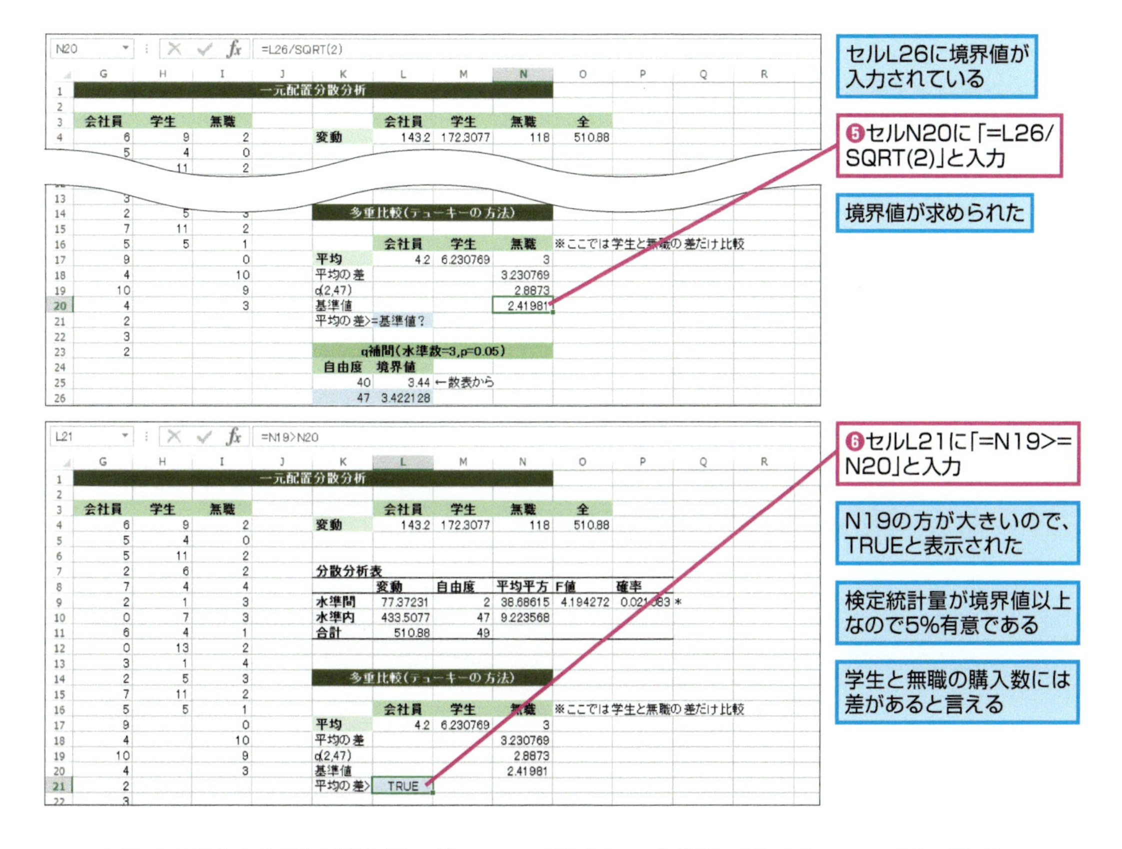

この例では学生と無職の購入数の差について検定し、有意差があるという結果が出ました。会社員と学生、会社員と無職の差についても同様にして検定します。練習用ファイルにはその結果も含めてあるので、参考にしてください（いずれも有意差はありません）。

なお、セルN20の計算に使うq値は計算で求めるのが面倒なので、以下のような数表を使ってセルL26に求めてあります。例えば、自由度が60で、水準数が3ならば、それらの行と列が交わった位置にある3.40がqの値になります。しかし、ここでの例では水準数が3、自由度が47なので、残念ながらこの表に掲載されていません。そういう場合には補間により、近似的に値を求めます。表の中で、47という自由度はaとcの間にあり、求めたいq値はqaとqcの間にあるので、その間を取ろうというわけです。

キーワード

自由度…P.218
水準…P.218
補間…P.222
有意差…P.223

●ステューデント化された範囲の境界値（q=0.05）の表（一部）

	水準数	
自由度	2	3
40(a)	2.86	3.44(qa)
60(c)	2.83	3.40(qc)
120	2.80	3.36

← 自由度47に対する値はこの間にある

補間した値は以下のような式で求めます。少し複雑ですが、単なる四則演算です。求めたいq値をqb、自由度をbとします。

$$qb = qa - (qa - qc) \times (1 \div a - 1 \div b) \div (1 \div a - 1 \div c)$$

具体的な数字をあてはめると、以下のようになります。

$$qb = 3.44 - (3.44 - 3.40) \times (1 \div 40 - 1 \div 47) \div (1 \div 40 - 1 \div 60)$$

実際にExcelで計算した結果も見てみましょう。

SUM　=L25-(L25-L27)*(1/K25-1/K26)/(1/K25-1/K27)

	G	H	I	J	K	L	M
22	3						
23	2				q補間(水準数=3,p=0.05)		
24					自由度	境界値	
25					40	3.44	←数表から]
26					47	=L25-(L25-L27)*(1/K25-1/K26)/(1/K25-1/K27)	
27					60	3.4	←数表から

❶セルL26に「=L25-(L25-L27)*(1/K25-1/K26)/(1/K25-1/K27)」と入力

❷Enterキーを押す

L27　3.4

	G	H	I	J	K	L	M
22	3						
23	2				q補間(水準数=3,p=0.05)		
24					自由度	境界値	
25					40	3.44	←数表から]
26					47	3.422128	
27					60	3.4	←数表から

補間した値が求められた

テューキーの方法とシェッフェの方法のどちらがいいんですか。

シェッフェの方法では水準をまとめて多重比較することができるの。例えば、「無職」と「会社員+学生」の差を調べるとかね。ただ、シェッフェの方法では1対1の比較をするときには検定力が弱いと言われてるわ。目的によって使い分けるべしってことね。

Point!

分散分析で平均値の差がどの水準間にあるかを知りたいときには、多重比較を行う。多重比較にはテューキーの方法やシェッフェの方法などがある。

Step Up シェッフェの方法による多重比較とは

練習用ファイルにはシェッフェの方法も含めておいたので参考にしてください。

📄 練習用ファイル

6_1_s1.xlsx

🔑 キーワード

シェッフェの方法…P.218
F.INV.RT 関数…P.227

- 合計が０になるように係数を決める。例えば、「学生」と「会社員＋無職」の差を調べるなら、学生を「1」、会社員と無職を「$-\frac{1}{2}$」ずつにする
- 係数×平均値を求める
- 平均の二乗÷データ数を求める……①
- 自由度１が「比較する水準数－1」、自由度２が水準内変動に対する自由度のＦ分布で右側確率が 5%（0.05）となる境界の値を求める（F.INV.RT（エフ・インバース・ライトテイルド）関数で求められる）。……②
- ①の合計を求める……③
- 以下の値を求める

$\sqrt{(\text{比較する水準数}-1)\times②}\ \sqrt{①\text{の合計}\times\text{水準内の平均平方}}$……④

- ③≧④であれば有意差がある

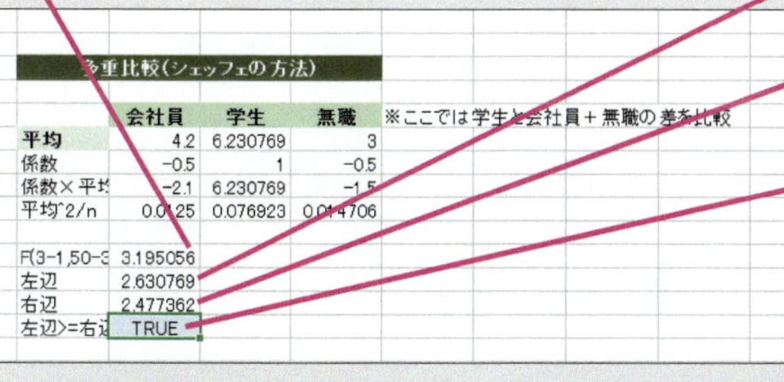

多重比較（シェッフェの方法）

	会社員	学生	無職	※ここでは学生と会社員＋無職の差を比較
平均	4.2	6.230769	3	
係数	−0.5	1	−0.5	
係数×平均	−2.1	6.230769	−1.5	
平均^2/n	0.0125	0.076923	0.014706	
F(3−1,50−3	3.195056			
左辺	2.630769			
右辺	2.477362			
左辺>=右辺	TRUE			

この例では、結果は有意となり、学生だけに特別な理由がありそうだということが分かります。ただ、結果を出すためだけに、合理的な理由もなく水準をまとめるのは避けた方がいいでしょう。この場合は、学生に何か特徴がありそうだからそれ以外はまとめる、という理由付けができそうですが、そういう理由がない場合に、会社員と無職をまとめてしまうことには、かなりムリがあります。

6日目　二元配置分散分析

2 性別と職業によってお菓子の購入数が異なるかどうかを検証する

2-1 要因が2つある場合は二元配置の分散分析！

前項で解説した一元配置分散分析は、要因が１つ（職業）だけでした。さらに要因を増やして、性別と職業によってお菓子の購入数に違いがあるかどうかを検定してみましょう。このような検定は二元配置とか２要因の分散分析と呼ばれています。二元配置ではそれぞれの要因の平均値の差（主効果と呼ばれます）だけでなく、それぞれの要因が関連する効果（交互作用）が求められます。

●二元配置分散分析で使うデータ

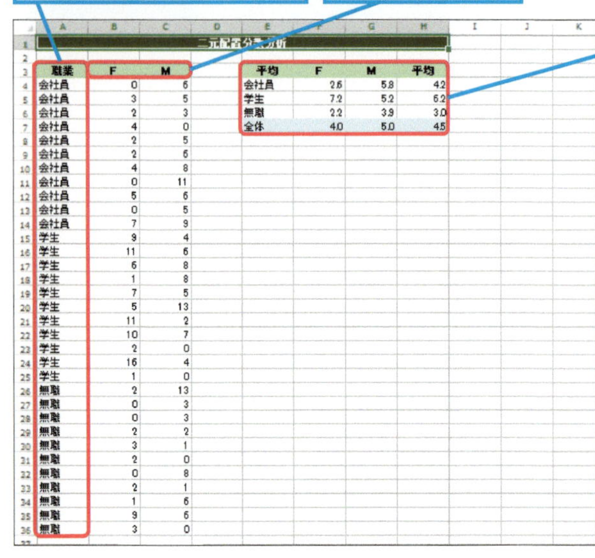

職業	F	M
会社員	0	6
会社員	3	5
会社員	2	3
会社員	4	0
会社員	2	5
会社員	2	6
会社員	4	8
会社員	0	11
会社員	5	6
会社員	0	5
会社員	7	9
学生	9	4
学生	11	6
学生	6	8
学生	1	8
学生	7	5
学生	5	13
学生	11	2
学生	10	7
学生	2	0
学生	16	4
学生	1	0
無職	2	13
無職	0	3
無職	0	3
無職	2	2
無職	3	1
無職	2	0
無職	0	8
無職	2	1
無職	1	6
無職	9	6
無職	3	0

平均	F	M	平均
会社員	2.6	5.8	4.2
学生	7.2	5.2	6.2
無職	2.2	3.9	3.0
全体	4.0	5.0	4.5

実際のところ、手順がかなり複雑なので、二元配置をわざわざExcelでやることはあまりありません。ただ、繰り返し数の等しい二元配置はExcelの分析ツールでもできるので、それを使って考え方を理解しておきましょう（繰り返し数が異なる場合は分析ツールではできません）。

キーワード

一元配置…P.215
二元配置…P.221
分散分析…P.222
分析ツールアドイン…P.222

Tips

分析ツールアドインでは繰り返し数の異なる分散分析ができないので、前項で使ったデータを少し変更して、繰り返し数が等しいデータとしています。これはあくまで操作を確認するためです。実際に分析するときには勝手にデータの数を変えてはいけません。

Tips

左のクロス集計表は各群の平均値を一覧にして見やすくするために作ったものです（210ページを参照）。分析ツールアドインを使って分散分析をする場合には特にこのようなクロス集計表を作る必要はありません。

2-2 分析する前にExcelのアドインを有効にしよう

では、分析ツールアドインを使って、繰り返し数の等しい二元配置をやってみましょう。と言いたいところなのですが、分析ツールアドインは、通常は無効になっているので、以下の手順で有効にするところから始めましょう。

練習用ファイル

6_2_2.xlsx

キーワード

分析ツールアドイン…P.222

[Excelのオプション] ダイアログボックスを表示する

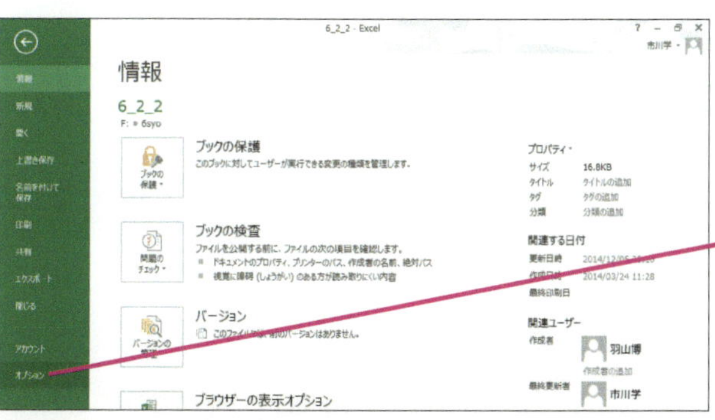

❶[ファイル]タブをクリック

❷ [オプション] をクリック

[Excelのオプション] ダイアログボックスが表示された

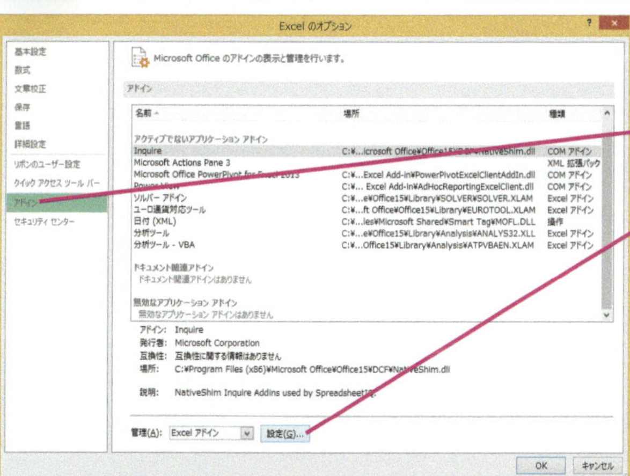

❸ [アドイン] をクリック

❹ [設定] をクリック

[アドイン] ダイアログボックスが表示された

❺[分析ツール] をクリックしてチェックマークを付ける

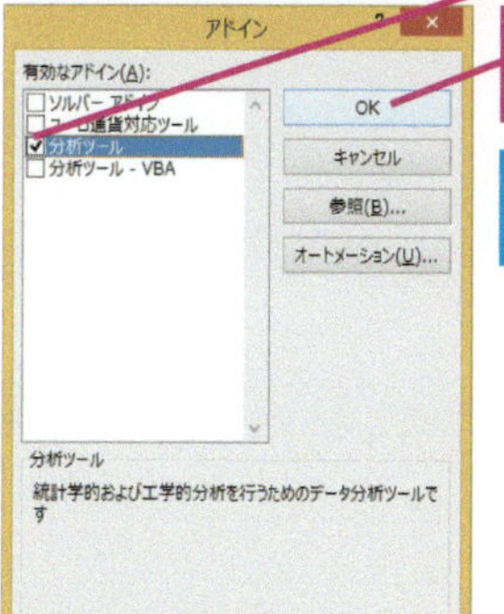

❻ [OK] をクリック

分析ツールアドインが有効になる

2-3 性別による平均値の差と職業による平均値の差を検定しよう

分析ツールアドインが有効になると、[データ] タブに [データ分析] というボタンが表示されるようになります。このボタンをクリックするとさまざまな分析ができます。では二元配置の分散分析をしてみましょう。

練習用ファイル

6_2_3.xlsx

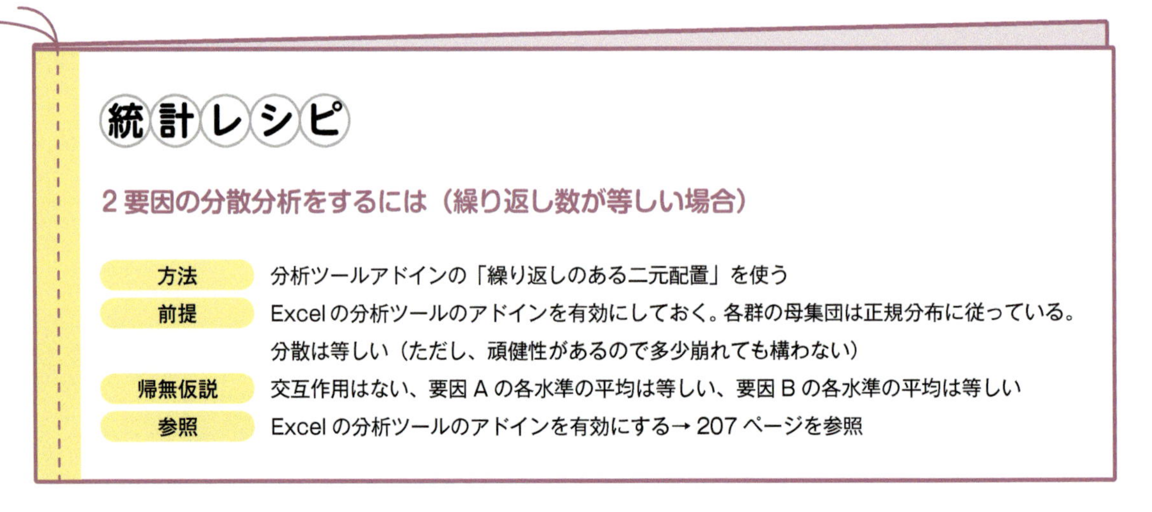

統計レシピ

2 要因の分散分析をするには（繰り返し数が等しい場合）

方法	分析ツールアドインの「繰り返しのある二元配置」を使う
前提	Excel の分析ツールのアドインを有効にしておく。各群の母集団は正規分布に従っている。分散は等しい（ただし、頑健性があるので多少崩れても構わない）
帰無仮説	交互作用はない、要因 A の各水準の平均は等しい、要因 B の各水準の平均は等しい
参照	Excel の分析ツールのアドインを有効にする→ 207 ページを参照

分析に使うデータは、206 ページで見たような、性別、職業別に購入数が入力されているようなデータです。

キーワード

頑健性…P.216
交互作用…P.217
主効果…P.218

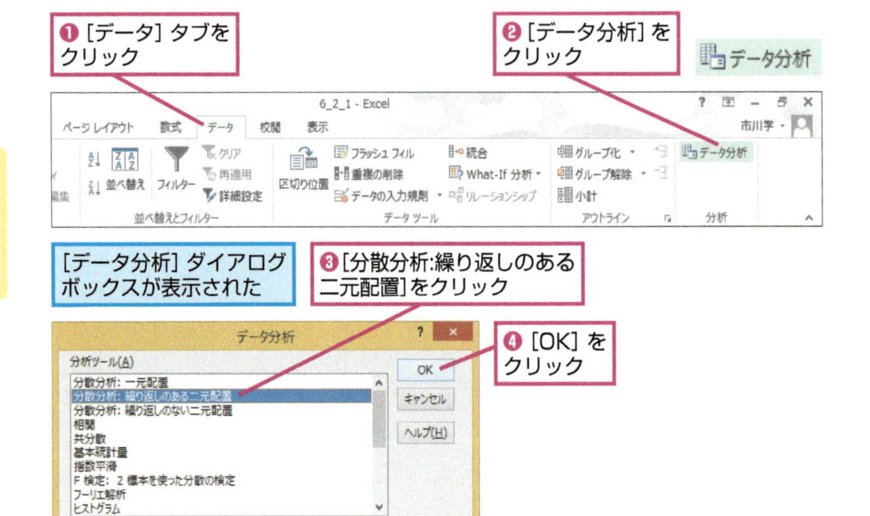

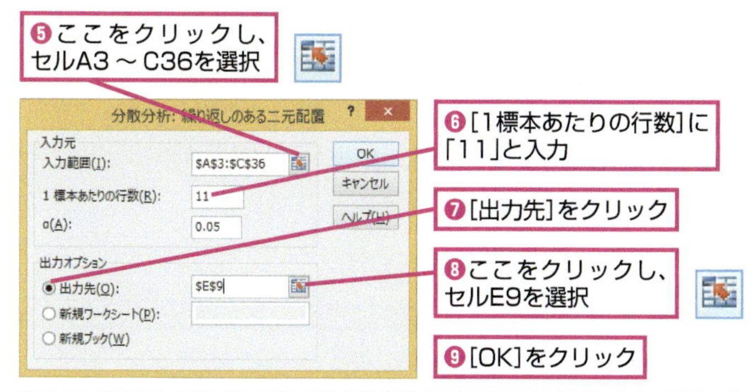

Tips

繰り返し数の異なる2要因の分散分析をExcelでやるのはかなり大変です。練習用ファイル（6_2_3tips.pdf）にはその例と簡単な説明を含めていますが、専用の統計パッケージを使って計算する方が現実的です。

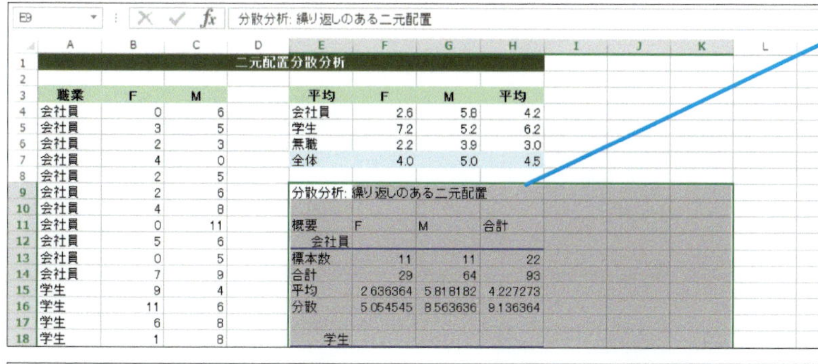

	A	B	C	D	E	F	G	H
1	二元配置分散分析							
2								
3	職業	F	M		平均	F	M	平均
4	会社員	0	6		会社員	2.6	5.8	4.2
5	会社員	3	5		学生	7.2	5.2	6.2
6	会社員	2	3		無職	2.2	3.9	3.0
7	会社員	4	0		全体	4.0	5.0	4.5
8	会社員	2	5					
9	会社員	2	6		分散分析: 繰り返しのある二元配置			
10	会社員	4	8					
11	会社員	0	11		概要	F	M	合計
12	会社員	5	6		会社員			
13	会社員	0	5		標本数	11	11	22
14	会社員	7	9		合計	29	64	93
15	学生	9	4		平均	2.636364	5.818182	4.227273
16	学生	11	6		分散	5.054545	8.563636	9.136364
17	学生	6	8					
18	学生	1	8		学生			

J41 0.0476859018287041

	A	B	C	D	E	F	G	H	I	J	K
22	学生	10	7		分散	22.76364	14.76364	18.91775			
23	学生	2	0								
24	学生	16	4		無職						
25	学生	1	0		標本数	11	11	22			
26	無職	2	13		合計	24	43	67			
27	無職	0	3		平均	2.181818	3.909091	3.045455			
28	無職	0	3		分散	6.363636	16.09091	11.47403			
29	無職	2	2								
30	無職	3	1		合計						
31	無職	2	0		標本数	33	33				
32	無職	0	8		合計	132	164				
33	無職	2	1		平均	4	4.969697				
34	無職	1	6		分散	15.9375	12.9678				
35	無職	9	6								
36	無職	3	0								
37					分散分析表						
38					変動要因	変動	自由度	分散	測された分散	P-値	F 境界値
39					標本	110.3939	2	55.19697	4.499753	0.015106	3.150411
40					列	15.51515	1	15.51515	1.264822	0.265218	4.001191
41					交互作用	78.57576	2	39.28788	3.202816	0.047686	3.150411
42					繰り返し誤	736	60	12.26667			
43											
44					合計	940.4848	65				
45											

スクロールバーを下へドラッグしておく

「職業」の確率が5%以下となっているので、職業による差があると言える

「性別」の確率は5%（0.05）より大きいので、性別による差があるとは言えない

交互作用の確率が5%（0.05）以下なので、職業と性別による違いがあると言える

セルJ39の結果からは、職業によってお菓子の購買数が異なると言えます（学生が多く、次いで会社員、無職と続くように見えます）。一方、セルJ40の結果からは性別による違いはなさそうだということが分かります。このような水準間の平均値の差は主効果と呼ばれます。

ところで、性別全体では違いはないようですが、セルF5を見ると、どうも女性の学生の平均値が高いように思われます。つまり、職業によっては女性と男性の違いがあるように見えます。このように、水準によって効果が異なることを交互作用と言います。セルJ41の結果から交互作用が有意になっていることが分かります。交互作用とは、2つの要因が絡み合って影響を与えているということです。

2-4 交互作用っていったい何？

交互作用はグラフにするとイメージがつかみやすくなります。交互作用がある場合、線が交わったり、広がっていたりします。交互作用がなければ線が平行になるはずです。

練習用ファイル
6_2_4.xlsx

交互作用を視覚化するには

方法 平均値を折れ線グラフにしてみる
準備 平均値の一覧をクロス集計表にしておく

❶セルF4に「=AVERAGE(B4:B14)」と入力

女性の会社員の平均が求められた

❷セルG4に「=AVERAGE(C4:C14)」と入力

男性の会社員の平均が求められた

同様にして、セルF5～G6に女性の学生、男性の学生、女性の無職、男性の無職の平均値を求めておく

H7 =AVERAGE(B4:C36)

	A	B	C	D	E	F	G	H
1	二元配置分散分析							
2								
3	職業	F	M		平均	F	M	平均
4	会社員	0	6		会社員	2.6	5.8	4.2
5	会社員	3	5		学生	7.2	5.2	6.2
6	会社員	2	3		無職	2.2	3.9	3.0
7	会社員	4	0		全体	4.0	5.0	4.5
8	会社員	2	5					
9	会社員	2	6		分散分析: 繰り返しのある二元配置			
10	会社員	4	8					
11	会社員	0	11		概要	F	M	合計
12	会社員	5	6		会社員			

セルE3～G6を選択して折れ線グラフを作成しておく

❸［グラフツール］の［デザイン］タブをクリック

データ系列が異なる場合は、職業が系列になるようにする

❹［行/列の入れ替え］をクリック

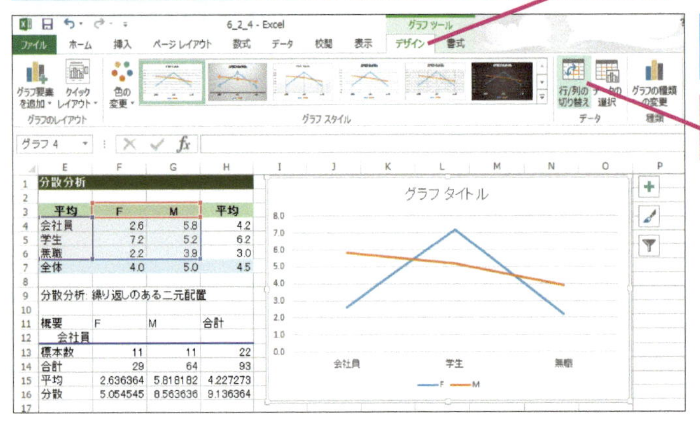

キーワード

交互作用…P.217
主効果…P.218
多重比較…P.220

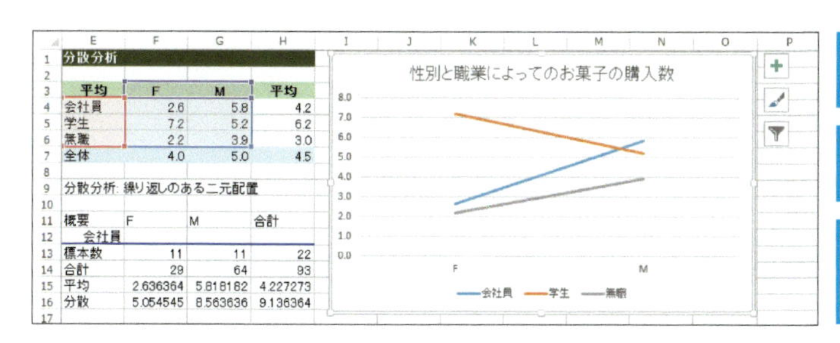

	E	F	G	H
1	分散分析			
2				
3	平均	F	M	平均
4	会社員	2.6	5.8	4.2
5	学生	7.2	5.2	6.2
6	無職	2.2	3.9	3.0
7	全体	4.0	5.0	4.5
8				
9	分散分析: 繰り返しのある二元配置			
10				
11	概要	F	M	合計
12	会社員			
13	標本数	11	11	22
14	合計	29	64	93
15	平均	2.636364	5.818182	4.227273
16	分散	5.054545	8.563636	9.136364

データ系列が入れ替わった

交互作用が視覚化された

女性の学生は購入数が多く、女性の会社員や無職は購入数が少ないように見える

交互作用がある場合には、主効果にあまり意味がないことがあるので、通常は、多重比較によってどの部分に差があるのかを調べます。

なお、Excel の分析ツールアドインによって求めた結果は、数式ではなく、結果の値だけです。したがって、元のデータを修正しても結果は自動的に修正されません。その場合はもう一度同じ機能を使って分析を実行し直す必要があります。

Tips

性別による主効果と交互作用の両方がある場合には、このような交わった線ではなく、広がった線になります（オレンジ色の線の右側がかなり上の方にあるイメージです）。

女性では、学生の購買数が多いって感触が得られますね。

学校の友達同士でワイワイガヤガヤやっているときにお菓子を食べるのかもね。同じ女性でも会社員だとお菓子を食べているヒマもないのかしら。無職の人はもっとお菓子を買っていそうだけど。意外ね。

収入面の厳しさがあるのかも。あるいは家族の誰かが買ってくれるから自分では買わないのかも。それに、男性の会社員が意外とお菓子を買ってますね。ストレスがたまるのかな。

これまで「若い女性をターゲットにすべきだ」とか「主婦層こそ最大の顧客だ」といった感じで、主観で議論していたんじゃないかと思うけど、こういう資料があると、データを軸に議論ができるわね。

そうですね。しっかりとした出発点に立てた感じはします。

Point!

複数の要因が絡み合っていると水準間の差（主効果）はなくても交互作用が見られることもある。

この章のまとめ

3群以上の場合や要因が2つある場合に平均値の差を検定する

この章では、群（水準）の数が3つ以上でも平均値の差の検定ができる一元配置分散分析、要因が2つでも平均値の差の検定ができる二元配置の分散分析について見ていきました。以下のチェックポイントで、学んだ内容を確認しておきましょう。

- □ 一元配置の分散分析では、群（水準）が3つ以上あっても平均値の差の検定ができる
  - □ まず、全変動、水準内変動、水準間変動を求める
  - □ 水準内変動や水準間変動を自由度で割って平均平方を求める
  - □ 水準間の平均平方÷水準内の平均平方が検定統計量（F値）となる
  - □ F値が大きければ有意となる。F.DIST.RT関数で右側確率が求めて判定する
- □ 分散分析で有意差が出たとき、どの群とどの群に差があるかを調べたいときには多重比較を行う
- □ 多重比較にはテューキーの方法、シェッフェの方法などさまざまなものがある
- □ 二元配置の分散分析では、性別と職業のように要因が2つある場合の平均値の差が検定できる
  - □ 繰り返し数が等しい場合はExcelの分析ツールアドインを使って二元配置の分散分析ができる
  - □ 性別による差や職業による差のような、要因による差を主効果と呼ぶ。
  - □ 女性の中でも学生の平均値だけが高い、というように要因が絡み合っている場合には交互作用が現れる
  - □ 交互作用がある場合、平均値を折れ線グラフにすると線が交わったグラフになったり、線が片方に開いたグラフになったりする

エピローグ

資料の分析、ご苦労だったな。短い期間で良く頑張った。

いえ、少し特徴がつかめてきたかな、という程度で、部長への報告もとりとめのないもので……。

分析すべきことはまだたくさんありそうだけど、方法論をよりどころにすれば、全員が同じ方向に進めるわね。そのための第一歩ってとこね。

はぁ。画期的なアイデアは出せませんでしたけど……。

いや、むしろその方がいいんだ。いきなり斬新なアイデアを出すと、裏付けがないとか、前例がないとか、それより別のアイデアがいいぞ、なんて言うヤツが出てきて収拾が付かなくなるからな。

なるほど、統計的にきちんと分析した結果を示せば、納得せざるを得ないですね。

そうだな。その先にいろんな発想が生まれてくるわけだが、まず、同じところから、同じ方向にスタートできるというのは大きいな。

はい、久美先輩のおかげで統計に興味が湧いてきたので、もっと勉強して調査や分析を進めます！

手法だけじゃなくて、統計学的なモノの見方も大事ね。ものごとの本質を見抜く目を養わなくちゃ。

これからのマナブの成長が期待できそうだな。

あとがきにかえて

プロジェクト成功の鍵は何かと聞かれると、私は「方法論です」と答えています。方法論とは、やさしく言うと「やり方」ということです。方法論に対して「精神論」という言葉もあります。こちらはいわば「やる気」です。

メンバーにやる気があっても、やり方が統一されていないと、プロジェクトが破綻することがよくあります。方法論の統一はとても重要なことなのです。

もちろん、どんな方法にも利点や欠点があります。しかし、「この方法で行こう」と最初にきちんと決めていないと、ほかの方法の利点や、現状の方法の欠点が目に付いてしまい、右往左往することになってしまいます。大きな荷物を山頂まで運ばないといけないのに、個々のメンバーがそれぞれ別のルートで山に登ろうとするのと同じです。どのルートにも難所はありますが、どれか1つのルートに決めないと目的は達成できません。

統計学は、現状を分析するためのすぐれた方法論です。発想のためにはKJ法やマインドマップなどのすぐれた方法論がありますが、発想のベースとして個人の主観のみをよりどころにするのは心もとないと言わざるを得ません。統計学的なモノの見方を身に付ければ、ほかの人と発想のベースそのものを共有できるというわけです。

さらに詳しく学ぶために

本書で学んだことをより深く知りたい人やさらに先に進みたい人のために、役に立ちそうな書籍や情報源を紹介しておきましょう。以下の資料で、実用的な統計のほとんどの部分がカバーできると思います。

●初心者にも分かりやすい本
『統計解析のはなし』（石村貞夫著、東京図書）
『分散分析のはなし』（石村貞夫著、東京図書）
『多変量解析のはなし』（有馬哲・石村貞夫共著、東京図書）
●中級～上級者向けの本
『心理学のためのデータ解析テクニカルブック』（森 敏昭・吉田寿夫編著、北大路書房）
『自然科学の統計学』（東京大学教養学部統計学教室編、東京大学出版会）
●統計の疑問や落とし穴についてまとめた本
『統計的方法のしくみ 正しく理解するための30の急所』（永田 靖著、日科技連出版社）
●ウェブサイト
群馬大学社会情報学部　青木繁伸教授の統計学のページ
http://aoki2.si.gunma-u.ac.jp/Mokuji/index2.html

用語集

F検定（エフけんてい）
分散の差の検定のこと。F分布を利用する。F.TEST関数で確率が求められる。

F分布（エフぶんぷ）
分散の差の検定や分散分析で使われる確率分布。グラフにすると右の方に裾野の広い形になる。

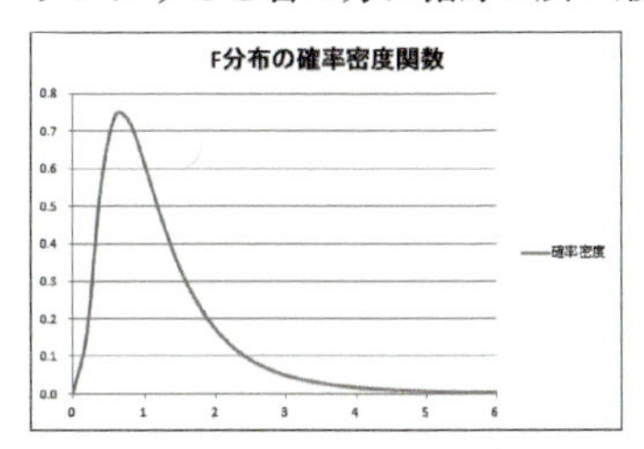

なお、自由度n_1、n_2のF分布を数式で表すと以下のようになるが、F.DIST関数、F.DIST.RT関数を使えば簡単に確率密度関数の値や累積分布関数の値が求められる。

$$\frac{\Gamma((n_1+n_2)/2)(n_1/n_2)^{(n_1/2)}x^{(n_1/2-1)}}{\Gamma(n_1/2)\Gamma(n_2/2)(1+(n_1/n_2)x)^{((n_1+n_2)/2)}}$$

（$\Gamma(a)$はガンマ関数）

t検定（ティーけんてい）
平均値の差の検定のこと。t分布を利用する。T.TEST関数で確率が求められる。

t分布（ティーぶんぷ）
平均値の差の検定などに使われる確率分布。左右対称のグラフになる。

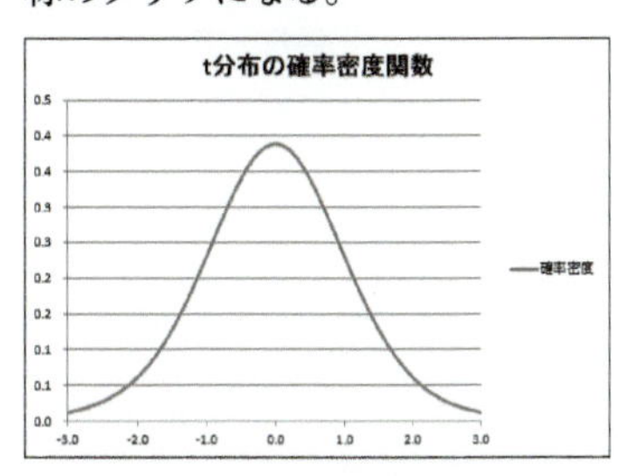

なお、自由度nのt分布を数式で表すと以下のようになるが、T.DIST関数、T.DIST.RT関数、T.DIST.2T関数を使えば簡単に確率密度関数の値や累積分布関数の値が求められる。

$$\frac{\Gamma((n+1)/2)}{\sqrt{n\pi}\,\Gamma(n/2)(1+x^2/n)^{((n+1)/2)}}$$（$\Gamma(a)$はガンマ関数）

VIF（ブイアイエフ）
分散拡大係数（Variance Inflation Factor）の頭文字を取ったもの。多重共線性があるかどうかの指標となる値。説明変数どうしの相関行列の逆行列を求めたときの対角要素の値。一般にVIFの値が10以上になると多重共線性があると見なされる。

χ^2乗検定（カイジジョウけんてい）
χ^2分布を利用した検定。独立性の検定や適合性の検定ができる。CHISQ.TEST関数で確率が求められる。

μ（ミュー）
母集団の平均を表すための記号。サンプルの平均はxと表される。

σ（シグマ）
母集団の標準偏差を表すための記号。母集団の分散はσ^2。なお、サンプルの標準偏差はs、分散はs^2と表される。

一元配置
要因が1つの分散分析のこと。職業による平均値の差や性別による平均値の差などを検定するときに使われる。水準間の平均平方が水準内の平均平方に比べて大きければ有意となる。

上側確率
→右側確率

回帰直線
いくつかのデータの最も近くを通る直線のこと。回帰直線の係数と切片が求められれば、説明変数を元に目的変数の説明ができる。例えば、気温とビールの売り上げを何回か測定し、回帰直線を引けば、気温がどれぐらいになればビールがどれぐらい売れるかを予測できる。

回帰分析
回帰直線を求めることにより、説明変数を元に目的変数を説明すること。一般に、説明変数が1つの場合は回帰分析と呼び、説明変数が複数ある場合は重回帰分析と呼ぶ。LINEST関数で係数や定数項、そのほかの値が求められる。

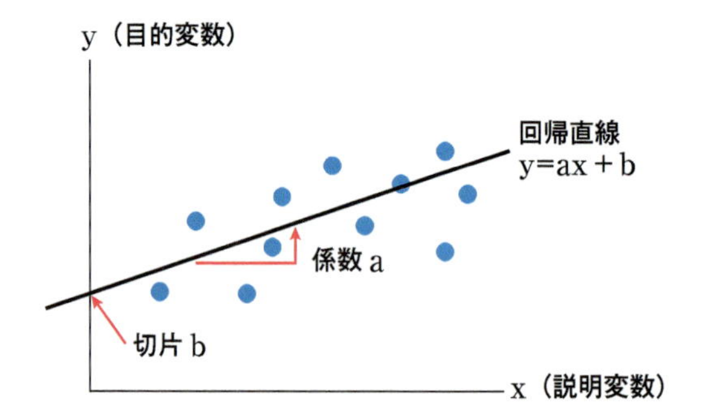

階級
度数分布表における区切りのこと。

片側確率
片側検定を行う場合の、検定統計量に対する右側確率（または左側確率）。

片側検定
2群のどちらかが大きいかどうかを検定する場合の検定方法。2群に差があるがどうかを検定する場合は両側検定になる。

頑健性（がんけんせい）
検定などにおいて、母集団の分布が前提となる分布に従っていなくても、ある程度正しい結果が得られること。

幾何平均
すべてのデータを掛け合わせて、その個数乗根を取った値のこと。算術平均に比べて、かけ離れた値の影響を受けにくい。代表値の1つ。相乗平均とも言う。GEOMEAN関数で求められる。

棄却域（ききゃくいき）
分布の両側確率や片側確率が5%以下または1%以下になる（有意になる）検定統計量の値の範囲。

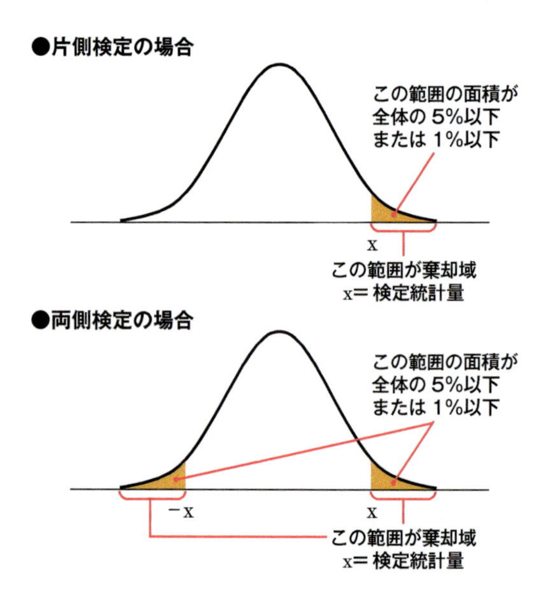

疑似相関
本来の要因が隠されているため、表面的に相関があるように見えること。例えば、朝食を食べる回数と成績に正の相関が見られる場合、実際に関係があるのは朝食を食べるかどうかではなく、きちんとした生活習慣ができているかどうかということであったりする。

期待値
離散分布において、想定される分布に従っていればその値になるはず、という値。実測値と期待値の差を元にχ^2乗検定を行うことにより、独立性や適合性の検定ができる。

帰無仮説
検定を行うにあたって立てる仮説のこと。通常、棄却したい（無に帰したい）仮説なので、こう呼ばれる。例えば、平均値の差の検定の場合、「平均値は等しい」という帰無仮説を立てるが、気持ちとしてはそれを棄却して、平均値は等しくない（あるいはいずれかが大きい）と言いたいということになる。

寄与率（きよりつ）
回帰直線の当てはまりの良さを表す値。相関係数の2乗。LINEST関数で求められる。

区間推定
母集団の平均値や分散を、ある程度の幅を持たせて推定すること。例えば、サンプルの個数が30、平均値が60、不偏標準偏差が10のとき、母集団の平均値μを95%信頼区間で推定すると56.27≦μ≦63.73となる。これは、信頼区間を求めることを何度も繰り返すと、求められた信頼区間に母集団の平均が含まれる確率が95%であるという意味。以下の式で信頼区間を求められる。

・母集団の分散が分かっている場合

$$\bar{x} - z\left(\frac{\alpha}{2}\right)\frac{\text{標本標準偏差}}{\sqrt{N}} \leq \mu \leq \bar{x} + z\left(\frac{\alpha}{2}\right)\frac{\text{標本標準偏差}}{\sqrt{N}}$$

・母集団の分散が分かっていない場合

$$\bar{x} - t_{N-1}\left(\frac{\alpha}{2}\right)\frac{\text{不偏標準偏差}}{\sqrt{N}} \leq \mu \leq \bar{x} + t_{N-1}\left(\frac{\alpha}{2}\right)\frac{\text{不偏標準偏差}}{\sqrt{N}}$$

なお、母集団の平均値や分散を1つの値で推定する方法は点推定という。CONFIDENCE.NORM関数やCONFIDENCE.T関数で求められる。

繰り返し数
分散分析などにおいて、ある条件で測定したサンプルの数のこと。例えば、性別、職業別の二元配置の場合、同じ性別、同じ職業のサンプルの数が繰り返し数にあたる。

クロス集計表
列と行に項目の見出しを並べ、その交わった部分に合計や個数などを記入した表。

E	F	G	H	I
度数分布表（クロス集計表）				
実測値	d	c	合計	
F	7	17	24	
M	15	11	26	
合計	22	28	50	

群（ぐん）
同じ職業や同じ性別などのまとまり（グループ）のこと。水準とも呼ぶ。

係数
回帰直線の傾きのこと。xの値が1増えたときにyの値がどれだけ増減するかということ。SLOPE関数、LINEST関数で求められる。

系列
Excelでグラフを作成するときに、一連の棒や折れ線になるデータの並びのこと。

決定係数
→寄与率

検定
平均値の差や分散の差があるかどうかを、確率的に求めること。通常「差がない」という帰無仮説を立て、その仮説を棄却することが誤りである確率が5%以下または1%以下であるときに「有意である」と言い、帰無仮説を棄却して、対立仮説を採用する。

検定統計量
帰無仮説が正しいとすれば、平均値の差や分散の差を元に立てられた数式はどのような分布に従うかということが決まっている。その数式にサンプルのデータを当てはめて求めた値。サンプルから求めた値が、分布のx軸のどの位置にあるかということが分かる。この値を元に、両側確率や片側確率が求められ、有意かどうかが判定される。確率が簡単に求められないときは、検定統計量が棄却域に入っているかどうかで判断する。

ケンドールの順位相関
順位相関の1つ。2つの項目の順位がどれだけ一致しているかを元に求めた相関係数。

交互作用
二元配置など、要因が複数ある場合に、それぞれの要因がお互いに影響し合っているかどうかということ。交互作用がある場合、折れ線グラフを描くとそれぞれの線が平行にならずに、線がクロスしたり、線が広がったりする。

●交互作用がある場合のグラフの例

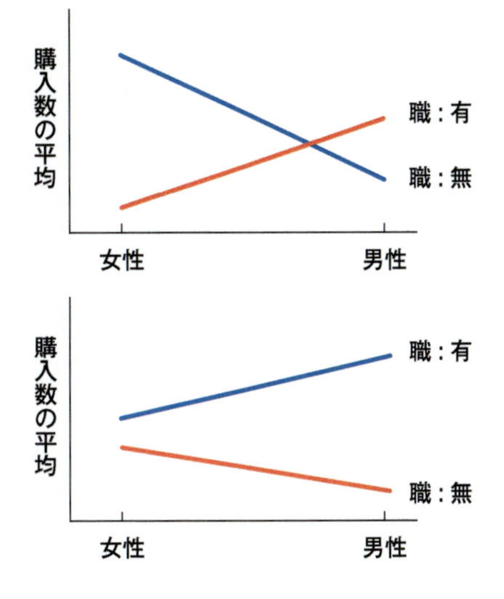

誤差
一般には、測定値と真の値との差。例えば、母集団の平均値をμ、測定値をx_iとすると、誤差e_iは$x_i-\mu$となる。

誤差平方和
各データと平均値の差を2乗してすべてを足したもの。誤差の大きさを表す値と考えられる。誤差をすべて足し合わせると正の値と負の値が相殺されてしまうので、絶対値を求めるために2乗してから合計する。変動も同じ方法で計算する。DEVSQ関数で求められる。

●誤差の大きさを求める

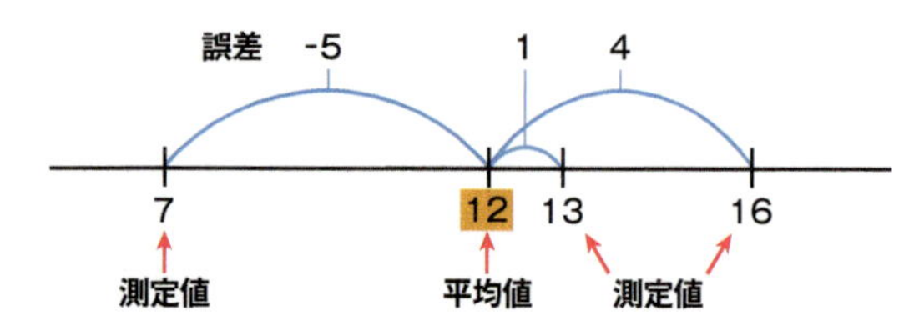

・誤差をそのまま足すと……
　-5+1+4=0 になってしまう
・絶対値にすると……
　|-5|+|1|+|4|=10（平均偏差＝誤差の総和）
・だが絶対値は取り扱いにくいので、
　絶対値にするために２乗する
　$(-5)^2+1^2+4^2$
　=25+1+16
　=42　←これが誤差平方和（変動）である

最頻値（さいひんち）
最もよく現れる値のこと。複数の最頻値があることもある。代表値の1つ。MODE.SNGL関数、MODE.MULT関数で求められる。

残差（ざんさ）
誤差の推定値のこと。各データの値－平均値で求める。厳密には誤差とは異なるが、ほぼ同じものと考えられる。

算術平均
→平均値

散布図
Excelで作成できるグラフの一種。xとyの値を元に点を描いたもの。いくつかの点の近くを通る近似曲線を表示することもできる。

サンプル
母集団から取り出したいくつかのデータのこと。標本とも呼ぶ。

シェッフェの方法
多重比較の方法の1つ。複数の群をまとめてほかの群の比較することもできる。

指数関数
$y=b\times m^x$で表される関数。xの値が増えるにつれ、yの値が急激に大きくなる。

重回帰分析
→回帰分析

自由度
独立したデータの個数。不偏分散を求める場合には、各データを元に推定された母集団の平均が式の中に含まれているので、データの個数-1が自由度となる。

主効果
分散分析において、群間の平均値の差があるかどうかということ。

順位相関
身長や成績などは尺度の間隔が一定と考えられる（間隔尺度）が、売上の1位と2位の間隔と2位と3位の間隔は一定であるとは限らない（順序尺度）。そのような場合に、1や2という値ではなく、1位、2位といった順序を使って計算される相関係数。

信頼区間
区間推定で、母集団の平均値や分散が一定の確率で含まれる範囲のこと。例えば、平均値について、95%信頼区間というとき、サンプルを取り出し信頼区間を求めるという作業を何度も繰り返すと、それらの信頼区間の中に母集団の平均値が95%の確率で含まれるということ。CONFIDENCE.NORM関数やCONFIDENCE.T関数で求められる。

水準
→群

水準間変動
変動のうち、異なる職業や異なる性別などの群の間の変動。

水準内変動
変動のうち、同じ職業内の個人や同じ性別内の個人などの、群の中の変動。

スタージェスの公式
度数分布表を作るときに、階級をいくつに分けるかという目安になる値を求めるためによく使われる式。

$$1+\frac{\log_{10}n}{\log_{10}2}$$

(nはデータ数)

スピアマンの順位相関
順位相関の1つ。2つの項目の順位がどれだけ離れているかを元に求めた相関係数。

正規分布
検定などの基礎となる確率分布の1つ。二項分布の試行回数を増やしていくと正規分布に近づく。身長や体重の分布など、多くの分布が正規分布に従っている。以下の式で正規分布が求められる。

$$\frac{1}{\sqrt{2\pi}\sigma}e^{-\frac{(x-\mu)^2}{2\sigma^2}}$$

絶対参照
Excelの数式中で、コピーしてもセル参照が変わらないセルの指定方法。セルアドレスの前に「$」を付けて表す。例えば「=B3/$B$8」という数式を下方向にコピーすると「=B4/$B$8」となり、「$」を付けたセル参照は変わらない。

切片(せっぺん)
関数において、xの値が0のときのyの値。関数のグラフを描くとy軸とグラフの曲線または直線との交点にあたる。

説明変数
回帰分析において、目的変数を予測するための元となる変数。$y=ax+b$という式で回帰直線を表したときにxにあたる変数。

尖度(せんど)
データが平均値の近くにどれだけ集まっているか(あるいは集まっていないか)を表す値。尖度の値が大きいほどデータが平均値の近くに集まった(とがった)分布になる。尖度が0に近いと正規分布に近くなる。KURT関数で求められる。

●尖度と分布の形の関係

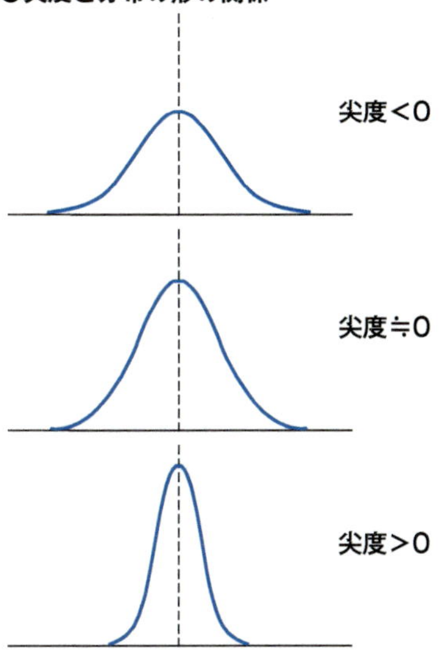

全変動
変動のうち、すべての値の変動。

相加平均
→平均値

相関関係
ある変数と別の変数の関係。例えば、気温とビールの売り上げとの関係など。相関関係の強さは相関係数で表される。

相関係数
ある変数と別の変数にどの程度の関係があるかを示す値。相関係数が1に近いと正の相関(一方が増えれば他方も増える)、-1に近いと負の相関(一方が増えれば他方は減る)、0に近ければ無相関となる。相関と因果関係とは異なることに注意。また疑似相関にも注意が必要。CORREL関数、PEARSON関数で求められる。

用語集

相乗平均
→幾何平均

相対参照
Excelの数式中で、コピーした方向に合わせてセル参照が変わるセルの指定方法。特に何も指定しなければ相対参照になる。例えば「=B3+C3」という数式を下方向にコピーすると「=B4+C4」となり、行番号が1つずつ増える。

第一種の過誤
帰無仮説が正しいにもかかわらず、棄却してしまう誤りのこと。第一種の過誤の確率はαと表記される。

対応のあるデータ
ある群と別の群のサンプルが同じ個体であること。例えば、同じ人が2回のテストを受けた場合、1回目の成績と2回目の成績は対応のあるデータとなる。

対応のないデータ
ある群と別の群のサンプルが独立して取られた個体であること。例えば、異なる人が2回のテストを受けた場合、1回目の成績と2回目の成績は対応のないデータとなる。

第二種の過誤
帰無仮説が誤っているにもかかわらず、採用してしまう誤りのこと。第二種の過誤の確率はβと表記される。

代表値
集団の性質を表すための値。平均値（算術平均）がよく使われるが、かけ離れた値がある場合には幾何平均や中央値などが使われることもある。

対立仮説
検定において、帰無仮説と対立するような仮説のこと。例えば、帰無仮説が「A群とB群の平均値には差がない」であれば、対立仮説は「A群とB群の平均値には差がある」「A群の平均値はB群の平均値よりも大きい」「A群の平均値はB群の平均値よりも小さい」の3つが考えられる。

多重共線性
重回帰分析において、似たような性質の説明変数を重複して使っていること。いずれかの説明変数を除外する必要がある。多重共線性は、一般に説明変数間の相関が強いときに見られ、VIFやトレランスの値によって示される。マルチコとも呼ばれる。

多重比較
分散分析において、主効果が見られたときに、さらに、どの群とどの群に差があるかを検定する方法。テューキーの方法やシェッフェの方法などがある。

中央値
すべてのデータを小さい順に並べたときに中央にある値のこと。データ数が偶数のときは、中央にある2つの値の算術平均を中央値とする。代表値の1つ。MEDIAN関数で求められる。

中心極限定理
母集団がどのような分布であっても、いくつかのサンプルを取り出して平均値を求めることを何回も繰り返すと、それらの平均値の分布が正規分布に近くなるという定理。

調和平均
各データの逆数の和を個数で割り、さらにその逆数を求めたもの。速度の平均を求める場合などに使われる。HARMEAN関数で求められる。

適合度の検定
母集団の分布が特定の離散分布に従っているかどうかの検定。χ^2分布を利用する。CHISQ.TEST関数で求められる。

テューキー・クレーマー法
→テューキーの方法

テューキーの方法
多重比較の方法の1つ。各群の繰り返し数が等しいときに使う。繰り返し数が異なるときにはテューキー・クレーマー法と呼ばれる方法を使う。

点推定
サンプルから得られた平均値や不偏分散を使って、母集団の平均値や分散を1つの値で推定すること。一方、ある程度幅を持たせて推定する方法を区間推定という。

独立性の検定
母集団の分布が特定の離散分布に従っているかどうかの検定。χ^2分布を利用する。CHISQ.TEST関数で確率が求められる。

度数
値の個数のこと。値そのものではないことに注意。例えば、10、11、16という値があったとき、10以上15未満の度数は2となる。

度数分布表
サンプルの値をいくつかの区間（階級）に区切り、そこに含まれる値がいくつ現れるかを表にしたもの。集団の全体像を見るのによく使われる。FREQUENCY関数を使って作成できる。

トレランス
許容度とも呼ばれる。VIFの逆数。トレランスの値が小さいと、多重共線性が疑われる。

二元配置
要因が2つの分散分析のこと。性別と職業による平均値の差を同時に検定する場合などに使われる。二元配置では要因による平均値の差（主効果）のほかに、要因どうしの関係による作用（交互作用）が見られることがある。

●二元配置の例

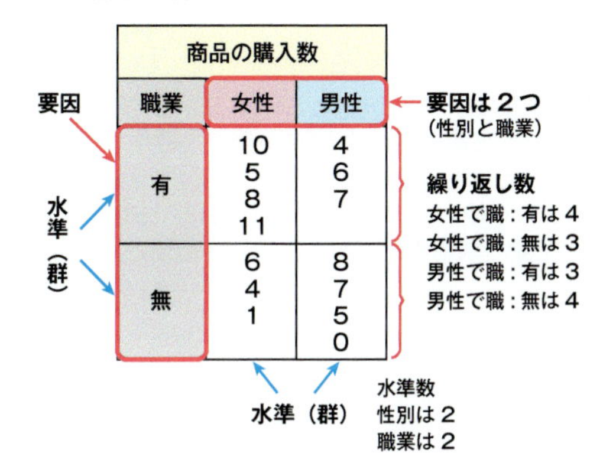

二項分布
サイコロを振った回数に対して1の目が出る確率がいくらになるかといったように、一定の確率pで起こる事象がn回のうちx回起こる確率を表した分布。離散分布の1つ。BINOM.DIST関数で確率関数の値や累積確率の値が求められる。

ノンパラメトリック検定
母集団の分布などのモデルを前提としない検定の方法。マン・ホイットニー検定はパラメトリック検定の1つ。

配列数式
Excelで使われる数式のうち、複数の値を求めることのできる数式。結果を求めたい範囲をあらかじめ選択しておき、数式を入力するときに、Ctrl+Shift+Enterキーを押すと配列数式になる。なお、引数に配列を指定し、複数の計算を一度に行う場合も配列数式になるが、本書では取り扱っていない。

パラメトリック検定
母集団が正規分布に従っているといった一定のモデルを前提とする検定の方法。F検定やt検定などがパラメトリック検定。

ヒストグラム
度数分布表をグラフにしたもの。棒グラフの、棒と棒の間隔を0にしたもの。

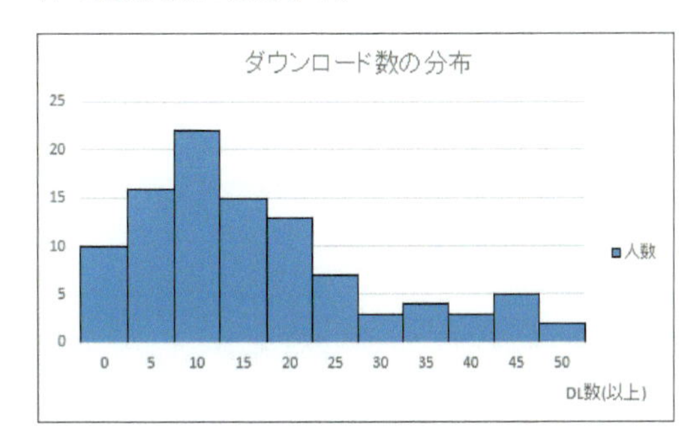

尾部（びぶ）
TDIST関数などで、片側確率を求めるか両側確率を求めるかの指定のこと。分布の端の「尻尾」のような部分の指定方法なのでこう呼ばれる。

ピボットグラフ
項目と値を指定するだけで、表（ピボットテーブル）を作ったり、グラフを作ったりできるExcelの機能。データが並べ替えられていなくても集計ができ、行と列の入れ替えなども簡単にできる。

標準正規分布
平均が0、分散が1^2の正規分布。

標準偏差
母集団のデータのばらつきを表す値のこと。分散は値が2乗されており、元の値と比較しにくいので、その平方根を求めて元のデータと単位を同じにしたもの。

標本
→サンプル

標本標準偏差
サンプルが母集団そのものである場合の標準偏差のこと。通常、標本分散の正の平方根が標本標準偏差となる。ただし、文献によっては不偏標準偏差のことを標本標準偏差と呼んでいることもあるので注意が必要。STDEV.P関数で求められる。

標本分散
サンプルが母集団そのものである場合の分散のこと。ただし、文献によっては不偏分散のことを標本分散と呼んでいることもあるので注意が必要。VAR.P関数で求められる。

不偏標準偏差
サンプルを元に求めた母集団の標準偏差の推定値のこと。通常、不偏分散の正の平方根が不偏標準偏差となる。STDEV.S関数で求められる。

不偏分散
サンプルを元に求めた母集団の分散の推定値のこと。VAR.S関数で求められる。

分散
母集団のデータのばらつきを表す値のこと。VAR.S関数、VAR.P関数で求められる。

分散分析
水準間の分散と水準内の分散を比較することによって、水準間の平均値に差があるかどうかを検定する方法。

分析ツールアドイン
Excelに付属の機能で、ヒストグラムの作成、平均や分散などの基礎統計量の計算、相関係数の計算、t検定、分散分析などができるツール。標準の設定では有効になっていないので、有効にしてから使う必要がある。

分布
どの値のデータがどれだけ現れるかということ。データの個数を使って表す場合は度数分布となり、データが現れる確率を使って表す場合は確率分布となる。

平均値
すべてのデータを足し合わせて、その個数で割った値のこと。一般に平均値と呼ばれるが、正式には算術平均あるいは相加平均と呼ばれる。代表値として最もよく使われるが、かけ離れた値がある場合には代表値としてふさわしくないことがある。AVERAGE関数、AVERAGEIF関数、AVERAGEIFS関数で求められる。

平均平方
変動を自由度で割ったもの。水準内や水準間の分散にあたるものと考えられる。

偏差値
集団の中でどのあたりの位置にいるかを客観的に表す値。平均や標準偏差が異なっても偏差値を使えば比較できるようになる。以下の式で偏差値が求められる。

$$偏差値 = \frac{x_i - \mu}{s} \times 10 + 50$$

（x_iは各データ、μは平均、sは標本標準偏差）

変数
さまざまな値を取ることを表す文字や名前のこと。一般にxやyなどで表される。例えば、いくつかある営業所の人数をxで表したり、毎年の売上金額をyで表すなど。

変動
→誤差平方和

ポアソン分布
ある出来事が平均何回起こるかが分かっているときに、その出来事が実際に何回か起こる確率を表す確率分布。めったに起こらないことが起こる確率を表すのによく使われる。離散分布の1つ。POISSON.DIST関数で確率関数の値や累積確率の値が求められる。

補間
数表に目的の値が掲載されていないとき、前後の値の間を取って目的の値を求めること。

母集団
調査対象となる全体のこと。母集団から取り出した一部の人やモノのことをサンプルまたは標本と呼ぶ。例えば、女性の意識調査を行うために100人にアンケートを取った場合、母集団は女性全体、サンプルは、アンケートを取った100人の女性となる。

●母集団とサンプル

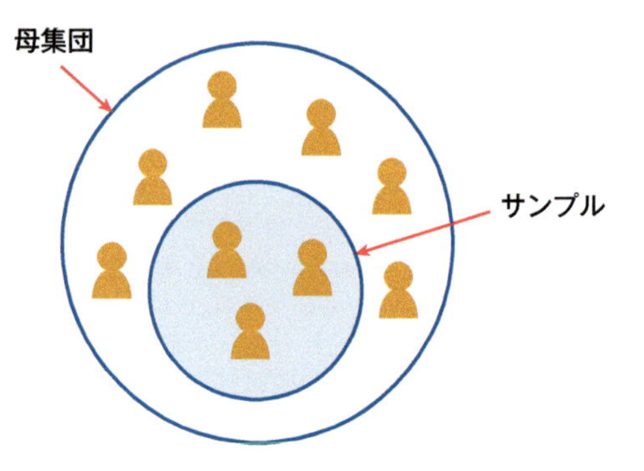

マルチコ
→多重共線性

マン・ホイットニー検定
母集団が正規分布に従っていない場合に使われる平均値の差の検定。実際には中央値の差の検定となっている。ノンパラメトリック検定の1つ。

右側確率
確率分布において、横軸の値がある値よりも大きな値である確率。上側確率ともいう。

●右側確率

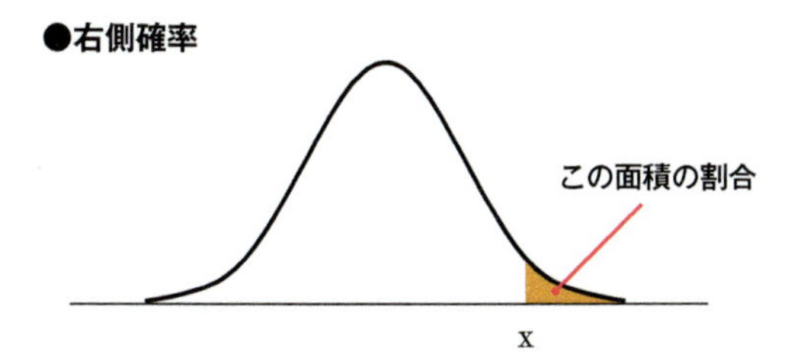

無相関の検定
相関があるかどうかの検定。t分布を利用する。

目的変数
回帰分析において、説明変数を使って予測したい変数。$y=ax+b$という式で回帰直線を表したときにyにあたる変数。

有意差
検定において、帰無仮説を棄却したときにそれが誤りである確率が5%あるいは1%以下であること。有意差がある場合は、帰無仮説を棄却しても間違いはないと考えられるので、「母集団の平均に差はない」といった帰無仮説を棄却し、「母集団の平均に差がある」といった対立仮説を採用する。

有意水準
検定において、帰無仮説を棄却するかどうかの基準となる確率。5%または1%を使うのが普通。統計検定量に対する両側確率や片側確率が有意水準以下なら帰無仮説が棄却され、有意差があると見なされる。

要因
分散分析で群（水準）が何種類あるかということ。例えば、性別、職業別で分散分析を行う場合、性別という要因と職業という要因の2要因になる。

離散分布
x軸の値が連続していない確率分布のこと。二項分布やポアソン分布など。

両側検定
2群に差があるかどうかを検定する場合の検定方法。どちらかが大きいかどうかを検定する場合は片側検定になる。

理論度数
→期待値

連続分布
x軸の値が連続している確率分布のこと。正規分布やt分布、F分布など。

●離散分布　●連続分布

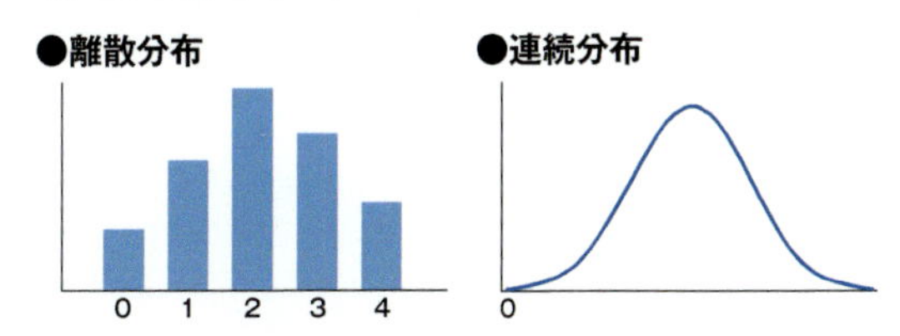

歪度（わいど）
分布のゆがみを表す値。歪度が正の値であれば平均値よりも左の方に山がある（右の方の裾野が広い）分布になり、負の値であれば右の方に山がある（左の方の裾野が広い）分布になる。0に近ければ左右対称の分布になる。SKEW関数で求められる。

●歪度と分布の形の関係

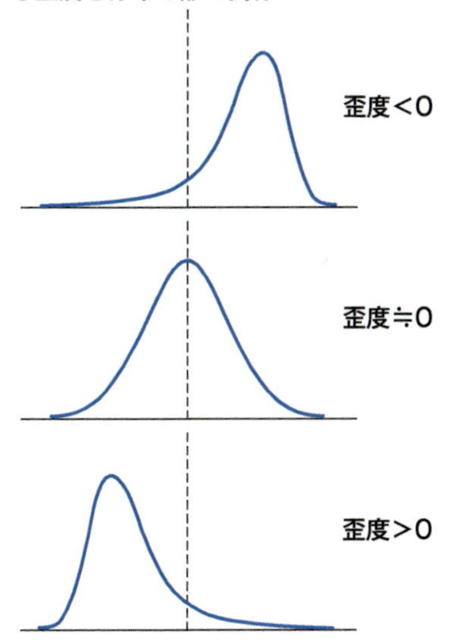

関数 INDEX

平均値を求める

2013 2010 2007

アベレージ

AVERAGE (数値 1, 数値 2,…, 数値 255)

意味 [数値] の平均値を求めます。

引数 **数値** 平均値を求めたい数値を指定します。引数は 255 個まで指定できます。

条件を指定して数値の平均を求める

2013 2010 2007

アベレージ・イフ

AVERAGEIF (範囲 , 検索条件 , 平均対象範囲)

意味 [範囲] の中から [検索条件] を満たすセルを検索し、見つかったセルと同じ行 (または列) にある [平均対象範囲] のセルの数値の平均値を求めます。

引数
範囲 検索の対象とするセル範囲を指定します。
検索条件 [範囲] の中からセルを検索するための条件を指定します。
平均対象範囲 平均値を求めたい数値が入力されているセル範囲を指定します。[範囲] の中から [検索条件] によって選び出されたセルと同じ行 (または列) にある [平均対象範囲] の中のセルが計算の対象となります。この引数を省略すると、[範囲] で指定したセルがそのまま集計の対象となります。

二項分布の確率や累積確率を求める

2013 2010 2007

バイノミアル・ディストリビューション

BINOM.DIST (成功数 , 試行回数 , 成功率 , 関数形式)

バイノミアル・ディストリビューション

BINOMDIST (成功数 , 試行回数 , 成功率 , 関数形式)

意味 [成功率] で示される確率で事象が起こるときに、[試行回数] のうち [成功数] だけの事象が起こる確率を求めます。[成功数] までの回数の事象が起こる累積確率を求めることもできます。なお、[成功数] や [成功率] は目的の事象が起こる回数や確率のことです。例えば、不良品の発生確率を求める場合、[成功数] は不良品が発生する回数であり、良品が発生する回数ではありません。
※ BINOM.DIST 関数は Excel 2013/2010 でのみ使えます。BINOMDIST 関数は互換性関数です。

引数
成功数 確率を求めたい回数を指定します。
試行回数 全体の試行回数を指定します。
成功率 あらかじめ分かっている確率を指定します。試行を 1 回行ったときに目的の事象が起こる確率です。
関数形式 確率質量関数の値を求める場合は FALSE を指定し、累積分布関数の値を求める場合は TRUE を指定します。

χ^2 乗検定を行う

2013 2010 2007

カイ・スクエアド・テスト

CHISQ.TEST (実測値範囲 , 期待値範囲)

カイ・テスト

CHITEST (実測値範囲 , 期待値範囲)

意味 [実測値範囲] と [期待値範囲] をもとに、χ^2 乗検定 (適合性や独立性の検定) を行います。
※ CHISQ.TEST 関数は Excel 2013/2010 でのみ使えます。CHITEST 関数は互換性関数です。

引数
実測値範囲 実測値が入力されているセル範囲や配列を指定します。
期待値範囲 期待値が入力されているセル範囲や配列を指定します。

組み合わせの数を求める

2013 2010 2007

コンビネーション
COMBIN（総数, 抜き取り数）

意味 ［総数］個の項目の中から［抜き取り数］個を取り出したとき、何種類の組み合わせが可能であるかを求めます。二項係数を求めることもできます。

引数
総数　対象となる項目の総数を指定します。
抜き取り数　［総数］個の項目の中から取り出して組み合わせる項目の個数を指定します。

母集団に対する信頼区間を求める（正規分布を利用）

2013 2010 2007

コンフィデンス・ノーマル
CONFIDENCE.NORM（有意水準, 標準偏差, データの個数）

コンフィデンス
CONFIDENCE（有意水準, 標準偏差, データの個数）

意味 ［標準偏差］と［データの個数］をもとに、母集団に対する信頼区間を求めます。
※ CONFIDENCE.NORM 関数は Excel 2013/2010 でのみ使えます。CONFIDENCE 関数は互換性関数です。

引数
有意水準　信頼区間を求めるための有意水準を数値で指定します。
標準偏差　母集団の標準偏差を数値で指定します。
データの個数　標本の個数を数値で指定します。

母集団に対する信頼区間を求める（t 分布を利用）

2013 2010

コンフィデンス・ティー
CONFIDENCE.T（有意水準, 標準偏差, データの個数）

意味 ［標準偏差］と［データの個数］をもとに、母集団に対する信頼区間を求めます。

引数
有意水準　信頼区間を求めるための有意水準を数値で指定します。
標準偏差　母集団の標準偏差を数値で指定します。
データの個数　標本の個数を数値で指定します。

相関係数を求める

2013 2010 2007

コリレーション
CORREL（配列 1, 配列 2）

意味 2 組のデータをもとに相関係数を求めます。CORREL 関数と PEARSON 関数は同じ働きをします。引数の指定方法や求められる結果も同じです。

引数
配列 1　1 つ目のデータが入力されている範囲を指定します。
配列 2　2 つ目のデータが入力されている範囲を指定します。

条件に一致するデータの個数を求める

2013 2010 2007

カウント・イフ
COUNTIF（範囲, 検索条件）

意味 ［範囲］の中に［検索条件］を満たすセルがいくつあるかを求めます。

引数
範囲　検索の対象とするセルやセル範囲を指定します。
検索条件　［範囲］の中からセルを検索するための条件を指定します。

複数の条件に一致するデータの個数を求める

2013 2010 2007

カウント・イフ・エス

COUNTIFS (範囲 1, 検索条件 1, 範囲 2, 検索条件 2,…)

意味 複数の検索条件を満たすセルがいくつあるかを求めます。

引数
- **範囲** 検索の対象とするセルやセル範囲を指定します。
- **検索条件** 直前に指定された［範囲］の中からセルを検索するための条件を指定します。［範囲］と［検索条件］の組は 127 個まで指定できます。

変動を求める

2013 2010 2007

ディビエーション・スクエア

DEVSQ (数値 1, 数値 2,…, 数値 255)

意味 ［数値］をもとに変動を求めます。

引数
- **数値** もとの数値を指定します。引数は 255 個まで指定できます。

条件を満たすデータから不偏標準偏差を求める

2013 2010 2007

ディー・バリアンス

DVAR (データベース , フィールド , 条件)

意味 ［条件］に従って［データベース］を検索し、見つかった行の［フィールド］で指定されたセルに入力されている値を正規母集団の標本と見なして、母集団の分散の推定値（不偏分散）を求めます。

引数
- **データベース** 検索の対象となる範囲を指定します。
- **フィールド** 不偏分散を求めたい項目を指定します。
- **条件** 検索条件が入力された範囲を指定します。

F 分布の確率や累積確率を求める

2013 2010 2007

エフ・ディストリビューション

F.DIST (値 , 自由度 1, 自由度 2, 関数形式)

意味 F 分布の確率密度関数の値や累積分布関数の値（左側確率）を求めます。F 分布は分散の差の検定や分散分析に使われます。

引数
- **値** F 分布の確率密度関数や累積分布関数に代入する値を指定します。
- **自由度 1** 分布の自由度 1 を指定します。
- **自由度 2** 分布の自由度 2 を指定します。
- **関数形式** 確率密度関数の値を求める場合は FALSE を指定し、累積分布関数の値を求める場合は TRUE を指定します。

F 分布の右側確率を求める

2013 2010 2007

エフ・ディストリビューション・ライトテイルド

F.DIST.RT (値 , 自由度 1, 自由度 2)

エフ・ディストリビューション

FDIST (値 , 自由度 1, 自由度 2)

意味 F 分布の右側確率を求めます。
※ F.DIST.RT 関数は Excel 2013/2010 でのみ使えます。FDIST 関数は互換性関数です。

引数
- **値** F 分布の累積分布関数に代入する値を指定します。
- **自由度 1** 分布の自由度 1 を指定します。
- **自由度 2** 分布の自由度 2 を指定します。

F分布の右側確率から逆関数の値を求める

2013 2010 2007

エフ・インバース・ライトテイルド
F.INV.RT（右側確率, 自由度1, 自由度2）

エフ・インバース
FINV（右側確率, 自由度1, 自由度2）

意味　F分布の右側確率からF値を求めます。
※F.INV.RT関数はExcel 2013/2010でのみ使えます。FINV関数は互換性関数です。

引数　右側確率　F分布の右側（上側）確率を指定します。
自由度1　分布の自由度1を指定します。
自由度2　分布の自由度2を指定します。

F検定を行う

2013 2010 2007

エフ・テスト
F.TEST（配列1, 配列2）

エフ・テスト
FTEST（配列1, 配列2）

意味　F検定により、母分散に差があるかどうかを検定します。この関数では両側検定が行われることに注意してください。
※F.TEST関数はExcel 2013/2010でのみ使えます。FTEST関数は互換性関数です。

引数　配列1　1つ目の変量をセル範囲または配列で指定します。
配列2　2つ目の変量をセル範囲または配列で指定します。

区間に含まれる値の個数を求める

2013 2010 2007

フリーケンシー
FREQUENCY（データ配列, 区間配列）

意味　[データ配列]の中の値が、[区間配列]の各区間に含まれる個数（頻度）を求めます。例えば、成績が49点より大きく、59点以下である人数を求める場合などに使います。

引数　データ配列　数値が入力されているセル範囲や配列を指定します。文字列や論理値の入力されているセル、空白のセルは無視されます。
区間配列　区間の値が入力されているセル範囲や配列を指定します。値の意味は「1つ前の値より大きく、この値以下」となります。

相乗平均（幾何平均）を求める

2013 2010 2007

ジオ・ミーン
GEOMEAN（数値1, 数値2,…, 数値255）

意味　[数値]の相乗平均を求めます。伸び率の平均を求めるときなどに便利です。相乗平均は幾何平均とも呼ばれます。

引数　数値　相乗平均を求めたい数値を指定します。引数は255個まで指定できます。

調和平均を求める

2013 2010 2007

ハー・ミーン
HARMEAN（数値1, 数値2,…, 数値255）

意味　[数値]の調和平均を求めます。速度の平均を求めるときなどに便利です。

引数　数値　調和平均を求めたい数値を指定します。引数は255個まで指定できます。

回帰直線の切片を求める

2013 2010 2007

インターセプト

INTERCEPT (y の範囲 , x の範囲)

意味 既知の［y の範囲］と［x の範囲］をもとに回帰直線を求め、その切片を求めます。回帰直線は y ＝ a ＋ bx で表され、a の値が切片になります。つまり、切片は x の値が 0 のときの y の値です。なお、［y の範囲］は目的変数と呼ばれ、［x の範囲］は説明変数と呼ばれます。

引数 y の範囲　既知の y の値をセル範囲または配列で指定します。
x の範囲　既知の x の値をセル範囲または配列で指定します。

尖度を求める（SPSS 方式）

2013 2010 2007

カート

KURT (数値 1, 数値 2,…, 数値 255)

意味 ［数値］をもとに尖度を求めます。結果が正であれば分布はとがった形になり、負であれば分布は平坦な形になります。0 に近ければ正規分布に近くなります。

引数 数値　尖度を求めたい数値を指定します。引数は 255 個まで指定できます。

重回帰分析により係数や定数項を求める

2013 2010 2007

ライン・エスティメーション

LINEST (y の範囲 , x の範囲 , 定数項の扱い , 補正項の扱い)

意味 既知の［y の範囲］と［x の範囲］をもとに、回帰直線 $y = a + bx_1 + cx_2 +$……を求め、係数（直線の傾き）や定数項（切片）を求めます。補正項の値を求めることもできます。2 つ以上の値を求める場合は配列数式として入力します。

引数 y の範囲　既知の y の値をセル範囲または配列で指定します。
x の範囲　既知の x の値をセル範囲または配列で指定します。
定数項の扱い　定数項 a の取り扱いを指定します。
TRUE または省略……切片 a を計算する　FALSE……切片を 0 とする
補正項の扱い　補正項の取り扱いを指定します。
TRUE……補正項を計算する　FALSE または省略……係数と定数項だけを計算する

中央値を求める

2013 2010 2007

メディアン

MEDIAN (数値 1, 数値 2,…, 数値 255)

意味 ［数値］の中から中央値を求めます。極端に大きい（小さい）値がサンプルにいくつか含まれていても、その影響を受けにくいので、算術平均の代わりに使われることがあります。

引数 数値　中央値を求めたい数値を指定します。引数は 255 個まで指定できます。

行列の逆行列を求める

2013 2010 2007

マトリックス・インバース

MINVERSE (配列)

意味 ［配列］で指定した正方行列の逆行列を求めます。

引数 配列　逆行列を求めたい行列を、セル範囲または配列定数で指定します。計算の対象とする行列は、行数と列数が等しい正方行列でなければなりません。

複数の最頻値を求める

2013 2010

モード・マルチ

MODE.MULT（数値 1, 数値 2,…, 数値 255）

意味　[数値] の中から、複数の最もよく現れる値（最頻値）を求めます。すべての最頻値を求めるには配列数式として入力する必要があります。

引数　**数値**　最頻値を求めたい数値を指定します。引数は 255 個まで指定できます。

最頻値を求める

2013 2010 2007

モード・シングル

MODE.SNGL（数値 1, 数値 2,…, 数値 255）

モード

MODE（数値 1, 数値 2,…, 数値 255）

意味　[数値] の中から最も良く現れる値（最頻値）を求めます。
※ MODE.SNGL 関数は Excel 2013/2010 でのみ使えます。MODE 関数は互換性関数です。

引数　**数値**　最頻値を求めたい数値を指定します。引数は 255 個まで指定できます。

正規分布の確率や累積確率を求める

2013 2010 2007

ノーマル・ディストリビューション

NORM.DIST（値 , 平均 , 標準偏差 , 関数形式）

ノーマル・ディストリビューション

NORMDIST（値 , 平均 , 標準偏差 , 関数形式）

意味　[平均] と [標準偏差] で表される正規分布関数に [値] を代入したときの確率を求めます。また、[値] までの累積確率を求めることもできます。例えば、テスト結果の分布をもとに、ある得点以下である確率を求めたりするのに使います。
※ NORM.DIST 関数は Excel 2013/2010 でのみ使えます。NORMDIST 関数は互換性関数です。

引数　**値**　正規分布関数に代入する標本の値を指定します。
平均　分布の算術平均（相加平均）を指定します。
標準偏差　分布の標準偏差を求めます。
関数形式　確率密度関数の値を求める場合は FALSE を指定し、累積分布関数の値を求める場合は TRUE を指定します。

累積標準正規分布の逆関数の値を求める

2013 2010 2007

ノーマル・スタンダード・インバース

NORM.S.INV（累積確率）

ノーマル・スタンダード・インバース

NORMSINV（累積確率）

意味　標準正規分布関数の [累積確率] から、それに対応するもとの値を求めます。標準正規分布とは、平均が 0、標準偏差が 1 の正規分布です。

引数　**累積確率**　もとの値（z）を求めるための累積確率を指定します。

相関係数を求める

ピアソン
PEARSON（配列1, 配列2）

意味 2組のデータをもとに相関係数を求めます。CORREL関数とPEARSON関数は同じ働きをします。引数の指定方法や求められる結果も同じです。

引数
- **配列1** 1つ目のデータが入力されている範囲を指定します。
- **配列2** 2つ目のデータが入力されている範囲を指定します。

ポワソン分布の確率や累積確率を求める

2013 2010 2007

ポワソン・ディストリビューション
POISSON.DIST（事象の数, 事象の平均, 関数形式）

ポワソン
POISSON（事象の数, 事象の平均, 関数形式）

意味 あらかじめ事象の起こる確率が分かっているとき、母集団からいくつかの標本を取り出し、目的の事象が何回か起こる確率を求めます。また、何回まで起こるかという累積確率を求めることもできます。例えば、1,000個のうち2個が不良品である製品で、不良品が3個ある確率や、3個以下である確率を求めることができます。
※ POISSON.DIST関数はExcel 2013/2010でのみ使えます。POISSON関数は互換性関数です。

引数
- **事象の数** 目的の事象が起こる回数を指定します。
- **事象の平均** 事象が平均して起こる回数を指定します。単位時間あたりの回数や人口1,000人あたりの人数などを指定します。
- **関数形式** 確率質量関数の値を求める場合はFALSEを指定し、累積分布関数の値を求める場合はTRUEを指定します。

順位を求める（同じ値のときは平均値の順位を返す）

2013 2010

ランク・アベレージ
RANK.AVG（数値, 参照, 順序）

意味 ［参照］の範囲の中で、［数値］が第何位かを求めます。大きい方から数えるか、小さい方から数えるかを［順序］で指定します。同じ順位が複数あるときは、順位の平均値が返されます。

引数
- **範囲** 順位を求めたい数値を指定します。
- **参照** 数値全体が入力されているセル範囲を指定します。範囲内に含まれる文字列、論理値、空白のセルは無視されます。
- **順序** 大きい方から数える（降順）か、小さい方から数える（昇順）かを数値で指定します。
  0または省略……降順　　1または0以外……昇順

順位を求める（同じ値のときは最上位の順位を返す）

2013 2010 2007

ランク・イコール
RANK.EQ（数値, 参照, 順序）

ランク
RANK（数値, 参照, 順序）

意味 ［参照］の範囲の中で、［数値］が第何位かを求めます。大きい方から数えるか、小さい方から数えるかを［順序］で指定します。同じ順位が複数あるときは、同じ順位と見なされます。例えば、同じ値が2つあり、その順位が3位であるとき、次の順位は5位となります。
※ RANK.EQ関数はExcel 2013/2010でのみ使えます。RANK関数は互換性関数です。

引数
- **範囲** 順位を求めたい数値を指定します。
- **参照** 数値全体が入力されているセル範囲を指定します。範囲内に含まれる文字列、論理値、空白のセルは無視されます。
- **順序** 大きい方から数える（降順）か、小さい方から数える（昇順）かを数値で指定します。
  0または省略……降順　　1または0以外……昇順

歪度を求める（SPSS 方式）

2013 2010 2007

スキュー

SKEW（数値 1, 数値 2,…, 数値 255）

意味 ［数値］をもとに歪度を求めます。結果が正であれば右側の裾が長く左側に山が寄っている分布、負であれば左側の裾が長く右側に山が寄っている分布、0 であれば左右対称な分布です。

引数 **数値** 歪度を求めたい数値やを指定します。引数は 255 個まで指定できます。

ポワソン分布の確率や累積確率を求める

2013 2010 2007

スロープ

SLOPE（y の範囲 , x の範囲）

意味 既知の［y の範囲］と［x の範囲］をもとに回帰直線を求め、その傾きを求めます。回帰直線は y ＝ a ＋ bx で表され、b の値が傾きになります。なお、［y の範囲］は従属変数または目的変量と呼ばれ、［x の範囲］は独立変数または説明変量と呼ばれます。

引数 **y の範囲** 既知の y の値をセル範囲または配列で指定します。
x の範囲 既知の x の値をセル範囲または配列で指定します。

正の平方根を求める

2013 2010 2007

スクエア・ルート

SQRT（数値）

意味 ［数値］の正の平方根を求めます。

引数 **数値** 正の平方根を求めたい数値を指定します。

標本標準偏差を求める

2013 2010 2007

スタンダード・ディビエーション・ピー

STDEV.P（数値 1, 数値 2,…, 数値 255）

スタンダード・ディビエーション・ピー

STDEVP（数値 1, 数値 2,…, 数値 255）

意味 ［数値］を母集団そのものと見なして標準偏差を求めます。
※ STDEV.P 関数は Excel 2013/2010 でのみ使えます。STDEVP 関数は互換性関数です。

引数 **数値** 標準偏差を求めるもとの値を指定します。引数は 255 個まで指定できます。

不偏標準偏差を求める

2013 2010 2007

スタンダード・ディビエーション・エス

STDEV.S（数値 1, 数値 2,…, 数値 255）

スタンダード・ディビエーション

STDEV（数値 1, 数値 2,…, 数値 255）

意味 ［数値］を正規母集団の標本と見なして、母集団の標準偏差の推定値（不偏標準偏差）を求めます。

引数 **数値** 標本の値を指定します。引数は 255 個まで指定できます。

t分布の確率や累積確率を求める

2013 2010

ティー・ディストリビューション

T.DIST（値,自由度,関数形式）

意味　t分布の確率密度関数の値や累積分布関数の値（左側確率）を求めます。t分布は平均値の差の検定などに使われます。

引数
- 値　t分布の確率密度関数や累積分布関数に代入する値を指定します。
- 自由度　分布の自由度を指定します。
- 関数形式　確率密度関数の値を求める場合はFALSEを指定し、累積分布関数の値を求める場合はTRUEを指定します。

t分布の右側確率や両側確率を求める

2013 2010 2007

ティー・ディストリビューション

TDIST（左側確率,自由度,尾部）

意味　t分布の右側確率や両側確率を求めます。

引数
- 値　t分布の累積分布関数に代入する値を指定します。
- 自由度　分布の自由度を指定します。
- 尾部　右側（上側）確率を求めるときは1を指定し、両側確率を求めるときは2を指定します。

t分布の両側確率を求める

2013 2010

ティー・ディストリビューション・ツー・テイルド

T.DIST.2T（値,自由度）

意味　t分布の両側確率を求めます。平均値の差の検定などで、大きいか小さいかを調べるのではなく、差があるかどうかを調べる場合（両側検定）に使われます。

引数
- 値　分布の累積分布関数に代入する値を指定します。
- 自由度　分布の自由度を指定します。

t分布の右側確率を求める

2013 2010

ティー・ディストリビューション・ライトテイルド

T.DIST.RT（値,自由度）

意味　t分布の右側確率を求めます。

引数
- 値　t分布の累積分布関数に代入する値を指定します。
- 自由度　分布の自由度を指定します。

t分布の左側確率から逆関数の値を求める

2013 2010

ティー・インバース

T.INV（左側確率,自由度）

意味　t分布の右側確率を求めます。

引数
- 左側確率　t分布の左側（下側）確率を指定します。
- 自由度　分布の自由度を指定します。

t分布の両側確率から逆関数の値を求める
2013 2010 2007

ティー・インバース・ツー・テイルド
T.INV.2T（両側確率,自由度）
ティー・インバース
TINV（両側確率,自由度）

意味 t分布の両側確率からt値を求めます。
※T.INV.2T関数はExcel 2013/2010でのみ使えます。TINV関数は互換性関数です。

引数 **両側確率** t分布の両側確率を指定します。
自由度 分布の自由度を指定します。

t検定を行う
2013 2010 2007

ティー・テスト
T.TEST（範囲1,範囲2,尾部,検定の種類）
ティー・テスト
TTEST（範囲1,範囲2,尾部,検定の種類）

意味 t検定により、平均に差があるかどうかを検定します。
※T.TEST関数はExcel 2013/2010でのみ使えます。TTEST関数は互換性関数です。

引数 **範囲1** 変数をセル範囲または配列で指定します。
範囲2 変数をセル範囲または配列で指定します。
尾部 片側確率を求めるか、両側確率を求めるかを指定します。
1……片側確率を求める　2……両側確率を求める
検定の種類 どのような検定をするかを指定します。
1……対になっているデータのt検定　2……2つの母集団の分散が等しい場合のt検定
3……2つの母集団の分散が等しくない場合のt検定（ウェルチの検定）

標本分散を求める
2013 2010 2007

バリアンス・ピー
VAR.P（数値1,数値2,…,数値255）
バリアンス・ピー
VARP（数値1,数値2,…,数値255）

意味 [数値]を正規母集団そのものと見なして分散を求めます。
※VAR.P関数はExcel 2013/2010でのみ使えます。VARP関数は互換性関数です。

引数 **数値** 分散を求めるもとの数値を指定します。引数は255個まで指定できます。

不偏分散を求める
2013 2010 2007

バリアンス・エス
VAR.S（数値1,数値2,…,数値255）
バリアンス
VAR（数値1,数値2,…,数値255）

意味 [数値]を正規母集団の標本と見なして、母集団の分散の推定値（不偏分散）を求めます。
※VAR.S関数はExcel 2013/2010でのみ使えます。VAR関数は互換性関数です。

引数 **数値** 標本の値を指定します。引数は255個まで指定できます。

索　引

記号・アルファベット

ア

カ

索引

サ

タ

本書を読み終えた方へ
できる®シリーズのご案内

※1：当社調べ　※2：大手書店チェーン調べ

Excel 関連書籍

できるExcel 2016
Windows 10/8.1/7対応

小舘由典＆
できるシリーズ編集部
定価：本体1,140円＋税

レッスンを読み進めていくだけで、思い通りの表が作れるようになる! 関数や数式を使った表計算やグラフ作成、データベースとして使う方法もすぐに分かる。

できるExcel パーフェクトブック
困った！＆便利ワザ大全
2016/2013/2010/2007対応

きたみあきこ＆
できるシリーズ編集部
定価：本体1,680円＋税

仕事で使える実践的なワザを約800本収録。データの入力や計算から関数、グラフ作成、データ分析、印刷のコツなど、幅広い応用力が身に付く。

できるExcel 関数
データ処理の効率アップに役立つ本
2016/2013/2010/2007対応

尾崎裕子＆
できるシリーズ編集部
定価：本体1,480円＋税

Excel関数の生きた知識が身に付く、定番入門書の最新版! 豊富なイラストと実践的な作例で、関数の「機能」と「利用シーン」がよく分かる!

できるExcel グラフ
魅せる＆伝わる資料作成に役立つ本
2016/2013/2010対応

きたみあきこ＆
できるシリーズ編集部
定価：本体1,980円＋税

「正確に伝える」「興味を引く」「正しく分析する」グラフ作成のノウハウが満載! 作りたいグラフがすぐに見つかる「グラフ早引き一覧」付き。

できるExcel ピボットテーブル
データ集計・分析に役立つ本
2016/2013/2010対応

門脇加奈子＆
できるシリーズ編集部
定価：本体2,300円＋税

大量のデータをあっという間に集計・分析できる「ピボットテー」を身につけよう! 「準備編」「基本編」「応用編」の3ステップ解説だから分かりやすい!

できるExcel マクロ＆VBA
作業の効率化＆スピードアップに役立つ本
2016/2013/2010/2007対応

小舘由典＆
できるシリーズ編集部
定価：本体1,580円＋税

マクロとVBAを駆使すれば、毎日のように行なっている作業を自動化できる! 仕事をスピードアップできるだけでなく、VBAプログラミングの基本も身につきます。

Windows 関連書籍

できる Windows 10 改訂3版

法林岳之・一ヶ谷兼乃・
清水理史＆
できるシリーズ編集部
定価：本体1,000円＋税

できるWindows 10 パーフェクトブック
困った！＆便利ワザ大全
改訂3版

広野忠敏＆
できるシリーズ編集部
定価：本体1,480円＋税

できるパソコンのお引っ越し
Windows 7からWindows 10に乗り換えるために読む本

清水理史＆
できるシリーズ編集部
定価：本体1,500円＋税

読者アンケートにご協力ください！

https://book.impress.co.jp/books/1114101032

このたびは「できるシリーズ」をご購入いただき、ありがとうございます。
本書はWebサイトにおいて皆さまのご意見・ご感想を承っております。
気になったことやお気に召さなかった点、役に立った点など、
皆さまからのご意見・ご感想をお聞かせいただき、
今後の商品企画・制作に生かしていきたいと考えています。
お手数ですが以下の方法で読者アンケートにご回答ください。
ご協力いただいた方には抽選で毎月プレゼントをお送りします！

※プレゼントの内容については、「CLUB Impress」のWebサイト
（https://book.impress.co.jp/）をご確認ください。

❶URLを入力して Enter キーを押す

❷［アンケートに答える］をクリック

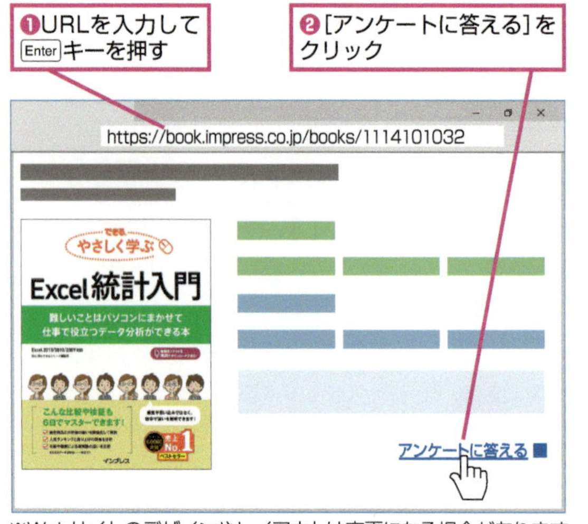

※Webサイトのデザインやレイアウトは変更になる場合があります。

◆会員登録がお済みの方
会員IDと会員パスワードを入力して、［ログインする］をクリックする

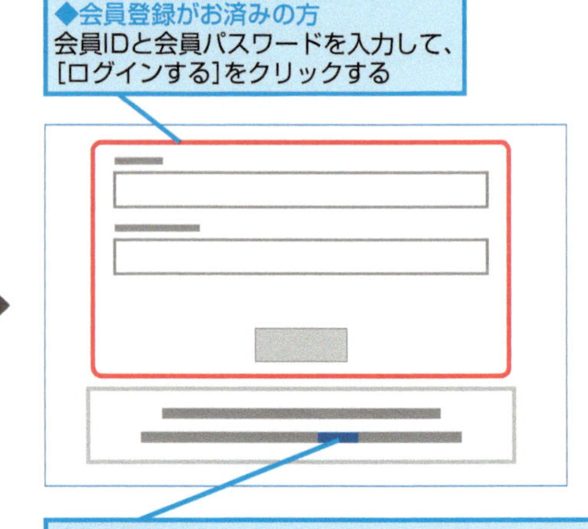

◆会員登録をされていない方
［こちら］をクリックして会員規約に同意してからメールアドレスや希望のパスワードを入力し、登録確認メールのURLをクリックする

本書のご感想をぜひお寄せください　https://book.impress.co.jp/books/1114101032

「アンケートに答える」をクリックしてアンケートにご協力ください。アンケート回答者の中から、抽選で**商品券（1万円分）**や**図書カード（1,000円分）**などを毎月プレゼント。当選は賞品の発送をもって代えさせていただきます。はじめての方は、「CLUB Impress」へご登録（無料）いただく必要があります。

アンケートやレビューでプレゼントが当たる!

■著者

羽山 博（はやま ひろし）

京都大学文学部哲学科（心理学専攻）卒業後、NECでユーザー教育や社内SE教育を担当したのち、ライターとして独立。ソフトウェアの基本からプログラミング、認知科学、統計学まで幅広く執筆。読者の側に立った分かりやすい表現を心がけている。2006年に東京大学大学院学際情報学府博士課程を単位取得後退学。現在、有限会社ローグ・インターナショナル代表取締役、日本大学、青山学院大学、お茶の水女子大学講師。

著書に『できるポケット Excel関数全事典 2013/2010/2007対応』（共著）、『できる逆引き Excel関数を極める勝ちワザ 740 2013/2010/2007/2003対応』（共著）、『できる大事典 Windows 8 Windows 8/Windows 8 Pro/Windows 8 Enterprise対応』（共著）、『基礎Visual Basic 2012』『イラストでよくわかるAndroidアプリのつくり方』（以上、インプレス）、『Pages&Numbersで仕事。』『Keynoteでプレゼン。〔改訂版〕』（以上、BNN新社）、『マンガで学べる！統計解析』（ナツメ社）など。最近の趣味は書道、絵画、ウクレレ、ジャグリング、献血。

STAFF

本文オリジナルデザイン	株式会社ドリームデザイン
シリーズロゴデザイン	山岡デザイン事務所<yamaoka@mail.yama.co.jp>
カバーデザイン	株式会社ドリームデザイン
本文イメージイラスト	野津あき
本文イラスト	町田有美
DTP制作	町田有美・田中麻衣子
編集協力	小野孝行・瀧坂　亮・中村真司
デザイン制作室	今津幸弘<imazu@impress.co.jp>
	鈴木　薫<suzu-kao@impress.co.jp>
編集	井上　薫<inoue-ka@impress.co.jp>
副編集長	大塚雷太<raita@impress.co.jp>
編集長	藤井貴志<fujii-t@impress.co.jp>
オリジナルコンセプト	山下憲治

■商品に関する問い合わせ先
このたびは弊社商品をご購入いただきありがとうございます。本書の内容などに関するお問い合わせは、下記のURLまたは二次元バーコードにある問い合わせフォームからお送りください。

https://book.impress.co.jp/info/

上記フォームがご利用いただけない場合のメールでの問い合わせ先
info@impress.co.jp

※お問い合わせの際は、書名、ISBN、お名前、お電話番号、メールアドレス に加えて、「該当するページ」と「具体的なご質問内容」「お使いの動作環境」を必ずご明記ください。なお、本書の範囲を超えるご質問にはお答えできないのでご了承ください。

- 電話やFAXでのご質問には対応しておりません。また、封書でのお問い合わせは回答までに日数をいただく場合があります。あらかじめご了承ください。
- インプレスブックスの本書情報ページ https://book.impress.co.jp/books/1114101032 では、本書のサポート情報や正誤表・訂正情報などを提供しています。あわせてご確認ください。
- 本書の奥付に記載されている初版発行日から3年が経過した場合、もしくは本書で紹介している製品やサービスについて提供会社によるサポートが終了した場合はご質問にお答えできない場合があります。

■落丁・乱丁本などの問い合わせ先
FAX 03-6837-5023
service@impress.co.jp
※古書店で購入された商品はお取り替えできません。

できる やさしく学ぶExcel統計入門
難しいことはパソコンにまかせて
仕事で役立つデータ分析ができる本

2015年2月1日 初版発行
2025年2月11日 第1版第9刷発行

著 者 羽山 博&できるシリーズ編集部

発行人 土田米一

編集人 高橋隆志

発行所 株式会社インプレス
〒101-0051 東京都千代田区神田神保町一丁目105番地
ホームページ https://book.impress.co.jp/

本書は著作権法上の保護を受けています。本書の一部あるいは全部について（ソフトウェア及びプログラムを含む）、株式会社インプレスから文書による許諾を得ずに、いかなる方法においても無断で複写、複製することは禁じられています。

Copyright © 2015 Rogue International and Impress Corporation. All rights reserved.

印刷所 株式会社ウイル・コーポレーション

ISBN978-4-8443-3731-7 C3055

Printed in Japan